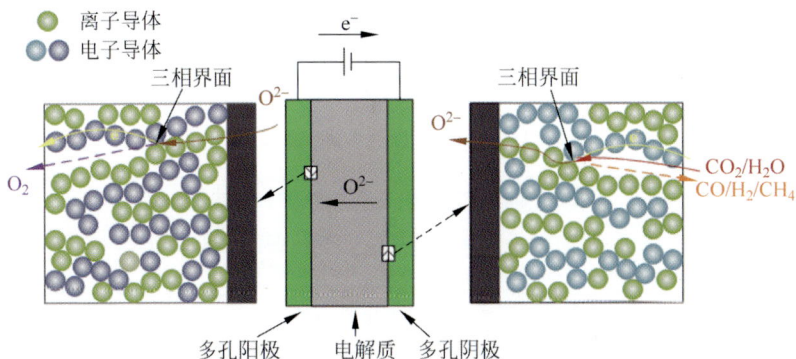

图 1.3 SOEC 共电解 H_2O/CO_2 工作原理

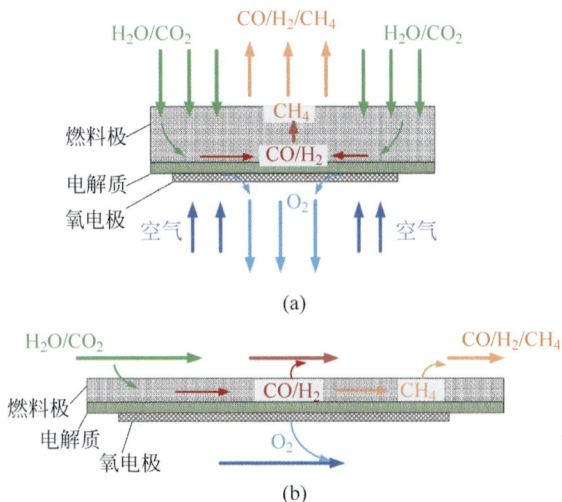

图 1.11 SOEC 反应单元内反应气流相对于电极表面的流动方向

(a) 垂直于电极表面；(b) 平行于电极表面

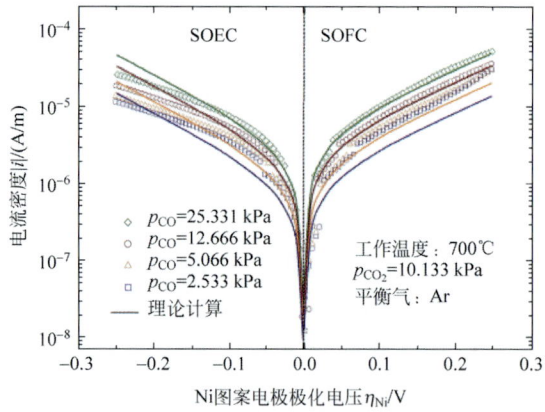

(a)

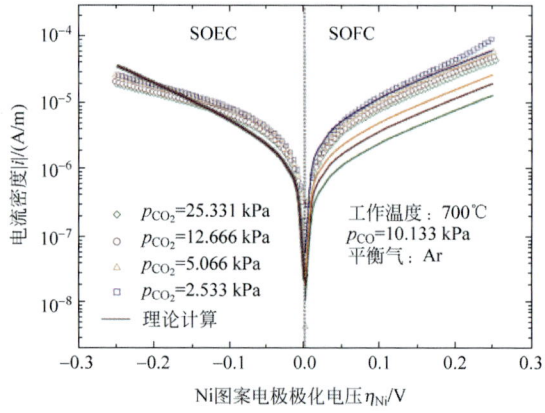

(b)

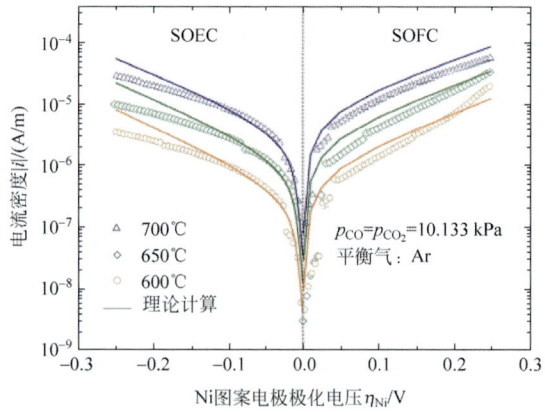

(c)

图 2.9　理论计算极化曲线与实验数据对比

（a）不同 CO 分压；（b）不同 CO_2 分压；（c）不同温度

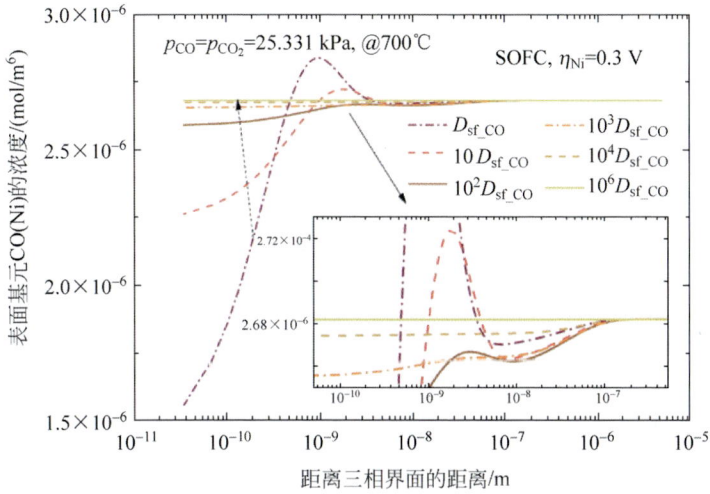

(a)

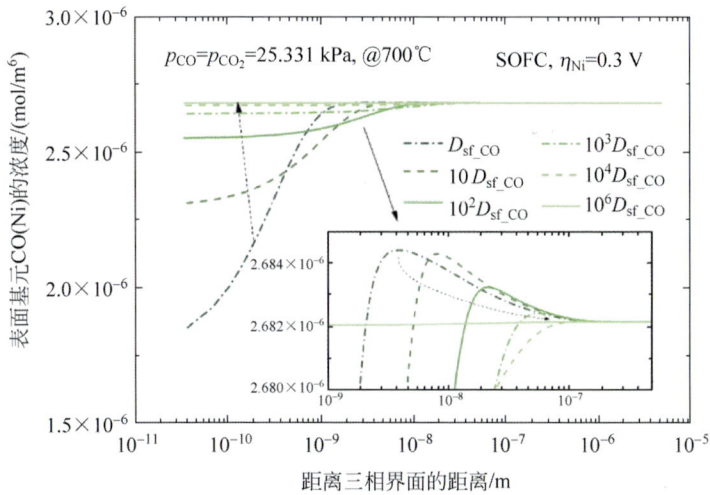

(b)

图 2.15　CO(Ni)表面扩散系数 D_{CO}^{sf} 对 SOEC 和 SOFC 模式下 Ni 图
案电极表面 CO(Ni)分布（a）、（c）和电流密度（b）、（d）的
影响

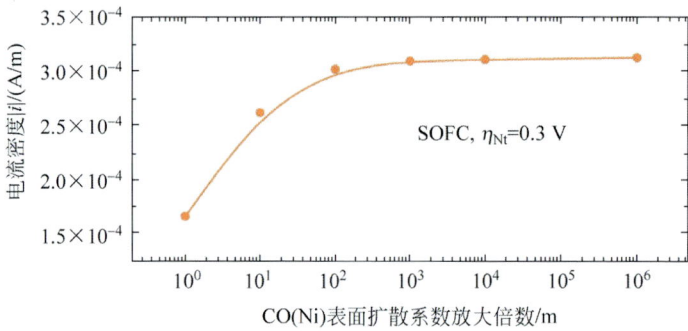

(c)

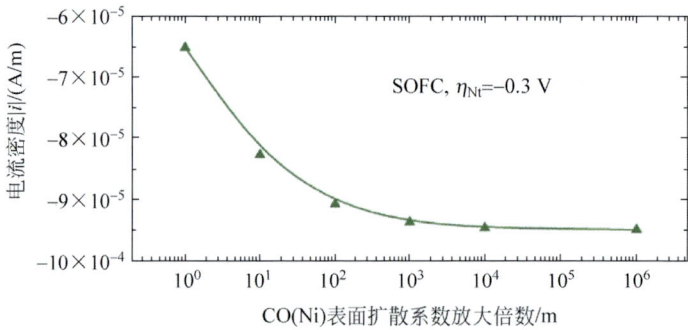

(d)

图 2.15（续）

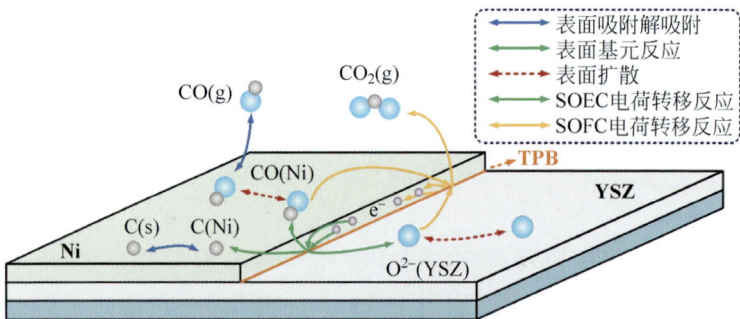

图 2.16 可逆 CO_2/CO 电化学转化基元反应机理

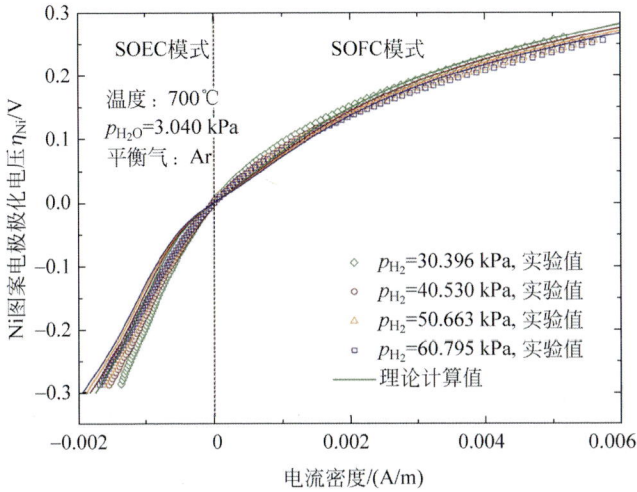

(a)

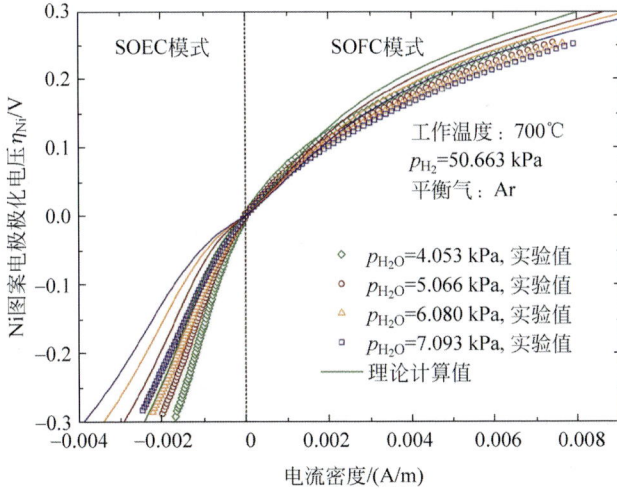

(b)

图 2.17 理论计算极化曲线与实验数据[46]对比
（a）不同 H_2 分压；（b）不同 H_2O 分压；（c）不同温度

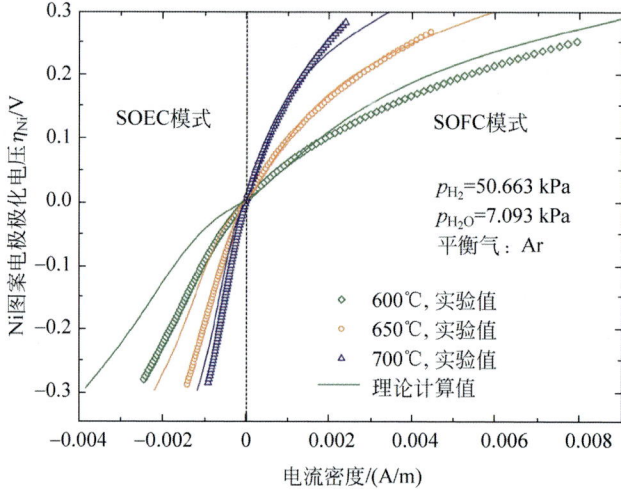

(c)

图 2.17（续）

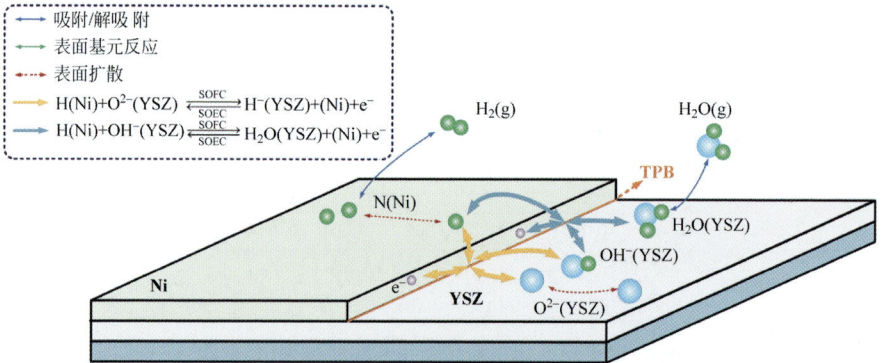

图 2.22　可逆 H_2O/H_2 电化学转化基元反应机理

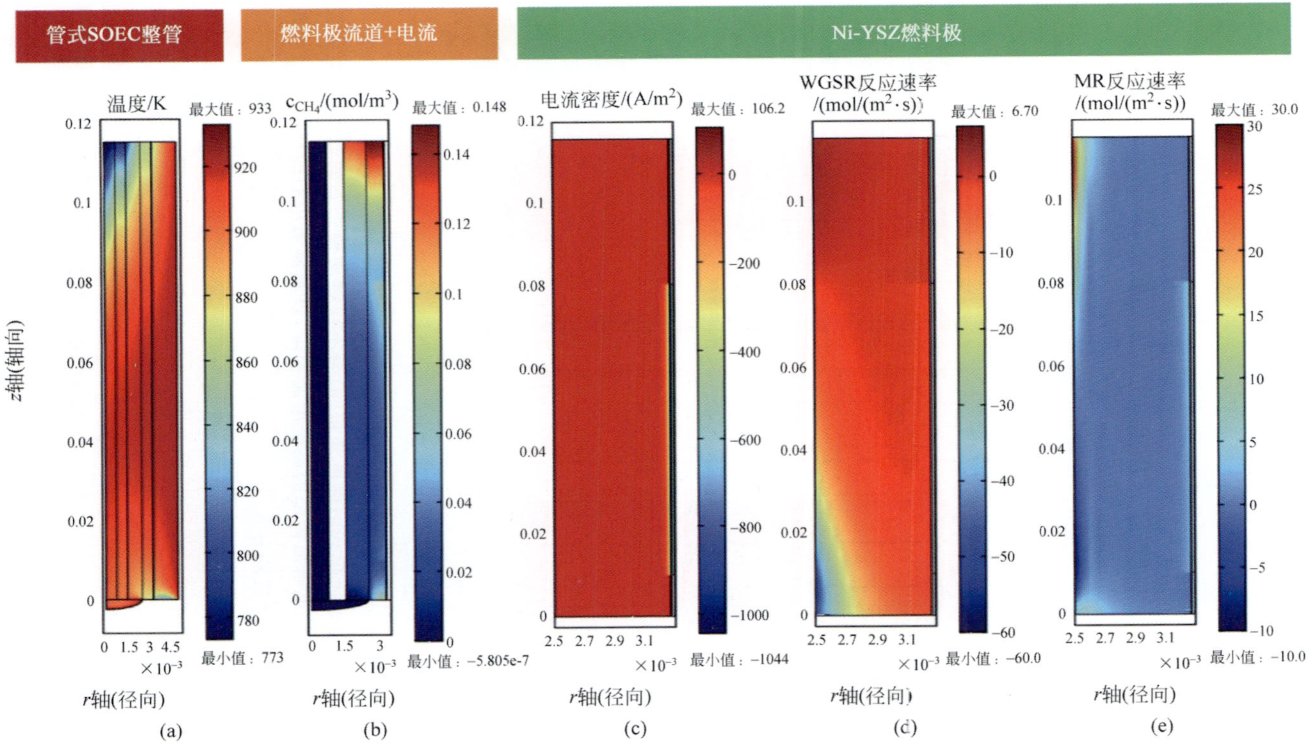

图 3.6 管式 SOEC 内部的温度、离子电流密度、甲烷浓度以及 WGSR 和 MR 反应速率分布

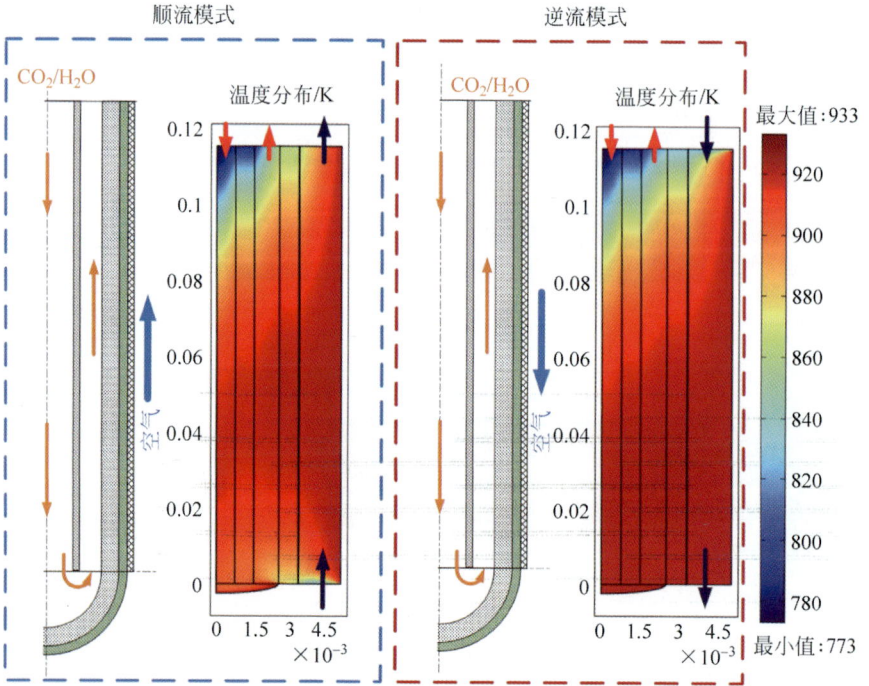

不同流动模式下的温度分布

顺流模式　　　　　　　　　　　　逆流模式

图 3.7　顺流模式和逆流模式的温度分布（a）与不同流动模式下的燃料极/电解质
　　　　交界面温度、电解质内部的离子电流密度，以及流道中心的局部 CH_4 生成
　　　　率沿燃料极流道的分布（b）

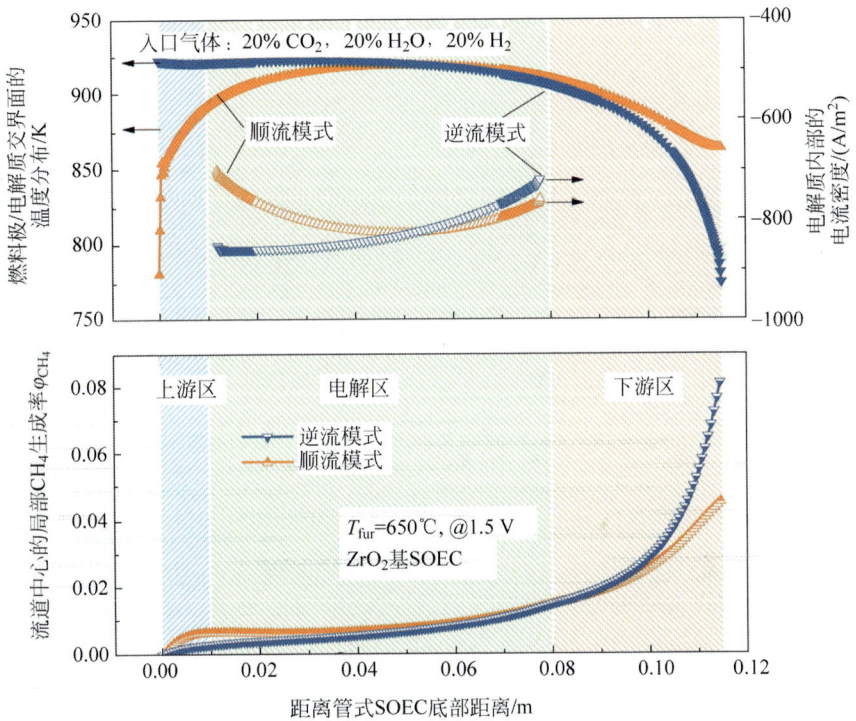

图 3.7（续）

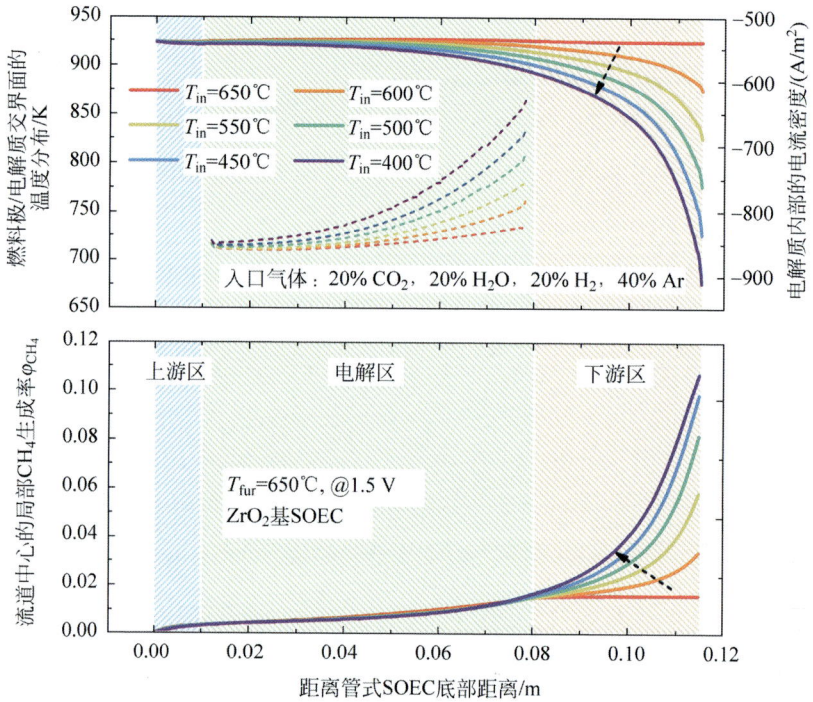

图 3.9 逆流模式、不同入口温度下的燃料极/电解质交界面温度、电解质内部的离子电流密度,以及流道中心的局部 CH_4 生成率沿燃料极流道的分布

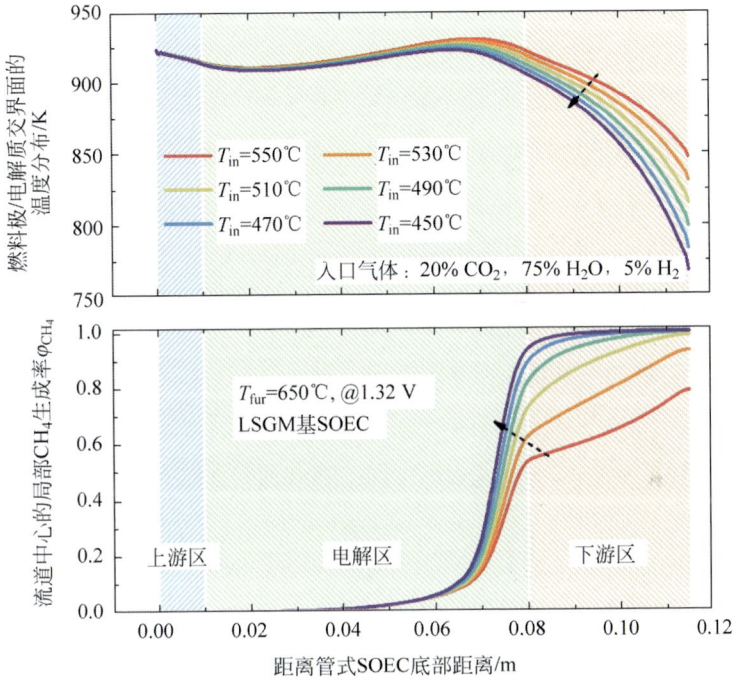

图 3.17 不同入口气体温度下逆流模式管式 SOEC 的燃料极/电解质交界面温度和流道中心的局部 CH_4 生成率沿燃料极流道的分布

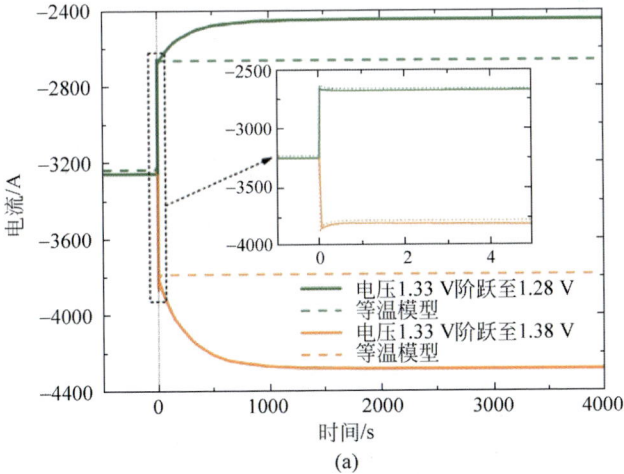

图 4.8 电压阶跃下的动态响应过程

（a）平均电流密度；（b）燃料极流道内的气相组分；（c）电解质层不同位置的温度

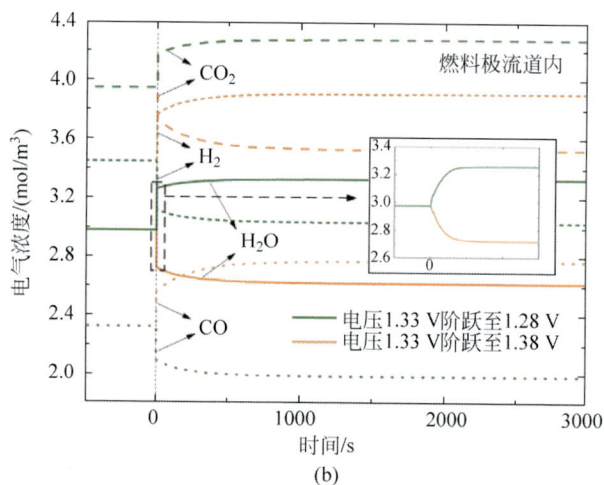

(b)

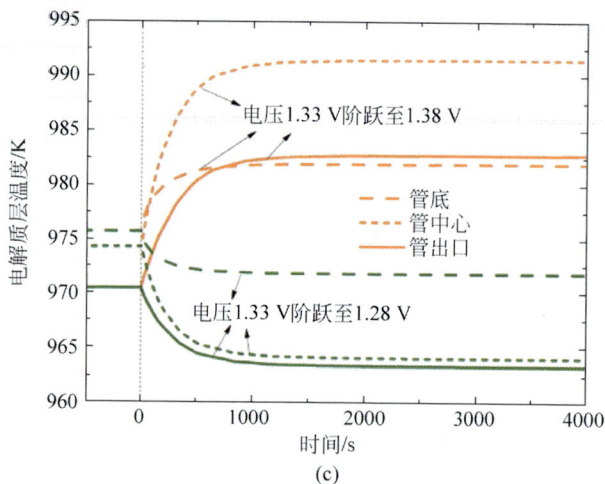

(c)

图 4.8（续）

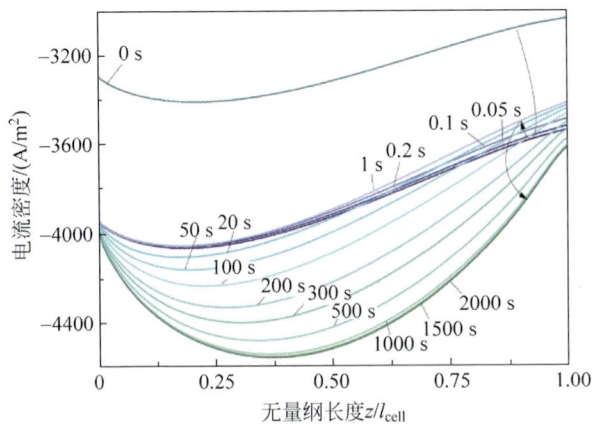

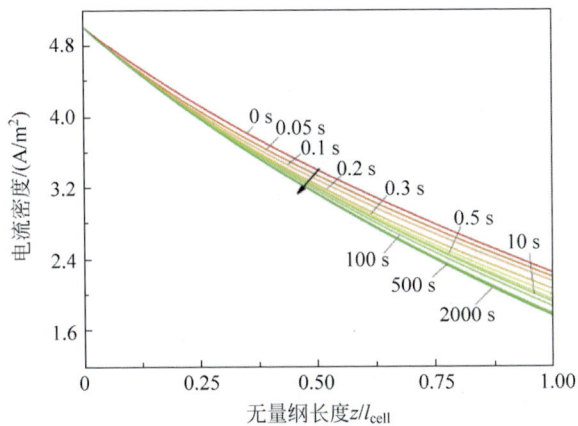

图 4.9 电压从 1.33 V 阶跃至 1.38 V 的动态响应过程

（a）电解质内的离子电流密度分布；（b）燃料极流道内部的 H_2O 浓度；

（c）燃料极/电解质交界面的温度分布

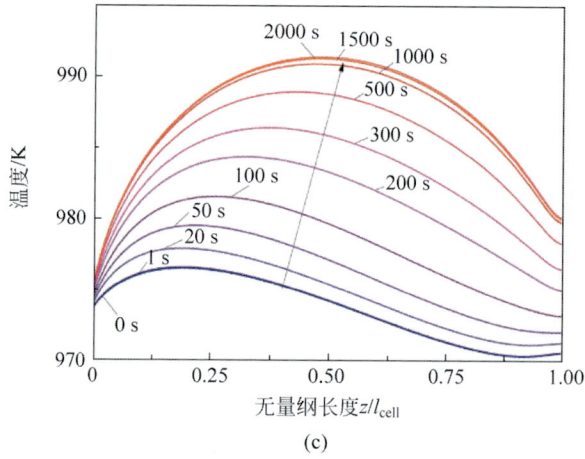

(c)

图 4.9（续）

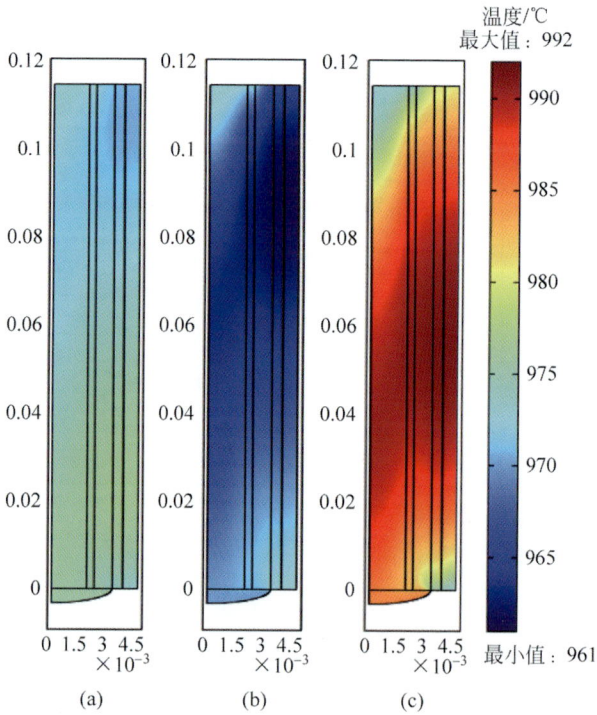

图 4.10 管式 SOEC 在分别在电压阶跃前（1.33 V）（a）、向下电压阶跃（1.28 V）（b）和向上电压阶跃（1.38 V）（c）稳定后的温度场

燃料极流道内

χ_{H_2O}:40%→50% χ_{H_2O}:50%→40%
χ_{CO_2}:40%→30% χ_{CO_2}:30%→40%

CO₂
H₂O
CO
H₂

浓度/(mol/m³)

时间/s

(a)

上游区

下游区

0.4 s
0.45～3000 s

1 s
100 s
500 s
2000 s(3000 s)

0 s
0.1 s
0.15 s
0.2 s
0.25 s
0.3 s
0.35 s

0.45 s
0.5 s
0.6 s
0-0.4 s

H₂O浓度/(mol/m³)

H₂O浓度/(mol/m³)

无量纲长度z/l_{cell}

(b)

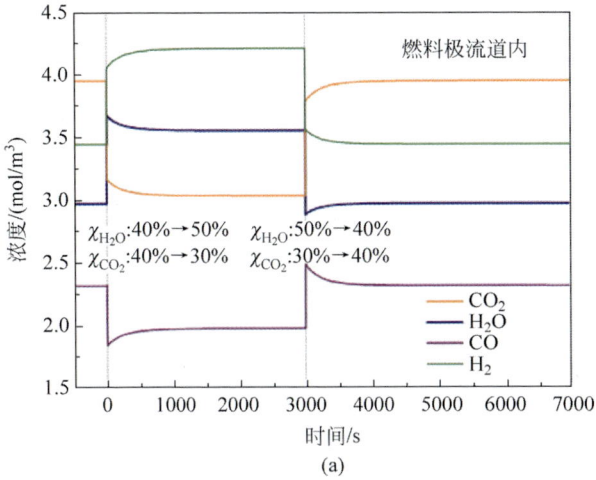

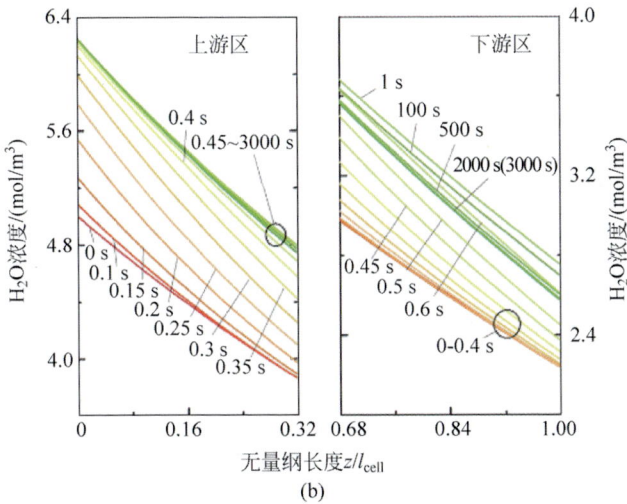

图 4.12　入口气体组分阶跃下管式 SOEC 动态响应特性

（a）管式 SOEC 流道内不同气体组分的动态响应；（b）在 0～3000 s 流道内
H_2O 浓度分布的动态响应；（c）电解质内的离子电流密度分布；（d）燃料极/电
解质交界面的温度分布

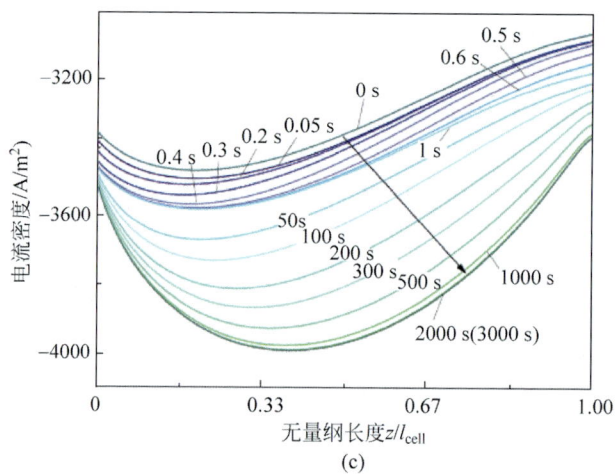

(c)

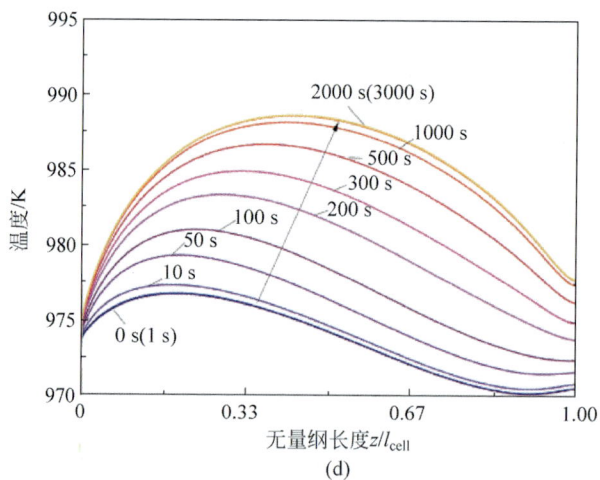

(d)

图 4.12（续）

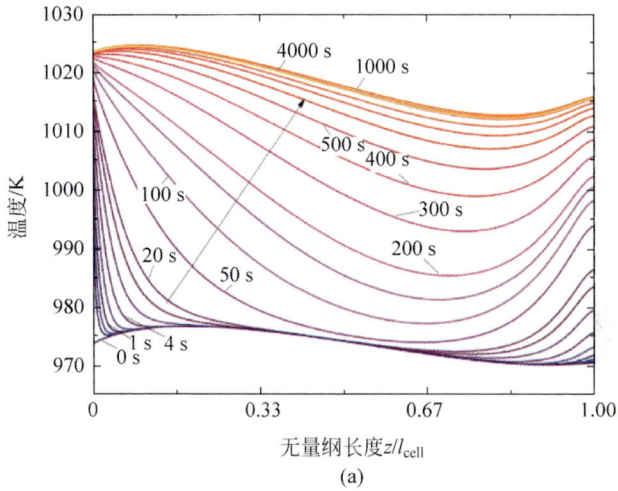

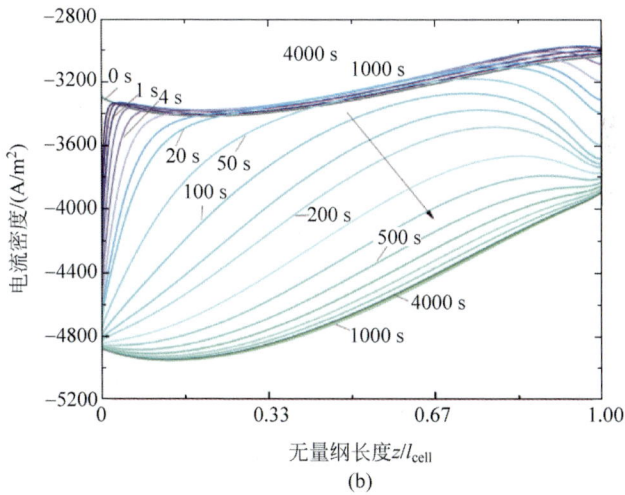

図 4.15　入口气体温度阶跃下燃料极/电解质交界面的温度分布(a)、电解质内
的离子电流密度分布(b)和流道内部 H_2O 浓度分布(c)

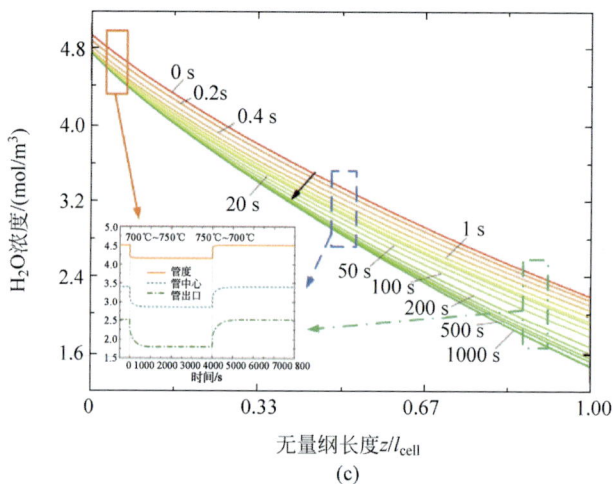

图 4.15（续）

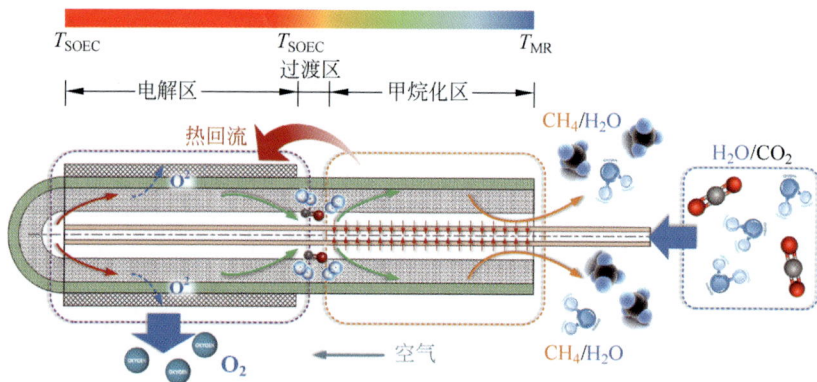

**图 5.13　温度梯度型 SOEC 共电解 H_2O/CO_2
一步甲烷化反应器**

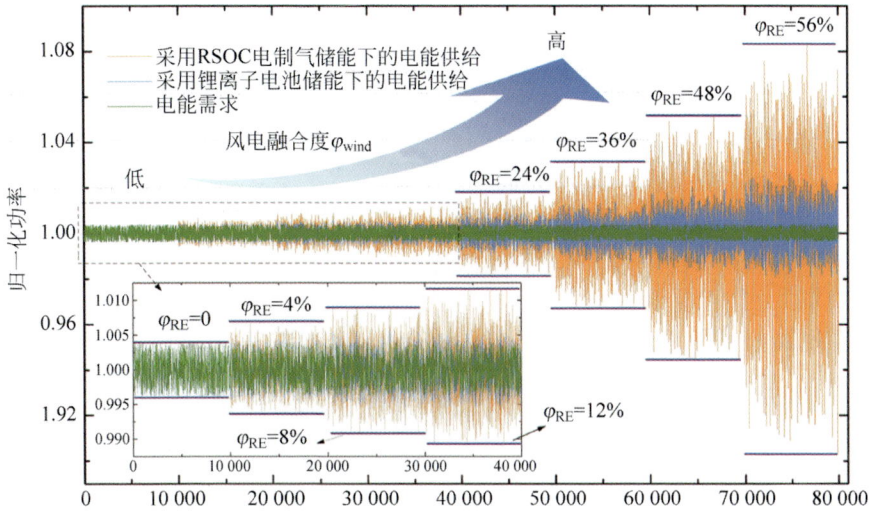

(a)

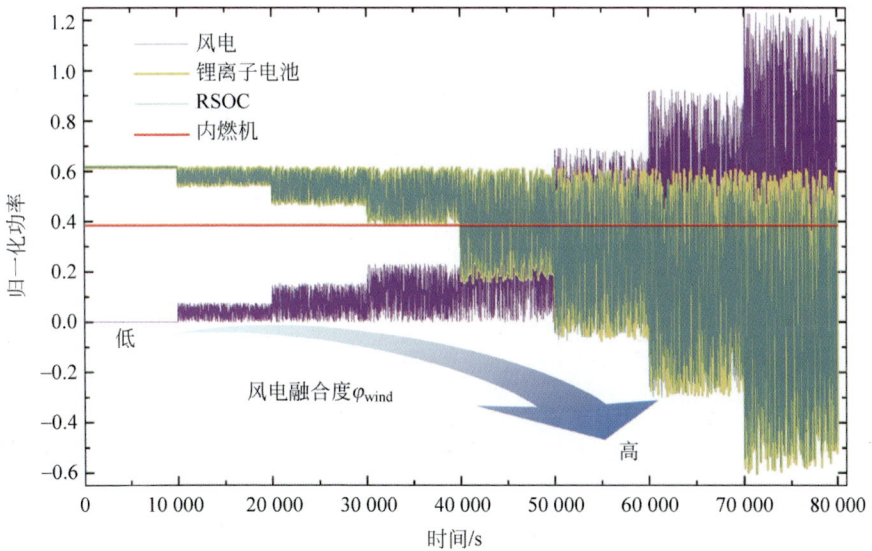

时间/s

(b)

图 6.7　不同风电装机容量下分别采用 RSOC 和锂离子
电池储能的功率

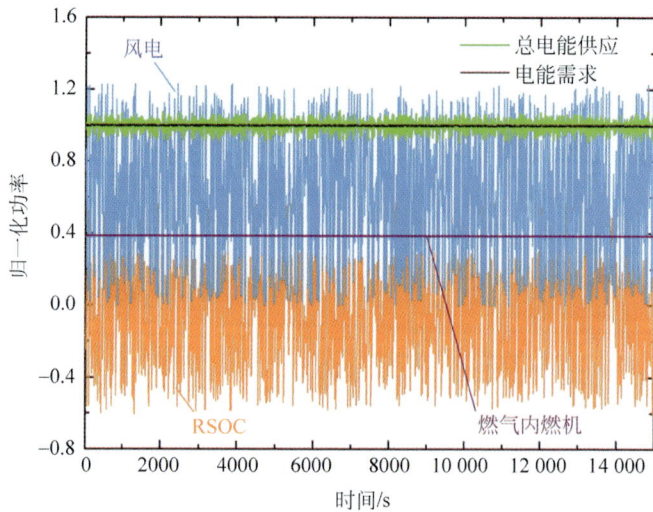

(a)

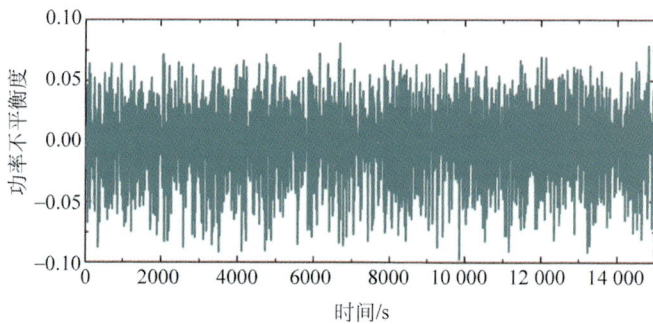

(b)

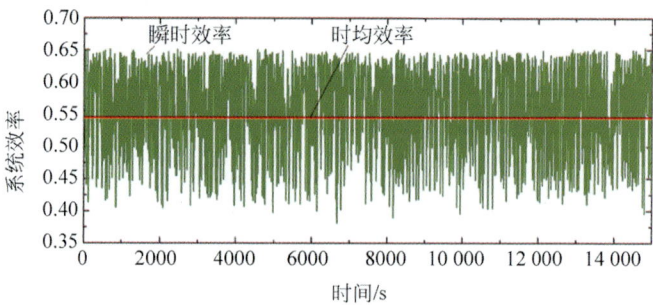

(c)

图 6.10　高储低发模式（算例 7）下的系统瞬时功率分配情况（a）、瞬时功率不平衡度（b）以及系统瞬时效率和时均效率（c）

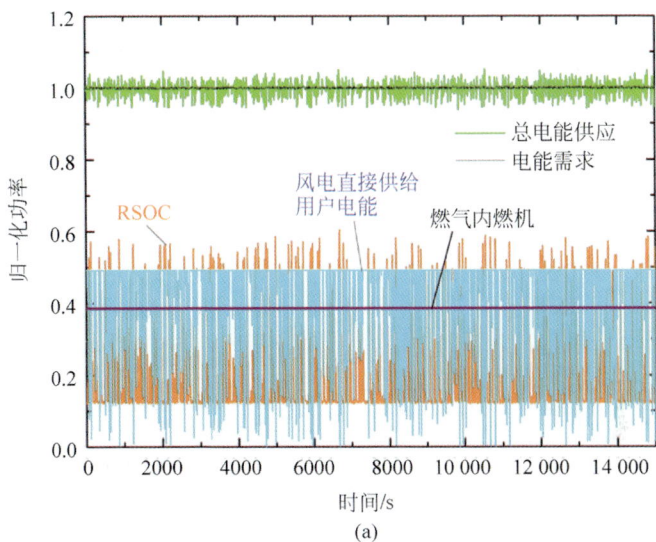

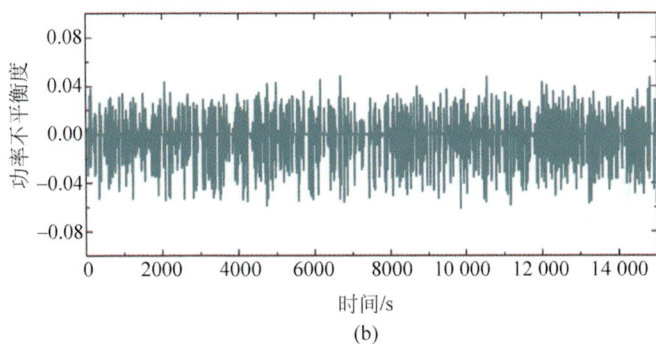

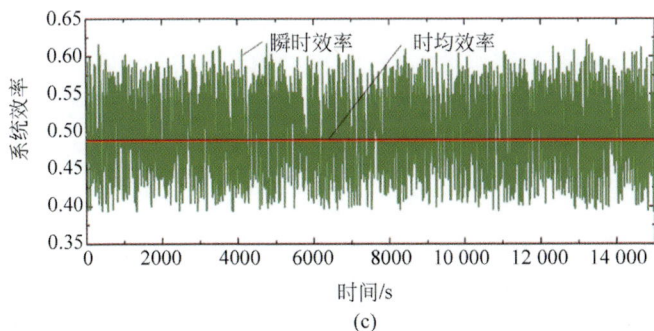

图 6.11　弃风模式(算例 1)下的系统瞬时功率分配情况(a)、瞬时功率不
平衡度(b)以及系统瞬时效率和时均效率(c)

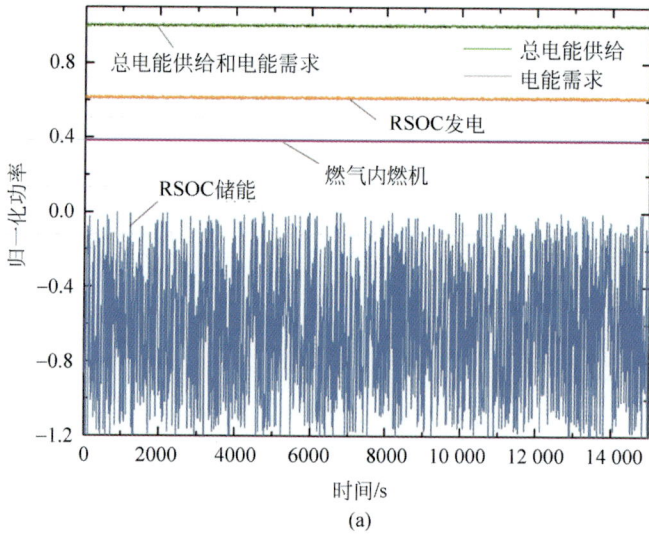

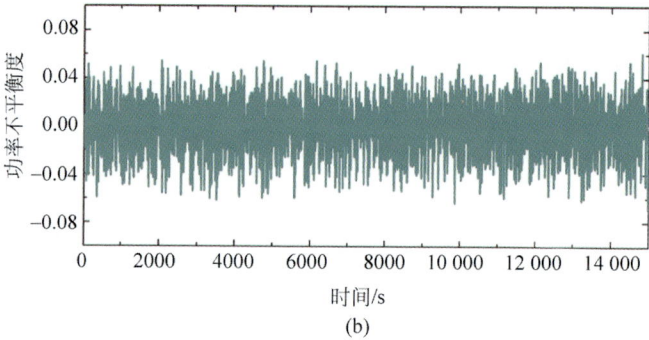

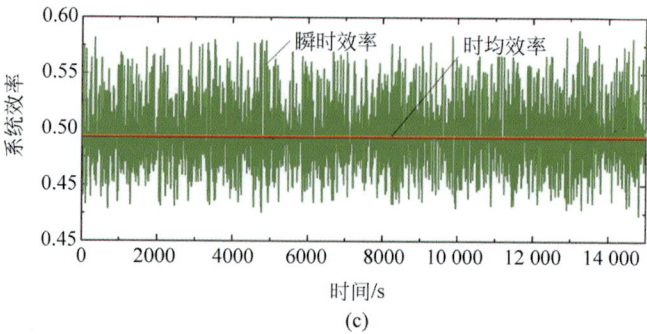

图 6.12 完全电制气模式(算例 2)下的系统瞬时功率分配情况(a)、瞬时功率不平衡度(b)以及系统瞬时效率和时均效率(c)

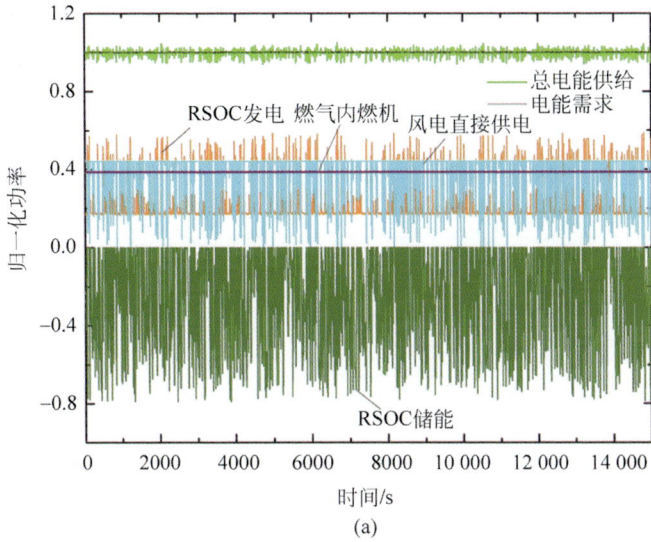

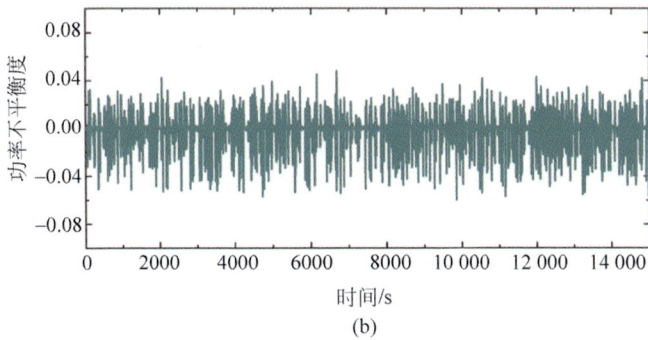

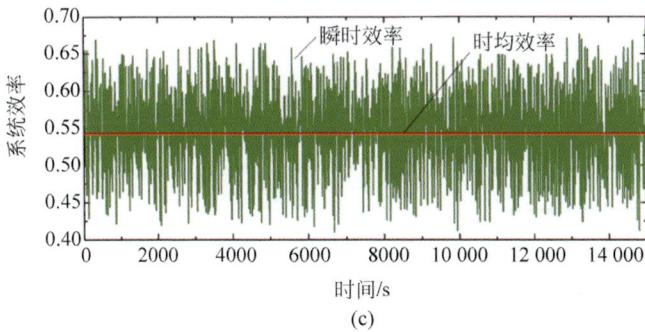

图 6.13　风电直接供电上限为用户负荷的 **44%** 的发储结合策略下的系统瞬时功率分配情况(a)、瞬时功率不平衡度(b)以及系统瞬时效率和时均效率(c)

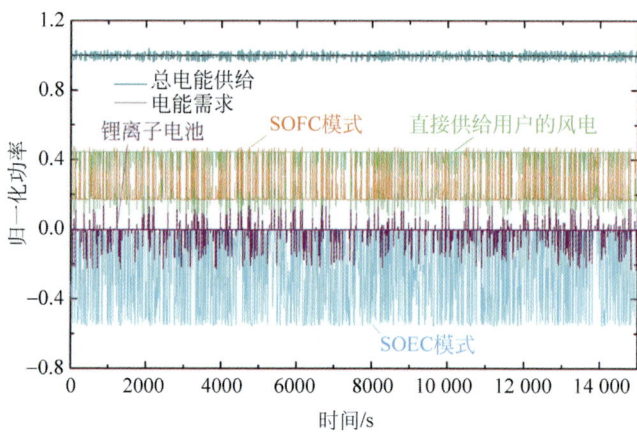

图 6.14   ROSC 和锂离子电池联合储能下的分布式能源系统中各设备瞬时功率

清华大学优秀博士学位论文丛书

高温共电解水
和二氧化碳合成甲烷
反应特性与系统研究

罗 宇 （Luo Yu） 著

Research on the Reaction Characteristics
and System of Methane Production
by High Temperature CO_2/ H_2O Co-electrolysis

清華大学出版社
北 京

内 容 简 介

本书基于 CO_2 排放和可再生能源有效利用两大问题,开展了高温 CO_2 电化学还原制取 CH_4 的热力学理论、动力学理论、应用型反应器开发设计和系统集成耦合研究。在理论上,揭示了 CO_2 高温电化学还原表界面反应机理,为后续电极材料和微观结构设计奠定了理论基础;设计了高温电化学反应器双腔室同步调压运行准则,可以指导高温高压反应器的开发工作;面向实际应用,实现了 H_2O/CO_2 一步高效合成 CH_4,实现了 CO_2 资源化利用,产物有望直接并入天然气网;并开发了系统动态调控策略,能够促进天然气与可再生能源的深度融合。

本书可为电化学、CO_2 还原以及可再生能源储能等相关领域的高校师生、研究院的科研人员、工厂技术人员和新能源从业者提供基础理论依据和技术工艺借鉴。

图书在版编目(CIP)数据

高温共电解水和二氧化碳合成甲烷反应特性与系统研究/罗宇著.—北京:清华大学出版社,2022.6
(清华大学优秀博士学位论文丛书)
ISBN 978-7-302-58001-0

Ⅰ.①高… Ⅱ.①罗… Ⅲ.①能源-研究②动力工程-研究 Ⅳ.①TK

中国版本图书馆 CIP 数据核字(2021)第 070828 号

责任编辑:王 倩
封面设计:傅瑞学
责任校对:欧 洋
责任印制:丛怀宇

出版发行:清华大学出版社
    网 址:http://www.tup.com.cn,http://www.wqbook.com
    地 址:北京清华大学学研大厦 A 座 邮 编:100084
    社 总 机:010-83470000   邮 购:010-62786544
    投稿与读者服务:010-62776969,c-service@tup.tsinghua.edu.cn
    质量反馈:010-62772015,zhiliang@tup.tsinghua.edu.cn
印 装 者:三河市东方印刷有限公司
经 销:全国新华书店
开 本:155mm×235mm 印张:16.25 插页:12 字数:299 千字
版 次:2022 年 7 月第 1 版   印次:2022 年 7 月第 1 次印刷
定 价:129.00 元

产品编号:088850-01

一流博士生教育
体现一流大学人才培养的高度（代丛书序）[①]

人才培养是大学的根本任务。只有培养出一流人才的高校，才能够成为世界一流大学。本科教育是培养一流人才最重要的基础，是一流大学的底色，体现了学校的传统和特色。博士生教育是学历教育的最高层次，体现出一所大学人才培养的高度，代表着一个国家的人才培养水平。清华大学正在全面推进综合改革，深化教育教学改革，探索建立完善的博士生选拔培养机制，不断提升博士生培养质量。

学术精神的培养是博士生教育的根本

学术精神是大学精神的重要组成部分，是学者与学术群体在学术活动中坚守的价值准则。大学对学术精神的追求，反映了一所大学对学术的重视、对真理的热爱和对功利性目标的摒弃。博士生教育要培养有志于追求学术的人，其根本在于学术精神的培养。

无论古今中外，博士这一称号都和学问、学术紧密联系在一起，和知识探索密切相关。我国的博士一词起源于 2000 多年前的战国时期，是一种学官名。博士任职者负责保管文献档案、编撰著述，须知识渊博并负有传授学问的职责。东汉学者应劭在《汉官仪》中写道："博者，通博古今；士者，辩于然否。"后来，人们逐渐把精通某种职业的专门人才称为博士。博士作为一种学位，最早产生于 12 世纪，最初它是加入教师行会的一种资格证书。19 世纪初，德国柏林大学成立，其哲学院取代了以往神学院在大学中的地位，在大学发展的历史上首次产生了由哲学院授予的哲学博士学位，并赋予了哲学博士深层次的教育内涵，即推崇学术自由、创造新知识。哲学博士的设立标志着现代博士生教育的开端，博士则被定义为独立从事学术研究、具备创造新知识能力的人，是学术精神的传承者和光大者。

[①] 本文首发于《光明日报》，2017 年 12 月 5 日。

博士生学习期间是培养学术精神最重要的阶段。博士生需要接受严谨的学术训练，开展深入的学术研究，并通过发表学术论文、参与学术活动及博士论文答辩等环节，证明自身的学术能力。更重要的是，博士生要培养学术志趣，把对学术的热爱融入生命之中，把捍卫真理作为毕生的追求。博士生更要学会如何面对干扰和诱惑，远离功利，保持安静、从容的心态。学术精神，特别是其中所蕴含的科学理性精神、学术奉献精神，不仅对博士生未来的学术事业至关重要，对博士生一生的发展都大有裨益。

独创性和批判性思维是博士生最重要的素质

博士生需要具备很多素质，包括逻辑推理、言语表达、沟通协作等，但是最重要的素质是独创性和批判性思维。

学术重视传承，但更看重突破和创新。博士生作为学术事业的后备力量，要立志于追求独创性。独创意味着独立和创造，没有独立精神，往往很难产生创造性的成果。1929 年 6 月 3 日，在清华大学国学院导师王国维逝世二周年之际，国学院师生为纪念这位杰出的学者，募款修造"海宁王静安先生纪念碑"，同为国学院导师的陈寅恪先生撰写了碑铭，其中写道："先生之著述，或有时而不章；先生之学说，或有时而可商；惟此独立之精神，自由之思想，历千万祀，与天壤而同久，共三光而永光。"这是对于一位学者的极高评价。中国著名的史学家、文学家司马迁所讲的"究天人之际，通古今之变，成一家之言"也是强调要在古今贯通中形成自己独立的见解，并努力达到新的高度。博士生应该以"独立之精神、自由之思想"来要求自己，不断创造新的学术成果。

诺贝尔物理学奖获得者杨振宁先生曾在 20 世纪 80 年代初对到访纽约州立大学石溪分校的 90 多名中国学生、学者提出："独创性是科学工作者最重要的素质。"杨先生主张做研究的人一定要有独创的精神、独到的见解和独立研究的能力。在科技如此发达的今天，学术上的独创性变得越来越难，也愈加珍贵和重要。博士生要树立敢为天下先的志向，在独创性上下功夫，勇于挑战最前沿的科学问题。

批判性思维是一种遵循逻辑规则、不断质疑和反省的思维方式，具有批判性思维的人勇于挑战自己，敢于挑战权威。批判性思维的缺乏往往被认为是中国学生特有的弱项，也是我们在博士生培养方面存在的一个普遍问题。2001 年，美国卡内基基金会开展了一项"卡内基博士生教育创新计划"，针对博士生教育进行调研，并发布了研究报告。该报告指出：在美国和欧洲,培养学生保持批判而质疑的眼光看待自己、同行和导师的观点同样非常不容易,批判性思维的培养必须成为博士生培养项目的组成部分。

对于博士生而言,批判性思维的养成要从如何面对权威开始。为了鼓励学生质疑学术权威、挑战现有学术范式,培养学生的挑战精神和创新能力,清华大学在 2013 年发起"巅峰对话",由学生自主邀请各学科领域具有国际影响力的学术大师与清华学生同台对话。该活动迄今已经举办了 21 期,先后邀请 17 位诺贝尔奖、3 位图灵奖、1 位菲尔兹奖获得者参与对话。诺贝尔化学奖得主巴里·夏普莱斯(Barry Sharpless)在 2013 年 11 月来清华参加"巅峰对话"时,对于清华学生的质疑精神印象深刻。他在接受媒体采访时谈道:"清华的学生无所畏惧,请原谅我的措辞,但他们真的很有胆量。"这是我听到的对清华学生的最高评价,博士生就应该具备这样的勇气和能力。培养批判性思维更难的一层是要有勇气不断否定自己,有一种不断超越自己的精神。爱因斯坦说:"在真理的认识方面,任何以权威自居的人,必将在上帝的嬉笑中垮台。"这句名言应该成为每一位从事学术研究的博士生的箴言。

提高博士生培养质量有赖于构建全方位的博士生教育体系

一流的博士生教育要有一流的教育理念,需要构建全方位的教育体系,把教育理念落实到博士生培养的各个环节中。

在博士生选拔方面,不能简单按考分录取,而是要侧重评价学术志趣和创新潜力。知识结构固然重要,但学术志趣和创新潜力更关键,考分不能完全反映学生的学术潜质。清华大学在经过多年试点探索的基础上,于 2016 年开始全面实行博士生招生"申请-审核"制,从原来的按照考试分数招收博士生,转变为按科研创新能力、专业学术潜质招收,并给予院系、学科、导师更大的自主权。《清华大学"申请-审核"制实施办法》明晰了导师和院系在考核、遴选和推荐上的权力和职责,同时确定了规范的流程及监管要求。

在博士生指导教师资格确认方面,不能论资排辈,要更看重教师的学术活力及研究工作的前沿性。博士生教育质量的提升关键在于教师,要让更多、更优秀的教师参与到博士生教育中来。清华大学从 2009 年开始探索将博士生导师评定权下放到各学位评定分委员会,允许评聘一部分优秀副教授担任博士生导师。近年来,学校在推进教师人事制度改革过程中,明确教研系列助理教授可以独立指导博士生,让富有创造活力的青年教师指导优秀的青年学生,师生相互促进、共同成长。

　　在促进博士生交流方面，要努力突破学科领域的界限，注重搭建跨学科的平台。跨学科交流是激发博士生学术创造力的重要途径，博士生要努力提升在交叉学科领域开展科研工作的能力。清华大学于2014年创办了"微沙龙"平台，同学们可以通过微信平台随时发布学术话题，寻觅学术伙伴。3年来，博士生参与和发起"微沙龙"12 000多场，参与博士生达38 000多人次。"微沙龙"促进了不同学科学生之间的思想碰撞，激发了同学们的学术志趣。清华于2002年创办了博士生论坛，论坛由同学自己组织，师生共同参与。博士生论坛持续举办了500期，开展了18 000多场学术报告，切实起到了师生互动、教学相长、学科交融、促进交流的作用。学校积极资助博士生到世界一流大学开展交流与合作研究，超过60%的博士生有海外访学经历。清华于2011年设立了发展中国家博士生项目，鼓励学生到发展中国家亲身体验和调研，在全球化背景下研究发展中国家的各类问题。

　　在博士学位评定方面，权力要进一步下放，学术判断应该由各领域的学者来负责。院系二级学术单位应该在评定博士论文水平上拥有更多的权力，也应担负更多的责任。清华大学从2015年开始把学位论文的评审职责授权给各学位评定分委员会，学位论文质量和学位评审过程主要由各学位分委员会进行把关，校学位委员会负责学位管理整体工作，负责制度建设和争议事项处理。

　　全面提高人才培养能力是建设世界一流大学的核心。博士生培养质量的提升是大学办学质量提升的重要标志。我们要高度重视、充分发挥博士生教育的战略性、引领性作用，面向世界、勇于进取，树立自信、保持特色，不断推动一流大学的人才培养迈向新的高度。

邱勇

清华大学校长

2017年12月5日

丛书序二

以学术型人才培养为主的博士生教育，肩负着培养具有国际竞争力的高层次学术创新人才的重任，是国家发展战略的重要组成部分，是清华大学人才培养的重中之重。

作为首批设立研究生院的高校，清华大学自 20 世纪 80 年代初开始，立足国家和社会需要，结合校内实际情况，不断推动博士生教育改革。为了提供适宜博士生成长的学术环境，我校一方面不断地营造浓厚的学术氛围，一方面大力推动培养模式创新探索。我校从多年前就已开始运行一系列博士生培养专项基金和特色项目，激励博士生潜心学术、锐意创新，拓宽博士生的国际视野，倡导跨学科研究与交流，不断提升博士生培养质量。

博士生是最具创造力的学术研究新生力量，思维活跃，求真求实。他们在导师的指导下进入本领域研究前沿，吸取本领域最新的研究成果，拓宽人类的认知边界，不断取得创新性成果。这套优秀博士学位论文丛书，不仅是我校博士生研究工作前沿成果的体现，也是我校博士生学术精神传承和光大的体现。

这套丛书的每一篇论文均来自学校新近每年评选的校级优秀博士学位论文。为了鼓励创新，激励优秀的博士生脱颖而出，同时激励导师悉心指导，我校评选校级优秀博士学位论文已有 20 多年。评选出的优秀博士学位论文代表了我校各学科最优秀的博士学位论文的水平。为了传播优秀的博士学位论文成果，更好地推动学术交流与学科建设，促进博士生未来发展和成长，清华大学研究生院与清华大学出版社合作出版这些优秀的博士学位论文。

感谢清华大学出版社，悉心地为每位作者提供专业、细致的写作和出版指导，使这些博士论文以专著方式呈现在读者面前，促进了这些最新的优秀研究成果的快速广泛传播。相信本套丛书的出版可以为国内外各相关领域或交叉领域的在读研究生和科研人员提供有益的参考，为相关学科领域的发展和优秀科研成果的转化起到积极的推动作用。

　　感谢丛书作者的导师们。这些优秀的博士学位论文,从选题、研究到成文,离不开导师的精心指导。我校优秀的师生导学传统,成就了一项项优秀的研究成果,成就了一大批青年学者,也成就了清华的学术研究。感谢导师们为每篇论文精心撰写序言,帮助读者更好地理解论文。

　　感谢丛书的作者们。他们优秀的学术成果,连同鲜活的思想、创新的精神、严谨的学风,都为致力于学术研究的后来者树立了榜样。他们本着精益求精的精神,对论文进行了细致的修改完善,使之在具备科学性、前沿性的同时,更具系统性和可读性。

　　这套丛书涵盖清华众多学科,从论文的选题能够感受到作者们积极参与国家重大战略、社会发展问题、新兴产业创新等的研究热情,能够感受到作者们的国际视野和人文情怀。相信这些年轻作者们勇于承担学术创新重任的社会责任感能够感染和带动越来越多的博士生,将论文书写在祖国的大地上。

　　祝愿丛书的作者们、读者们和所有从事学术研究的同行们在未来的道路上坚持梦想,百折不挠! 在服务国家、奉献社会和造福人类的事业中不断创新,做新时代的引领者。

　　相信每一位读者在阅读这一本本学术著作的时候,在吸取学术创新成果、享受学术之美的同时,能够将其中所蕴含的科学理性精神和学术奉献精神传播和发扬出去。

清华大学研究生院院长

2018 年 1 月 5 日

主要符号对照表

a	H_2O/H_2 电化学反应交换电流密度表达式中的 H_2 分压指数
A	阿伦尼乌斯(Arrhenius)型反应速率常数中指前因子(cm,mol,s)
b	H_2O/H_2 电化学反应交换电流密度表达式中的 H_2O 分压指数
c	CO_2/CO 电化学反应交换电流密度表达式中的 CO 分压指数
c_i	组分 i 的浓度(mol/m² 或者 mol/m³)
c_p	比热容[J/(kg·K)]
C_{dl}	单位面积双电层电容(F/m)
d	CO_2/CO 电化学反应交换电流密度表达式中的 CO_2 分压指数
D	扩散系数(m²/s)
E/E_{act}	化学及电化学反应活化能(J/mol)
Ex	㶲(W)
F	法拉第常数(96 485 C/mol)
G	内燃机烟气流量(m³/s)
i_0	交换电流密度(A/m)
I	电流密度(A/m²)
J	电流(A)
k	反应速率常数(m,mol,s)或者绝热指数
K	反应平衡常数(m,mol)
M_i	分子摩尔质量(kg/mol)
n_e	电化学反应电子转移数目
N	反应组分数
p	总压(Pa)
P	功率
Q	源项
$\bar{r}$	多孔电极平均孔径(m)

R	通用气体常数[8.314J/(mol·K)]或者等效电阻(Ω)
$\dot{s}$	反应摩尔生成率[mol/(m²·s)或者 mol/(m·s)]
S	有效反应面积(m²)
S^0	初始黏附系数
Sc	储能容量需求
T	温度(K)
U_r	反应物转化率
V_i	气相组分 i 的扩散体积(m³)
AEC	碱性电解池(alkaline electrolysis cell)
ASR	面积比电阻(area specific resistance)
EIS	电化学阻抗谱(electrochemical impedance spectra)
LSGM	锶和镁掺杂的镓酸镧(strontium and magnesium doped lanthanum gallate)
LSM	锶掺杂的锰酸镧(lanthanum strontium manganate)
MR	CH_4 化反应(methanation reaction)
OCV	开路电压(open circuit voltage)
PEMEC	质子交换膜电解池(proton exchange membrane electrolysis cell)
PEN	膜电极结构(positive electrode-electrolyte-negative electrode)
RSOC	可逆固体氧化物电池(reversible solid oxide cell)
ScSZ	氧化钪稳定的氧化锆(scandium stabilized zirconium)
SEM	扫描电子显微镜(scanning electronic microscope)
SOC	荷电状态(state-of-charge)
SOEC	固体氧化物电解池(solid oxide electrolysis cell)
SOFC	固体氧化物燃料电池(solid oxide fuel cell)
TNV	热中性电压(thermal neutral voltage)
TPB	三相界面(triple phase boundary)
WGSR	水气变换反应(water-gas shift reaction)
XRD	X 射线衍射(X-ray diffraction)
YSZ	氧化钇稳定的氧化锆(yttria stabilized zirconia)
α	电荷传递系数
χ	体积分数/摩尔分数
γ	交换电流密度指前因子(A,Pa,s)或者多变指数
δ	吸附反应中反应物表面组分化学计量数之和

Γ	表面活性位浓度（mol/m^2）
λ	导热系数[$W/(m \cdot K)$]
ε	孔隙率
ε_{max}	最大功率不平衡度
η	极化电压（V）或者效率
ν	化学计量系数
ρ	密度（kg/m^3）
σ	电导率（S/m）
τ	曲折因子或者响应时间
φ	电势（V）
φ_{CH_4}	CH_4 生成率
φ_{wind}	风电融合度
ψ	固相体积分数
0	平衡或初始状态或额定状态
battery	锂离子电池
bulk	体相
cell	固体氧化物电池单元（solid oxide cell）
ch	流道（channel）
Charge	电荷传递（charge transfer）
cold	换热器冷流体侧
comp	压缩机（compressor）
cycle	循环效率
direct	风电直接供给用户
dy	动态的（dynamic）
EC	电解池（electrolysis cells）
eff	有效值（effective）
el	电子的（electronic）或者电转化效率
elec	电解质（electrolyte）
f	正反应（forward reaction）
fuel	燃料极（fuel electrode）
g	气相（gaseous）
Gas	燃料气
heat	热量传递（heat or heat transfer）

Heat	热量或者换热器热流体侧
ICE	内燃机
in	入口(inlet)
inj	入口管道(inject tube)
inner	内壁
input	电能输入
ion	离子的(ionic)
ir	不可逆极化损失
Kn	努森(Knudsen)扩散(Knudsen diffusion)
mol	分子扩散(molecule diffusion)
Mass	质量传递(mass transfer)
Mom	动量传递(momentum transfer)
out	出口(outlet)
outer	外壁
output	电能输出
oxy	氧电极(oxygen electrode)
PEN	膜电极结构
power	电能
r	逆反应(reversed reaction)
re	可逆多相催化化学反应
ref	参考值(reference)
s	固相
sf	表面(surface)
store	风电储能
turb	透平(turbine)
wind	风力发电

导师序言

  罗宇的博士学位论文针对我国多煤少气、可再生能源弃置以及巨量 CO_2 排放的能源现状,研究基于固体氧化物电解池(SOEC)的可再生能源电力 H_2O/CO_2 共电解制取 CH_4 技术,尝试同步实现 CO_2 减排与资源化利用以及可再生能源电力的存储,既有利于推动实现"碳达峰、碳中和"的目标,也有望为我国能源安全保障提供新的可能路径。

  论文主要的特色工作包括:为剥离 SOEC 多孔电极体相扩散传递过程对本征电化学现象的干扰,基于磁控溅射技术形成一套可靠的图案电极制备和测试工艺,精确调控电化学活性界面,提出了 SOEC 可逆电化学的速控步骤切换机制,提出新的电化学积碳速控步骤,揭示微观电极对速控步骤的调控和演化机制;为提升 SOEC 共电解制取 CH_4 的转化率和选择性,自主开发了一套加压 SOEC 反应装置,并设计了双腔室同步调压操作工艺,保障高温密封可靠性和双腔室加压运行的稳定性,通过管式构型、热流设计、温压联调,促进了 H_2O/CO_2 共电解与甲烷化反应原位热耦合与同步强化,在 4 bar(0.4 MPa)下实现低入口氢分压下 40% 的 CH_4 生成率;发展了一套界面反应—热质传输—系统集成的跨尺度、多物理场的动态仿真建模方法,阐明了 SOEC 内部以及 SOEC 与系统其他能源部件之间复杂的反应传递耦合机制,从能量供需有序化角度评价能源系统供能稳定性,基于跨尺度、多物理场仿真平台设计出发储结合的系统管控策略,同步提升分布式能源系统的能效、可再生能源融合度、供能稳定性。以上创新成果已在 *Appl Energy*、*J Power Sources*、*Energy Convers Manage*、*Energy* 和 *Int J Hydrogen Energy* 等重要学术期刊发表,并发表 Academic Press 专著 *Hybrid Systems and Multi-energy Networks for the Future Energy Internet*。

  罗宇博士自大二进入课题组起从事该方向研究,直到这篇论文的诞生,积累了 8 年,他用青春汗水浇灌创新梦想,用加倍勤奋攻克科技难题,"凌晨4点的清华园"风景见证了他不懈的努力和长久的坚持。毕业后的他保持着对学术追求的初心,成为福州大学的一名青年教师,形成具有自身研究特色的"氨—氢"能源研究方向,这是他博士学位论文工作的延展,也是面向国家重大需求的新探索。

"世上无难事,只要肯登攀",祝愿罗宇博士能够不忘初心,继续在能源科技创新的道路上奋勇前行,在中华民族伟大复兴的事业中做出更多贡献。也衷心希望本书描述的一些新思路、新方法、新手段能够惠及更多创新者,本书字里行间所体现的罗宇博士的辛勤耕耘能够鼓舞更多探索者。

是为序。

史翊翔

清华大学能源与动力工程系

摘　要

固体氧化物电解池(solid oxide electrolysis cell, SOEC)能利用可再生能源电力将 H_2O 和 CO_2 一步高效转化为 CH_4,同步实现 CO_2 资源化利用和可再生能源电力储存,促进可再生能源与天然气网络的深度融合。为推进 SOEC 直接合成 CH_4 在可再生能源与天然气融合的分布式能源系统中的应用,需要理解其内部的反应机理和反应传递耦合机制,以及系统中 SOEC 与其他部件的物质流和能量流传输原理。本书采用实验测试、动力学计算和数值模拟结合的研究方法开展 SOEC 合成 CH_4 反应特性和系统研究。

首先,本书采用图案电极精确调控电化学活性界面,获得本征动力学数据,推导了 H_2O 和 CO_2 电解反应机理及其速率控制步骤,建立基元反应动力学模型阐述反应机理和中间产物的内在关联。研究表明,图案电极中 SOEC 可逆化运行下的反应速率控制步骤为生成 OH^-(YSZ)(OH^- 吸附在 YSZ 表面)以及消耗 $CO(Ni)$ 的电荷转移反应,$CO(Ni)$ 的表面扩散对电化学反应速率的影响也不可忽略。

SOEC 单元的反应特性是电化学反应耦合化学反应以及电荷、质量和热量传递过程的综合结果。为阐明 SOEC 内部的反应传递耦合规律,本书开发了加压管式 SOEC 反应器及其实验测试系统,建立了多物理场动态热电模型。经过实验和数值模拟的迭代优化,通过热流设计和加压运行,实现了管式 SOEC 在 0.4 MPa 下的稳定运行和 CH_4 定向调控,在 -2 A 下 CH_4 生成率可达 39.5%;并通过反应传递过程的动态耦合操作,保证 SOEC 在可再生能源间歇性输入下的稳定及高效运行,为分布式能源系统中 SOEC 与其他部件的集成耦合提供基础数据、反应传递耦合机制和稳定运行准则。

最后,本书构建了可再生能源与天然气融合的分布式储能发电系统仿真平台,将 SOEC 共电解 H_2O/CO_2 反应器与系统中其他的能源部件集成耦合。研究显示,在 SOEC 通过电解和 CH_4 化反应原位耦合可强化系统能效,在 0.815 MPa 下可实现 81.3% 的㶲效率,能效较两步式电制 CH_4 过程提升 3% 以上。在间歇性风电的融入下,通过精确设计风电发储比例,采用 SOEC 电制气联合锂离子电池储能,可在节约储能容量的同时,提升系统能效、风电融合度和供电稳定性。

关键词:固体氧化物电解池共电解 H_2O/CO_2;图案电极反应机理;管式单元;CH_4 合成;系统动态仿真

Abstract

Solid oxide electrolysis cell (SOEC) can directly convert H_2O and CO_2 into CH_4 by using renewable power, therefore, enables to synchronously utilize CO_2 and store renewable power, as well as to promote the deep combination between renewable energy and natural gas network. In order to facilitate the application of the SOEC in the distributed generation system integrating renewable energy and natural gas, it's of great importance to understand the reaction mechanism and the coupling mechanism of reaction and transfer process within the SOEC, as well as the transfer principles of mass flows and energy flows between the SOEC and other system components. This book carries out the research on the reaction characteristics and system of methane production by using solid oxide H_2O/CO_2 co-electrolysis cells by combining experimental test, kinetics calculation and numerical simulation.

First, the patterned electrode is used to accurately control the electrochemical active interface to obtain the intrinsic kinetic parameters and speculate the electrochemical reaction mechanisms and corresponding rate-limiting steps of both H_2O electrolysis and CO_2 electrolysis. To understand the correlation between reaction mechanisms and intermediate elementary species, an elementary reaction kinetics model is established. Results show that the rate-limiting steps of reversible SOEC are the charge transfer step that produces the intermediate species OH^- (YSZ) and the one that consumes intermediate species $CO(Ni)$.

The reaction characteristics of an SOEC unit is a comprehensive result coupling electrochemical reaction, chemical reaction as well as transfer processes of charge, mass and heat. To illuminate the coupling of reaction and transfer processes in an SOEC unit, a pressurized tubular

SOEC reactor and a multi-physical tubular SOEC thermo-electric model are built. The tubular SOEC can stably operate at 0.4 MPa and regulate the CH_4 production by thermo-flow design and pressurized operation. After optimization, a CH_4 production ratio as high as 39.5% is obtained at -2 A. Besides, the dynamic couple of reaction and transfer processes is optimized to ensure the stable and efficient operation of the tubular SOEC driven by intermittent renewable power. The study on the SOEC unit offers basic data, reaction and transfer process coupling mechanism and stable operation principle for the system integration.

Finally, a distributed generation system simulation platform is built to combine renewable energy and natural gas. The integration between H_2O/CO_2 co-electrolysis and other system components is studied. Results show that integrating H_2O/CO_2 co-electrolysis and methanation into one reactor can improve the thermal coupling to enhance the system efficiency to 81.3% at 0.815 MPa, which is at least 3% higher than separate SOEC + methanation reactor PtM process. In the case with intermittent wind power penetration, the system performance can be improved from the perspective of system efficiency, wind power penetration, power supply stability and storage capacity by optimizing the ratio of wind power direct supply to wind power storage and combining SOECs and lithium-ion batteries.

Key words: solid oxide H_2O/CO_2 co-electrolysis cell; reaction mechanism of patterned electrodes; tubular cells; methane synthesis; dynamic system simulation

目　录

第1章 引　言

1.1　研究背景及意义

第三次工业革命促使科学技术蓬勃发展,改进了人类的生活方式,但随之而来的是世界人口迅速膨胀,导致人类对能源的需求日益增加。以化石燃料为主的能源结构,为人类社会带来了诸多便利,同时也带来了一系列的问题。中国能源结构以煤炭为主。经国家统计局初步核算,2017 年我国全年能源消费中煤炭消费所占比例为 60.4%,达 27.1 亿 t 标准煤[1]。煤炭利用过程中伴随着 SO_2、NO_x、粉尘颗粒(PM)等污染物的排放,造成了酸雨和雾霾等环境污染问题;此外,中国已成为世界 CO_2 排放第一大国,2016 年 4 月 22 日张高丽副总理代表中国签署《巴黎协定》,承诺碳排放在 2030 年左右达到峰值。由此可见,以煤炭为代表的化石燃料具有高污染排放的特点,使得环境问题日益凸显,制约着我国乃至世界的长期稳定发展。

为缓解人类长期以来对化石能源的依赖,以可再生能源为代表的新能源的开发和利用成为人类社会能源可持续发展的一大出路。伴随着互联网技术的飞速发展,基于可再生能源为主要一次能源的能源互联网概念迅速兴起。能源互联网在 Rifkin 所著的《第三次工业革命》中被首次提出[2]。Rifkin 描述的能源互联网利用互联网技术,通过大规模分布式发电—储能系统接入,实现以可再生能源为主要一次能源的新能源体系的广域共享。与当前相对集中式的能源利用形式相比,能源互联网有以下 4 个关键特征[3-4]:①高可再生能源融合比例;②非线性随机特性;③多源大数据特性;④多尺度动态特性。

目前,我国正在大力发展可再生能源。《可再生能源发展“十三五”规划》提出了 2020 年年底的发展目标:可再生能源利用量达 7.3 亿 t 标准煤,可再生能源发电量将占全部发电量的 27%,并网风电总装机容量确保达到2.1 亿 kW 以上,太阳能发电并网装机容量确保实现 1.1 亿 kW 以上[5]。据统计,2017 年全年可再生能源发电量已达 1.7 万亿 kW·h,占全部发电

量的 $26.4\%^{[6]}$；截至 2017 年 12 月月底累计并网风电容量已达 1.64×10^9 kW$^{[7]}$，光伏发电装机容量已达 1.3×10^9 kW$^{[8]}$，接近"十三五"规划提出的指标要求。

然而，可再生能源具有地域性、随机性和间歇性等特点，难以像传统化石能源一样保证供电的稳定性，过多融入可再生能源对大电网会造成很大的冲击。因此，可再生能源的大规模集中并网是极大的技术挑战。据国家能源局统计$^{[7-9]}$，2017 年我国全年弃风率达 12%，共计损失 419×10^9 kW·h；全年弃光率达 6%，共计损失 73×10^9 kW·h；弃水量达 4%，共计损失 515×10^9 kW·h。采用分布式能源系统，可针对性地对可再生能源进行梯级利用，是解决可再生能源弃置问题的有效手段之一。分布式能源系统相对于集中式供能而言，其容量规模相对较小，可根据地域特点分散分布，直接面向用户，供能相对灵活，是提升可再生能源消纳能力的重要手段。从集中式向分布式转变，也是未来能源利用发展的一大趋势。

利用储能技术可将可再生能源产生的电能稳定地储存，又可灵活地将储存的能量转化为电能，从而协调可再生能源与负荷侧能量需求，将可再生能源出力曲线平滑化，起到削峰填谷的作用，以满足负荷侧对供能质量的要求。因此，对于融合了可再生能源的分布式能源系统，通过储能技术实现可再生能源时移，是保证其平稳供能的关键技术。

1.2　不同电储能技术的特点

目前，主流的储能技术包括抽水蓄能、压缩空气储能、飞轮储能、电池储能、电解储能、超级电容与超导储能等$^{[10]}$。表 1.1 对比了不同电储能技术的关键参数与特点$^{[10-12]}$。

表 1.1　不同电储能技术的关键参数与特点$^{[10-12]}$

储能装置	循环效率/ %	容量/MW	占地空间/ (m^2/kW·h)	储能/供能周期/h
抽水蓄能	70～80	100～5000	0.02	＞24
压缩空气储能	70～89	5～300	0.01	＞24
飞轮储能	90～95	0～0.25	0.03～0.06	2.70×10^{-7}～0.25
电池储能	70～95	0～20	0.019～0.058	0.0027～10.0000
电解储能	66～95	0～50	0.003～0.006	＞24，取决于储气能力
超级电容	84～95	＜0.3	0.04	2.7×10^{-7}～1.0
超导储能	95～98	0.1～10.0	6～26	2.7×10^{-7}～2.2×10^{-3}

由于可再生能源具有地域性和季节性的特点,需要在时间上实现长期跨季节储能,容量要求在年负荷的 $15\%\sim20\%$,即能满足 $2\sim3$ 个月的能量供给[13]。以上电储能技术中,可实现跨季节储能的技术仅有规模较大的抽水蓄能与压缩空气储能技术,此外还有电制气储能技术[10]。抽水蓄能与压缩空气储能技术均相对成熟,但两者均对空间存在依赖,前者需要就地水资源,后者需要地下存储,两者占地空间都相对较大,对环境均有一定的影响。而电制气储能技术(power to gas,PtG)具有噪声低、占地空间小、环境影响小和能量密度高等特点,并且由于储能载体与储能装置分离,从而使其储能/供能周期仅取决于储气/供气能力;此外,利用 PtG 储能技术还能够在空间上实现可再生能源输运,可从时域和地域两方面同步缓解供需不匹配问题。尤其在可再生能源与天然气融合互补而形成的分布式能源网络系统中,PtG 技术提供了一条将可再生能源转化为 CH_4 的新路径,可实现电—气之间的双向流动,为可再生能源、天然气网以及智能电网的跨时域与跨地域融合创造可能,将成为推进可再生能源消纳和异质能源融合的关键技术。

1.3　不同电解池技术的特点

电制气储能技术可利用电解技术将电能转化为稳定的高能量密度燃料气[14],从而将间歇性、波动性的可再生能源电力以稳定化学能的方式存储。当前主要研究或应用的电解池有三类:碱性电解池(alkaline electrolysis cell,AEC)、质子交换膜电解池(proton exchange membrane electrolysis cell,PEMEC)以及固体氧化物电解池(solid oxide electrolysis cell,SOEC)。三类电解技术的主要性能与工作参数如表 1.2 所示[15-17]。

表 1.2　不同电解技术的关键参数与性能[15-17]

电解技术	工作温度/℃	工作压力/MPa	工作电压/V	单位 H_2 能耗/(kW·h/m³)	效率/%
AEC	$70\sim100$	$0.1\sim3.0$	$1.65\sim2.20$	$4.5\sim8.2$	$70\sim80$
PEMEC	$20\sim100$	$0.1\sim8.5$	$1.8\sim2.2$	$4.1\sim7.1$	$80\sim90$
SOEC	$500\sim1000$	$0.1\sim3.0$	$1.1\sim1.4$	$2.6\sim3.6$	>90

其中,碱性电解池和质子交换膜电解池属于低温电解池,工作温度通常在 200℃ 以下,而固体氧化物电解池作为固体氧化物燃料电池(solid oxide fuel cell,SOFC)的逆过程,工作温度与 SOFC 一致,属于高温电解池,通常

工作在 $600 \sim 1000 \, ℃$。SOEC 电解技术因其高温工作特性,在反应能耗、效率以及燃料产率上均有优势。以 H_2O 电解为例,图 1.1 分别给出了在不同工作温度下,H_2O 电解热力学上的理论总能量需求(焓变 ΔH)、电能需求(吉布斯自由能 ΔG)以及热需求(温度与熵变的乘积,$T \Delta S$)。在热力学层面,在忽略相变的情况下,随温度升高,电解反应的总能量需求基本保持不变,电能需求逐渐降低,对应的热量需求逐渐增高,700 ℃下电解水的理论电能需求较常温下低 41 kJ/mol,可节约 17% 以上的电能;在动力学层面,高温有助于提升反应动力学,降低电解极化损失,从而提升电解速率,降低电解能耗。综合来看,较 AEC 和 PEMEC,SOEC 具有更低的工作电压与更高的工作效率,其理论制氢能耗可降低 37% 以上。此外,SOEC 通常采用基于氧离子导体电解质的全固态结构,能够直接电解 CO_2,避免电解质的腐蚀与流失。

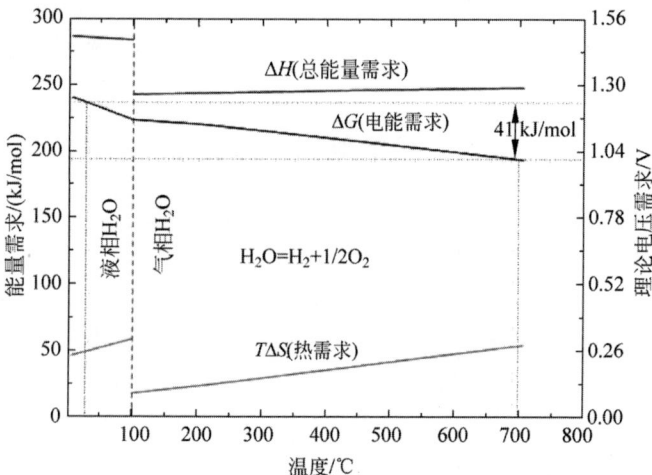

图 1.1 热力学上 H_2O 电解在不同温度下的理论能耗

图 1.2 概括了基于不同电解技术的 PtG 技术的主要转化路径和后续的应用场合[18]。目前主流的 PtG 技术通常先通过电解 H_2O 制取 H_2,后直接利用 H_2 作为储能载体发电、供热或者少量并入气网,也可再通过后续甲烷化或者费托合成(Fischer-Tropsch,F-T)进一步转化为 CH_4 或其他碳氢燃料和化学品。H_2 虽然具有很高的单位质量能量密度,但因过于活泼,H_2 存储的经济性与安全性问题仍然是限制氢能推广和利用的主要因素之一。CH_4 因储量大,合成工艺成熟,且依托当前已有的天然气网可实现

CH_4 的灵活输运,是技术和实际应用中更为可行的能量载体;此外,CH_4 作为一类清洁的化石燃料和碳载体,电制 CH_4(power-to-methane,PtM)耦合了可再生能源电力储能与天然气合成,有助于实现 CO_2 的资源化利用与碳中性。主流的 PtM 转化路径通常耦合电解水技术与 CO_2 加氢甲烷化过程。欧洲一直大力推进 PtG 合成 CH_4 技术,尤其在德国最为活跃。ZSW(太阳能与氢能研究中心)和 SolarFuel GmbH(现更名为 ETOGAS GmbH)在 2012 年于德国斯图加特成功实现了 250 kW PtM 的工业示范[19]。2013 年秋,ETOGAS 基于工业示范的经验,于德国韦尔特为德国奥迪公司建立了首台工业级别的 PtM 工厂,电量规模达 6.3 MW,年产气 $3 \times 10^6\ m^3$(标准态),是目前世界上最大的 PtG 工厂[20]。该厂利用周边生物质发电厂的 CO_2 源,结合间歇性可再生能源,合成天然气送入城市气网,成功实现天然气与可再生能源的融合,可实现约 54% 的 PtM 效率。然而,该过程与电制氢技术相比,因新增甲烷化反应装置,导致能耗增大,系统效率下降了 16%[21]。基于中高温 SOEC 的 PtG 技术,因 SOEC 具备 H_2O/CO_2 共电解能力,因此提供了新型转化路径,如图 1.2 所示。基于 SOEC 共电解 H_2O/CO_2 可制取组分可调的合成气,甚至一步合成 CH_4,能够降低甚至有望避免电制氢结合甲烷化反应两步 CH_4 制备过程中额外增加的能耗[18]。因此,采用 SOEC 共电解 H_2O/CO_2 合成 CH_4 技术,有望实现电气之间的高效双向转化,促进天然气与可再生能源的深度融合。

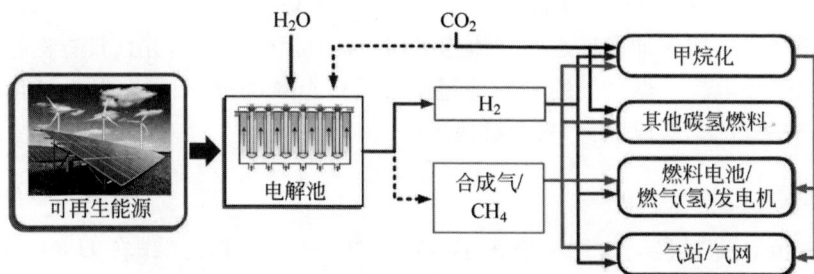

图 1.2　不同电解技术的电制气转化路径及应用

1.4　固体氧化物电解池电制气储能

1.4.1　基本工作原理

SOEC 电制气储能的基本原理如图 1.3 所示。SOEC 反应单元主要由电解质、燃料极和氧电极等构成。燃料极和氧电极都是多孔结构,保证气体能够在电极内部传输。同时,目前普遍认为,三相界面(triple phase boundary,TPB),即电子导体相、离子导体相和气相共存的界面,是电化学反应发生的主要活性位。

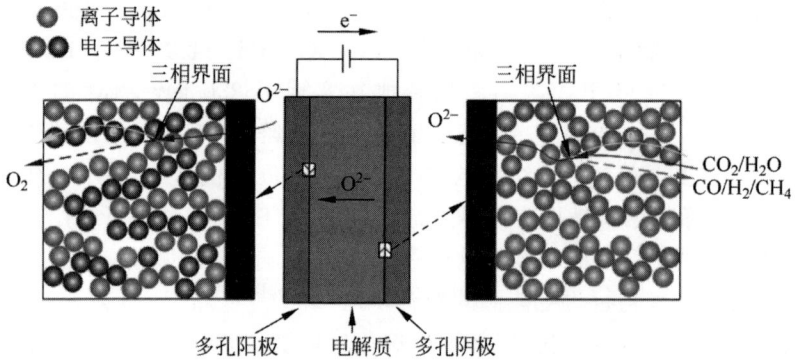

图 1.3 SOEC 共电解 H_2O/CO_2 工作原理(见文前彩图)

燃料极(阴极)是还原反应发生的场所,H_2O 和(或)CO_2 在燃料极三相界面反应得到电子,电解生成 H_2 和(或)CO,同时产生 O^{2-},传给电解质。燃料极的反应式如下:

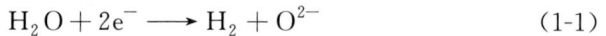

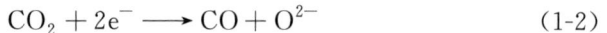

$$H_2O + 2e^- \longrightarrow H_2 + O^{2-} \tag{1-1}$$

$$CO_2 + 2e^- \longrightarrow CO + O^{2-} \tag{1-2}$$

致密的电解质保证两极之间气体分离,要求不能传导电子,并且具有良好的氧离子导电性。燃料极的 O^{2-} 通过电解质传至氧电极(阳极),发生氧化反应,失去电子,生成 O_2。氧电极的反应式如下:

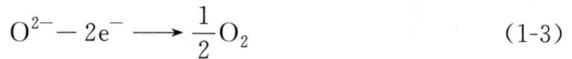

$$O^{2-} - 2e^- \longrightarrow \frac{1}{2}O_2 \tag{1-3}$$

当 SOEC 燃料极入口同时通入 H_2O 和 CO_2 时,SOEC 工作在 H_2O/CO_2 共电解模式下,燃料极内部存在 H_2O 和 CO_2 的竞争电解。

同时,燃料极气体可在金属导体 Ni 的催化作用下发生一系列化学反应。燃料极内部的 H_2O、CO 和 CO_2、H_2 在可逆的水气变换反应(water-gas shift reaction,WGSR)作用下能够互相转化:

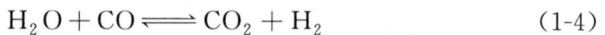

$$H_2O + CO \Longleftrightarrow CO_2 + H_2 \tag{1-4}$$

可逆水气变换反应的速率一般远大于电化学反应[22-23]。CO_2 和 CO 之间的布杜阿尔(Boudouard)反应可能会使电解池发生积碳:

$$2CO \Longrightarrow CO_2 + C \qquad (1-5)$$

燃料极的积碳可能导致 SOEC 的多孔电极催化剂失效、孔堵塞和极化阻抗增加,甚至产生电池破裂的现象[24]。此外,H_2 和 CO 还会进一步发生甲烷化反应,中温 650℃ 以下能检测到 CH_4 的生成[25]:

$$3H_2 + CO \Longrightarrow CH_4 + H_2O \qquad (1-6)$$

经历反应物传输、电化学反应及多相化学反应、离子和电子传导以及生成物的产生,形成了 SOEC 的基本工作过程。

1.4.2　发展历程

SOEC 电解的发展要追溯至 20 世纪 60 年代,美国宇航局(NASA)将 SOEC 电解作为制氧技术进行了最早的探索,来为太空宇航和潜艇提供持续氧气[26-28]。20 世纪 80 年代,SOEC 高温电解开始进入民用领域,德国 HOT ELLY 项目利用 SOEC 电解 H_2O 制 H_2,采用 Ni-YSZ|YSZ|LSM 的燃料极|电解质|氧电极(PEN)结构,效率达 40% 以上,较传统碱性电解技术提升了 15% 以上[29]。在此之后,Ni-YSZ|YSZ|LSM 的材料体系一直是 SOEC 最成熟、最常用的材料体系。2006 年年底,美国 Idaho 国家实验室(INL)和 Ceramatea 公司[30]进一步挖掘 SOEC 的应用潜力,提出了 SOEC 共电解 H_2O/CO_2 制取合成气(H_2+CO)的概念,再通过与工业上较为成熟的费托合成结合可进一步制取高链碳氢燃料。此后,美国 Idaho 国家实验室[30-34]、丹麦 Risø 国家实验室[13,25,35-37]和德国 Jülich 研究中心[38-40]等研究机构针对 SOEC 电化学性能、反应器规模化与运行稳定性以及系统仿真与经济性分析等方面开展了很多具有影响力的研究工作。

1.4.3　可逆化操作

电解池作为 PtG 的核心部件,将不稳定、过剩的可再生能源电力转化为稳定的燃料气,然后再用能高峰期或可再生能源电力低谷期,利用传统的内燃机/燃气轮机或者先进的燃料电池技术将燃料气转化成电能供给用户,从而实现电—气—电的能量转化过程。近几年,随着高温固体氧化物燃料电池(SOFC)/固体氧化物电解池一体化和可逆化运行技术的发展,有望通过电压调节,辅以入口气体与温度调控,实现电解/燃料电池双模式的灵活切换,即可逆固体氧化物电解池(reversible solid oxide cell,RSOC)。当可再生能源电力过剩或者提供的电能质量不满足用户需求时,RSOC 可工作在开路电压以上,即 SOEC 模式,将过剩或不稳定的电力转化成稳定的燃料气;反之,当可再生能源电力不足或者电能质量过低时,RSOC 可工作在开路电压以下,即 SOFC 模式,向用户侧提供持续、稳定的电力,平抑电能供需的不平衡。一般来说,SOFC 或 SOEC 针对稳定工况设计,负荷的变化往往需要十几分钟甚至几十分钟来调节过渡[41-42];当应用于间歇性可再生能源电力存储时,RSOC 将经历频繁的变工况以及工作模式切换,这对其材料、构型以及控制策略的设计均提出了要求。微管构型能够实现快速动态响应操作,有望实现将启停时间缩短至 1 min 以内[42],辅以先进的控制技术与控制策略,先通过电压一次调节在短时间内保证负荷跟随,再通过入口气体/温度的二次调控保障 RSOC 温度场均匀化分布,从而快速达到一个新的稳定运行状态。图 1.4 展示了典型 RSOC 的极化曲线以及功率密度曲线图[36],SOEC 与 SOFC 两种模式下相同的电荷转移意味着 SOEC 模式下燃料气生成量与 SOFC 模式下燃料气的消耗量一致,从而可形成一个闭环的电—气—电的循环过程。该过程中,SOEC 的电气转化效率 η_{SOEC}^{el}、SOFC 的气电转化效率 η_{SOFC}^{el} 以及循环效率 η_{cyc}^{el} 分别为

$$\eta_{SOEC}^{el} = \frac{W_{SOFC}}{W_{ideal}} = \frac{V_{SOFC}}{V_{OCV}} = \frac{V_{OCV} - \eta_{SOFC}}{V_{OCV}} \tag{1-7}$$

$$\eta_{SOFC}^{el} = \frac{W_{ideal}}{W_{SOEC}} = \frac{V_{OCV}}{V_{SOEC}} = \frac{V_{OCV}}{V_{OCV} + \eta_{SOEC}} \tag{1-8}$$

$$\eta_{cyc}^{el} = \eta_{SOEC}^{el} \eta_{SOFC}^{el} = \frac{V_{OCV} - \eta_{SOFC}}{V_{OCV} + \eta_{SOEC}} \tag{1-9}$$

式(1-7)~式(1-9)中,W_{SOFC}、W_{SOEC} 分别为相同电荷转移下的 SOFC 模式发电量和 SOEC 模式用电量,单位为 W;V_{SOFC}、V_{SOEC} 分别为 SOFC 和 SOEC 模式的工作电压,单位为 V;V_{OCV} 为 RSOC 的开路电压(open circuit voltage,OCV);η_{SOFC} 和 η_{SOEC} 为两个模式下的极化电压,单位为 V。由于 SOEC 模式的工作电压始终高于 SOFC 模式,因而在相同电荷转移下,SOEC 模式消耗的功率始终会高于 SOFC 模式产生的电功率。

由图 1.4 可以看出,极化曲线在 SOEC 模式和 SOFC 模式下具有良好的对称性,因此可近似认为相同电流密度下的 SOEC 模式与 SOFC 模式极化电压相等,从而由式(1-9)可以看出,极化电压越小,两模式下的电压越接近,循环电效率也越高,但对应的反应速率较低,对应的 RSOC 容量要求也有所增加。因此,为兼顾循环效率与 RSOC 装置规模,需开发高性能 RSOC 材料,以满足低极化电压运行要求。循环电效率仅代表着 RSOC 中电的转化效率,实际 RSOC 在高温下工作,其中热的耦合利用也十分关键。

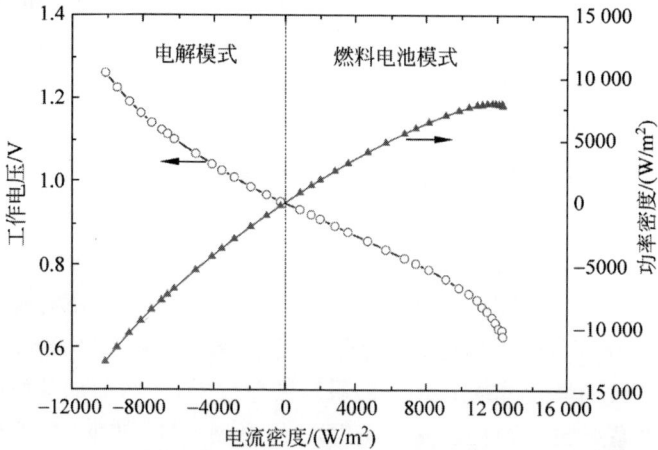

图 1.4 典型可逆固体氧化物电解池的极化曲线以及功率密度曲线

RSOC 的热效应是不可逆极化和甲烷化反应的放热作用以及电解反应和逆向水气变换反应的吸热作用的综合结果,受到操作工况影响可能发生改变。在不考虑散热的情况下,RSOC 的热效应可从热力学与动力学角度分析得到:

$$\dot{Q}_{\text{RSOC}} = \frac{iT\Delta S}{nF} - i\eta \tag{1-10}$$

其中,i 为工作电流密度(SOFC 模式下大于 0,SOEC 模式下小于 0,单位为 A/m^2);ΔS 为总反应的熵变(SOFC 模式下小于 0,SOEC 模式下大于 0,单位为 J/mol);n 为电化学反应电荷转移数;F 为法拉第常数(96 485 C/mol)。

在 SOFC 模式下,$\dot{Q}_{\text{RSOC}}$ 小于 0,SOFC 处于放热状态。在 SOEC 模式下,随着极化电压的变化,SOEC 可能处于放热、吸热或者热中性状态。当极化电压 η 较小时 $\dot{Q}_{\text{RSOC}} > 0$,SOEC 处于吸热状态;当极化电压 η 较大时,$\dot{Q}_{\text{RSOC}} < 0$,SOEC 处于放热状态;当 SOEC 处于热中性时 $\dot{Q}_{\text{RSOC}} = 0$,由 $\eta = V_{\text{cell}} - V_{\text{OCV}}$ 与 $V_{\text{OCV}} = \Delta G/nF$ 可推得热中性电压(thermal neutral voltage,TNV)为

$$V_{\text{TNV}} = \frac{\Delta H_{\text{SOEC}}}{nF} \tag{1-11}$$

700℃下,电解 H_2O 反应的 TNV 为 1.283 V,电解 CO_2 的 TNV 为 1.466 V,而在共电解 H_2O/CO_2 模式下,由于入口组分不同,TNV 应为 1.283~

1.466 V。因此,RSOC 应用于可再生能源与天然气融合的分布式系统时,可根据热、电负荷的大小,合理调控工作电压与入口组分,有望通过热、电、气的相互转化灵活调配热、电、气输出比例,从而实现热、电、气多能源联储联供。

　　基于高温 RSOC 的 PtG 技术作为一类新兴的储能技术路线,具有高能效和低成本的潜力。当采用来源丰富、应用广泛的储能介质——CH_4 时,能与当前已有的燃气管网相融合,有助于可再生能源在时域与地域的灵活转移。Jensen 等[13]提出了加压 RSOC 与 CO_2 和 CH_4 地下存储相结合的储能模式,系统能效分析与经济性评估发现,该系统能够以 3 欧元/(kW·h)的储能成本实现最高可达 72.5%的系统循环效率,在当前的储能技术中仅抽水蓄能电站可与之相比。基于 RSOC 的电制 CH_4 储能,是天然气与可再生能源融合的分布式能源系统关键技术之一,符合未来能源互联网对于长期储能技术的要求。

1.4.4　能量转换过程

　　SOEC 的可逆化运行可在中高温下实现电—气之间的双向转化,并伴随着高品位热的消耗与生成。因此 RSOC 能够实现热、电、气多能源间的相互转化,从而灵活调控分布式能源系统的热、电、气配比。图 1.5 结合热力学和动力学给出了在法拉第效率为 100%时,可逆 SOEC 在不同工作电压下的热、电、气产出量,以及气电比、热电比。这里的电化学性能参考了图 1.4 中的极化曲线。在电解模式(SOEC)下,SOEC 在将电转化为燃料气的过程中,伴随着热的消耗或者产生。

　　当工作电压低于 TNV 时,SOEC 消耗电能和热能转化为燃料气中的化学能;当工作电压高于 TNV 时,SOEC 消耗电能产生热能和化学能。在 SOFC 模式下,SOFC 则消耗燃料气中的化学能产生电能和热能。在可逆化操作下,热电比范围在 $-0.1\sim2.3$,气电比范围在 $-3.3\sim-0.9$。在燃料电池模式下,SOFC 可利用燃料气进行热电联产,其热电联产热电比调节范围为 $0.4\sim2.3$,在靠近开路电压时其发电效率最高,可达 71%;在电解模式下,SOEC 可利用工业高温余热降低至多 29%的电耗,1 kW·h 电最高可产 1.4 kW·h 的气。因此,根据系统热、电、气需求,可灵活调节 SOEC 工作电压,辅以其他的能源转化设备,如热泵和余热锅炉等,实现多能源的联合供给。

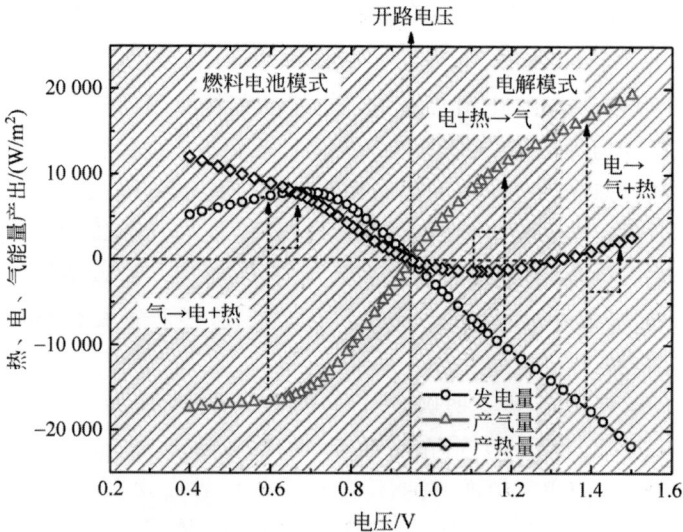

(a)

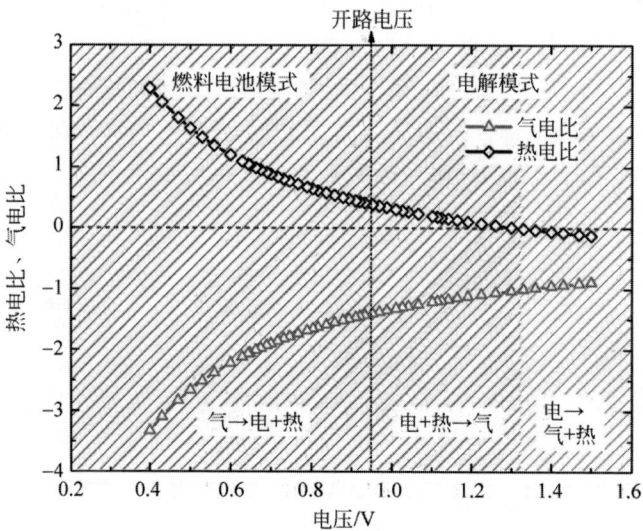

(b)

图 1.5　RSOC 在不同工作电压下的热、电、气能量产出，以及热电比、气电比

1.5　SOEC 共电解 H_2O/CO_2 合成 CH_4 研究现状

基于 1.4 节对 SOEC 及其可逆化操作的介绍,SOEC 的工作过程涉及多相化学/电化学反应、电荷传递、扩散、流动和传热等反应/传递过程。融合可再生能源与天然气的 SOEC 共电解 H_2O/CO_2 直接合成 CH_4 储能系统更是伴随着热、电、气等多能源的相互转化和传输过程,是物质流和异质能量流耦合的复杂体系。针对该复杂系统开展深入研究,需要由简入繁,从微观到宏观,逐步剥离复杂体系的多元反应传递过程,对该系统进行解耦,理解每一个层面中物质和能量的转化或传递过程。具体解耦思路如图 1.6 所示。

(1) 在微观层面,需要明确 SOEC 内部电化学反应界面的物质能量转化路径,建立其与操作条件和微观电极结构的关联;

(2) 再到反应单元层面,在明确电化学反应界面物质能量转化路径的基础上,需要理解 SOEC 电化学反应同多相催化、体相扩散、流动传热等反应传递过程的耦合作用过程,建立 SOEC 内部反应传递耦合与其产物调控和高效、稳定运行的关联;

(3) 最后在系统层面,在明确 SOEC 单元运行调控特性的基础上,掌握 SOEC 单元与其他部件的多能量流、多物质流相互传输和交换的匹配关系,以提升系统综合能效,保障可再生能源融入后的稳定供能。

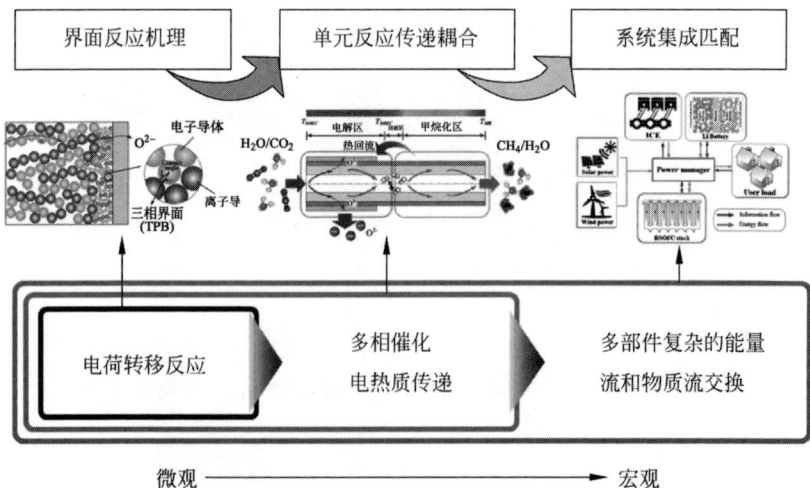

图 1.6　应用于可再生能源的 SOEC 储能系统解耦思路

　　基于以上解耦思路,下面从微观电化学反应界面、反应单元和系统三个层面对 SOEC 共电解 H_2O/CO_2 的研究现状展开综述。

1.5.1　SOEC 界面电化学反应机理研究现状

　　SOEC 电极的反应过程本质上是界面反应,H_2O/CO_2 共电解的电化学机理实质上主要是 H_2O 和 CO_2 的竞争电解。因此,研究 H_2O/CO_2 共电解的电化学机理,首先需要理解 H_2O 和 CO_2 各自的电解反应机理。面向应用的 SOEC 通常都采用多孔电极,在燃料极内部耦合了电化学/化学反应与扩散过程,涉及的过程尤为复杂。一方面,在燃料极 TPB 发生电荷转移反应,产生电荷的转移,释放离子并通过离子导体传输至氧电极;另一方面,在金属导体 Ni 表面发生包括可逆水气变换、甲烷化以及积碳等多相催化反应,加上多孔电极的体相扩散过程,共同影响 SOEC 多孔燃料极的电化学性能。

1.5.1.1　电化学机理研究采用的电极构型

　　目前,针对固体氧化物燃料极电化学反应机理的研究,主要通过点电极、图案电极以及多孔电极三种电极结构开展,如表 1.3 所示。正如之前所述,多孔电极作为实际应用中采用的电极结构,是电子导体和离子导体烧结而成的复杂三维导体网络结构,其能够使电极的界面反应分布至体相,通过电化学测试与原位表征技术可得到体相整体的电化学性能与表面物理化学特性,但是难以直接获取 SOEC 电化学反应本征动力学数据以及电化学反应活性界面原位的中间产物分布特性。为简化复杂三维电极结构,挪威科技大学与丹麦 Risø 国家实验室[43-45]应用点电极,将 Ni 导线直接与电解质接触,研究其电化学特性与电极微观形貌,然而这样的点接触方式无法对三相界面长度做到精确调控,难以保证每次实验之间电化学反应活性面积的一致性;利用图案电极开展电极反应机理研究,不仅能将三维电极简化为二维结构,通过光刻/刻蚀、磁控溅射或蒸发镀膜等先进的加工手段制备高精度电极[46],准确调控 TPB 长度与 Ni 表面积,而且这样工整的二维结构还能够有效实现 TPB 与 Ni 表面的分区,从而便于两个区域的原位表征。因此,图案电极是适用于鉴别固体氧化物电极原位电化学反应机理的电极结构。当前,固体氧化物电化学机理研究集中于 SOEC 逆过程——SOFC 的反应机理研究[47-66],在研究方法论与可能的基元反应步骤上可为 SOEC 的电化学反应机理提供一定的指导和参考。

表 1.3 SOEC 三种电极结构

点电极[67]	图案电极	多孔电极
无化学反应/扩散过程干扰,但 TPB 长度与 Ni 表面面积难以精确调控	精确调控 TPB 长度与 Ni 表面面积	实际应用中采用的电极结构,复杂三维结构,受化学反应/扩散过程干扰

1.5.1.2 H_2O/H_2 电化学反应机理研究现状

针对在 SOFC 模式下的 H_2 电化学氧化反应机理,研究者们提出了两类在后来的研究中使用最广泛的机理来描述 H_2 的电化学氧化过程,分别为氧溢出机理[53,59,61,63-64,68]和氢溢出机理[53,60,69-71]。

氧溢出机理,即在 TPB 处 YSZ 表面的氧填隙原子 O^{2-}(YSZ)①将 O 迁移至 Ni 表面,形成氧空位(YSZ),释放电子,Ni 表面的活性空位接收到从 YSZ 表面迁移过来的 O 形成吸附态 O(Ni),最早由日本横滨国立大学的 Mizusaki 等[64]首次提出。Mizusaki 等[63-64]于 1994 年在单晶 YSZ 基底上制备了 Ni 条纹宽度在 5~10 μm、图案电极厚度在 500~800 nm 的 Ni 图案电极,在 700~850℃下测试发现,在 H_2O/H_2 气氛下 SOFC 阻抗与 TPB 长度呈比例,受 H_2 分压的影响不显著,但与 H_2O 分压呈负相关。基于实验结论,Mizusaki 等[64]推测 H_2 在 Ni 表面的吸附或吸附态 H(Ni)的表面扩散可能是反应速率控制步骤。瑞士 ETH 的 Bieberle 和 Gauckler[61]于 2002 年整理了一套相对完整的氧溢出机理以及相应的动力学数据,并基于该套氧溢出机理和动力学数据,建立了状态空间模型定量描述 H_2O/H_2 气氛下的 SOFC 图案电极的电化学阻抗谱(electrochemical impedance spectra,EIS)。经过与实验测试的 EIS 数据进行对比,他们认为当前动力学数据仅给出了一个大致的范围,尤其缺乏可靠的吸附、解吸附与表面覆盖率实验数据,并建议后续研究中还应当考虑 YSZ 活性表面的反应过程。德国海德堡大学 Bessler[59]于 2005 年建立了详细的物理化学模型,描述了 H_2O/H_2 气氛下 SOFC 图案电极电化学氧化的动态过程,Bessler 在模型中考虑了体相扩散的影响,并与 Bieberle 等建立的状态空间模型进行了对比。研究发现,物理化学模型较状态空间模型能够更加准确地描述实验数据。Bessler[59]基于模型分析认为反应速率控制步骤不是电荷转移反应,而是

---

① (YSZ)表示 YSZ 表面的活性空位,当有其他吸附组分吸附在 Ni 或者 YSZ 表面时,会通过在相应组分后加(Ni)或(YSZ)来表示,如 O^{2-}(YSZ)表示 O^{2-} 吸附在 YSZ 表面,O(Ni)表示 O 吸附在 Ni 表面。

吸附/解吸附反应,由于 OH(Ni)的阻隔导致高极化电压下极化损失显著增大。Bessler 认为该研究并未完整描述表面扩散、YSZ 表面的反应过程和双电层过程,当前结论仍有待通过更加完备的模型继续深入探讨[59],并在后续研究中加以完善[53]。近几年来,氧溢出机理多被应用于描述 $H_2/H_2O/CO/CO_2$ 复杂组分体系下的电化学氧化[68,72-75]和电化学还原[22-23,76]过程,但并未涉及针对反应速率控制步骤的深入探讨。

氢溢出机理最早由丹麦 Risø 国家实验室的 Mogensen 和 Lindergaard[70]提出,Mogensen 认为氢在 Ni 表面以 H^+ 离子形式吸附,在 TPB 会发生电荷转移反应 $H^+(Ni)+O^{2-}(YSZ)\Longleftrightarrow(Ni)+OH^-(YSZ)$,YSZ 表面的吸附态 $OH^-(YSZ)$进一步解离生成气相 H_2O、氧空位(YSZ)以及氧填隙原子 $O^{2-}(YSZ)$。但 Mogensen 的机理与后续实验数据规律不符。1998 年,de Boer[69]在其博士学位论文中研究了 850℃、H_2O/H_2 气氛下的图案电极和多孔电极电化学性能,发现 SOFC 电化学氧化阻抗与 H_2 分压呈正相关,但与 H_2O 分压呈负相关。该实验规律与大多数研究不一致,在后续模拟研究中也难以解释和复现[47]。此外,de Boer 认为氢在 Ni 表面以电中性的吸附态 H(Ni)存在,并提出了两步电荷转移反应机理:$H(Ni)+O^{2-}(YSZ)\Longleftrightarrow(Ni)+OH^-(YSZ)+e^-$ 和 $H(Ni)+OH^-(YSZ)\Longleftrightarrow(Ni)+H_2O(YSZ)+e^-$。de Boer 的机理得到了许多研究者的借鉴和认可,并在后续研究中得以完善和利用[47,53,60,62,68,71,77]。Bieberle 等[48]于 2001 年制备了条纹宽度为 5～10 000 μm、厚度为 1 μm 的 Ni 图案电极,在 400～700℃测试得到 OCV 下图案电极极化阻抗与温度、H_2 分压、H_2O 分压以及 TPB 长度均呈负相关,且 H_2O 分压对电化学性能的影响显著大于 H_2 分压,这与 Mizusaki 的实验结论基本一致。此外,Bieberle 在实验中还发现,随着极化电压的升高,H_2 分压对电化学性能的影响有增强的趋势,而 H_2O 分压对电化学性能的影响有减弱的趋势,两者对电化学性能的影响逐渐拉近。Bessler[47]于 2007 年采用部分平衡假设计算了氢溢出机理、氧溢出机理、氢氧离子溢出机理以及氢填隙机理分别作为电化学反应速率控制步骤时的动力学表达式,并分别与 Mizusaki 等[64]、de Boer[69] 和 Bieberle 等[48]的实验数据进行对比。研究显示,虽然几组实验数据并不完全一致,但总体来看氢溢出机理与几组实验数据基本吻合,并整理出简化氢溢出机理。Ni 表面的吸附/解吸附:

$$H_2(g)+2(Ni)\Longleftrightarrow 2H(Ni) \tag{1-12}$$

TPB 处发生两步链式电荷转移反应：

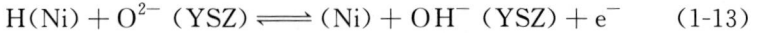

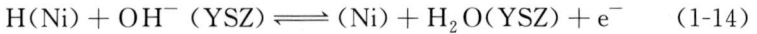

$$H(Ni) + O^{2-}(YSZ) \rightleftharpoons (Ni) + OH^{-}(YSZ) + e^{-} \qquad (1\text{-}13)$$

$$H(Ni) + OH^{-}(YSZ) \rightleftharpoons (Ni) + H_2O(YSZ) + e^{-} \qquad (1\text{-}14)$$

YSZ 表面的吸附—解吸附：

$$H_2O(YSZ) \rightleftharpoons H_2O(g) + (YSZ) \qquad (1\text{-}15)$$

Bessler 等[47]认为电荷转移反应(1-14)为速率控制步骤，即 Ni 表面的吸附态 H(Ni)基元溢出并与 YSZ 表面的 OH^{-}(YSZ)结合生成 H$_2$O(YSZ)。Bessler 研究团队的 Vogler 等[53]在 2009 年考虑基元反应动力学以及表面扩散过程，分别建立了 3 种氢溢出机理、4 种氧溢出机理以及 1 种氢氧离子溢出机理下的基元反应模型，并与 Bieberle 等[48]的实验数据进行对比发现：氧溢出机理和氢氧离子溢出机理下，H$_2$ 分压与电极极化阻抗呈正相关，与实验数据明显不符，同时考虑反应(1-13)和反应(1-14)的两步链式氢溢出反应机理与实验吻合最好。2009 年，美国麻省理工学院 Lee 等[77]基于部分平衡法分析了氢溢出机理下各个基元步骤作为速率控制步骤时的动力学表达式，并建立了可切换速控步骤的强化机理模型，在低极化电压下采用电荷转移反应(1-14)作为速率控制步骤，高极化电压下采用 H$_2$ 吸附作为速率控制步骤，成功描述了 H$_2$O/H$_2$ 气氛下 SOFC 的极限电流现象。

随着模型计算方法的完善，研究者们认为图案电极实验数据规律不一导致机理研究仅处于推测阶段，缺乏具有良好复现性的实验数据为模拟计算提供可靠的依据。德国卡尔斯鲁厄理工学院的 Utz 等[52]分析可能是图案电极表面杂质和微观结构变化导致了实验数据的差异。2010 年，Utz 等[52]通过优化图案电极制备工艺和尺寸，在多晶 YSZ 基底上制备了 Ni 条纹宽度为 15~20 μm、厚度为 800 nm 的图案电极，测试获得了与 Bieberle 等[48]研究得出的规律基本一致的图案电极电化学实验数据。同年，Bessler 研究团队联合 Ivers-Tiffée 研究团队，采用 Utz 的实验数据[52]完善模型分析，结果表明采用两步链式电荷转移反应的氢溢出机理与 OCV 下的实验数据吻合良好，并提出在 500℃下速率控制步骤仅为反应(1-14)，在 900℃下速率控制步骤除了反应(1-14)外，还包括了 H$_2$O 解吸附以及 OH^{-}(YSZ)的表面扩散。

由以上综述来看，在 H$_2$O/H$_2$ 气氛下 SOFC 燃料极电化学氧化反应机理研究已成体系，大多数研究者认可氢溢出机理作为 H$_2$O/H$_2$ 气氛下 SOFC 燃料极的反应机理，并通过实验和模拟相结合的研究手段给出了证实,但对于反应的速率控制步骤仍存在不少争议。对于 SOFC 的逆过程——SOEC 反应机理的实验研究鲜有报道,在模拟方面,Vogler 等[53]仅在其 SOFC 模拟研究中简单预测了 SOEC 模式下的电化学性能,但该预测完全基于 SOFC 的动力学数据,仍缺乏可靠的 SOEC 实验数据支撑。李汶颖[46]制备了条纹宽度为 100 μm、厚度为 800 nm、三相界面长度为(364±0.6) mm,Ni 表面积为(19.07±0.09) mm^2 的图案电极,在 H_2O/H_2 气氛下测试了 Ni 图案电极分别在 SOEC 模式与 SOFC 模式下的电化学性能,研究了图案电极为 600~700℃、H_2O 分压为 3.04~7.09 kPa、H_2 分压为 30.4~60.8 kPa 时操作条件参数的影响规律,通过 Pt 对称电极及其 EIS 曲线剥离氧气极与电解质的极化阻抗获得 Ni 图案电极的极化阻抗,从而拟合获得 H_2O/H_2 气氛下可逆电化学转化的本征动力学参数。在 SOEC 和 SOFC 两种模式下,H_2 分压、H_2O 分压和温度均与极化阻抗呈负相关,且 H_2 分压对极化阻抗的影响小于 H_2O 分压。李汶颖在 SOFC 模式下的实验结果与 Bieberle 等[48]和 Utz 等[52]的实验结果基本一致。尤其在 SOFC 高极化电压下,H_2O 分压对电化学性能显著降低,H_2 分压和 H_2O 分压对电化学性能的影响更加接近,这与 Bieberle 等[48]的实验规律完全相符,进一步验证了实验数据的可靠性。李汶颖的实验研究[46]显示,H_2O 分压对 SOEC 模式电化学性能的影响显著强于 SOFC 模式,两模式下近似拟合的电荷转移系数也存在显著差异。相同温度组分下,SOEC 电化学反应速率约为 SOFC 速率的 1/2~1/3。以上实验现象意味着在 H_2O/H_2 气氛下 SOEC 模式和 SOFC 模式的图案电极的动力学表达式存在显著差异,可能是因为两种模式下的反应速率控制步骤存在显著不同。基于实验数据,李汶颖初步推断了电化学反应机理(见图 1.7)[46]:H_2O 电解的速率控制步骤为 $H_2O(YSZ)+(Ni)+e^- \longrightarrow H(Ni)+OH^-(YSZ)$;低极化电压下,速

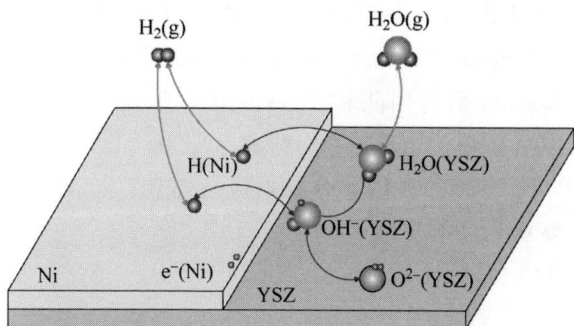

图 1.7　H_2O 电化学还原反应机理推测[46]

率控制步骤还包含与 H_2O 相关的表面扩散过程。为进一步推断 SOEC 模式下的反应速率控制步骤，仍需要结合热力学和动力学计算，给出更加直观的理论依据。

1.5.1.3　CO_2/CO 电化学反应机理研究现状

与 H_2O/H_2 气氛下的 SOFC 电化学氧化机理相比，基于 CO_2/CO 气氛下的电化学反应机理研究相对稀少。大多数研究者[22-23,43-44,54-57,68,74-75,78-79]都认可氧溢出机理作为 CO_2/CO 气氛下的 SOFC 电化学反应机理，即

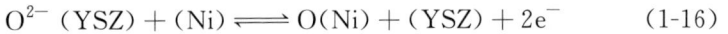

$$O^{2-} (YSZ) + (Ni) \Longleftrightarrow O(Ni) + (YSZ) + 2e^- \qquad (1\text{-}16)$$

日本东京燃气公司的 Matsuzaki 和 Yasuda[49] 于 2000 年测试了 H_2O/H_2、CO_2/CO 以及 $H_2/H_2O/CO/CO_2$ 气氛下多孔 Ni/YSZ 电极的电化学性能，发现 H_2O/H_2 气氛下的电化学氧化反应速率显著快于 CO_2/CO 气氛下的电化学氧化反应速率，并通过 EIS 阻抗分析认为这一现象可能是由 CO 的表面扩散阻抗大导致的。挪威科技大学的 Lauvstad 等[43-44] 于 2002 年结合 Ni 的点电极实验，建立了 4 种 CO_2/CO 气氛下的电化学氧化反应机理解析模型，并推测速率控制步骤与吸附态的 CO 和 O 两种中间产物有关。美国马里兰大学的 Sukeshini 等[50] 测试了 H_2O/H_2、CO_2/CO 以及 $H_2/H_2O/CO/CO_2$ 气氛下条纹厚度为 100 nm 的图案电极电化学性能，研究认为 CO 的吸附和表面扩散可能是导致 CO 电化学氧化速率显著慢于 H_2 电化学氧化速率的原因，当在 CO_2/CO 气氛下加入少量 H_2 时，电化学性能显著提升。然而，实验测试后的表面形貌显示，Ni 条纹由于团聚形成孤岛，导致反应活性面积改变，从而影响了实验数据的准确性。Utz 等[51] 采用与 H_2 电化学氧化机理研究[52] 相似的思路，于 2011 年开展 CO_2/CO 气氛下的电化学氧化实验测试。实验发现，SOFC 图案电极的极化阻抗随着温度、CO 分压或者 CO_2 分压的增大而减小，并且发现在低 CO 分压下电极极化阻抗与 CO 分压呈负相关，在高 CO 分压下电极极化阻抗与 CO 分压呈正相关。Bessler 研究团队和 Yurkiv 等[54-55] 建立了 CO_2/CO 气氛下的电化学氧化基元反应动力学模型，考虑了 Ni 和 YSZ 表面扩散，并分别与 Lauvstad 等[44] 和 Utz 等[51] 的实验数据进行对比。Yurkiv 考虑的氧溢出机理分为了三步电荷转移反应：

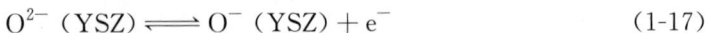

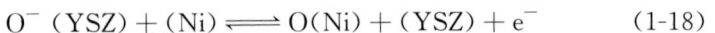

$$O^{2-} (YSZ) \Longleftrightarrow O^- (YSZ) + e^- \qquad (1\text{-}17)$$

$$O^- (YSZ) + (Ni) \Longleftrightarrow O(Ni) + (YSZ) + e^- \qquad (1\text{-}18)$$

$$O^-(YSZ) \Longleftrightarrow O(YSZ) + e^- \qquad (1\text{-}19)$$

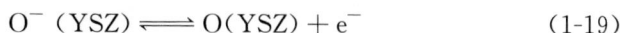

Yurkiv 的模型成功解释了 Utz 等[51]在不同 CO 分压下的实验数据规律,主要是因为在高 CO/CO_2 比例下,CO 可及时与 YSZ 转移至 Ni 表面的 O 基元结合生成 CO_2,因此电荷转移反应(1-18)是反应速率控制步骤;在低 CO/CO_2 比例下,由于 CO 不足导致大部分的 O^{2-}(YSZ)无法转移至 Ni 表面而在 YSZ 表面还原,因此电荷转移反应(1-19)是反应的速率控制步骤。

从以上综述来看,在 CO/CO_2 气氛下的电化学反应机理研究相对缺乏,采用图案电极的机理研究更是匮乏。在 SOEC 模式下的电化学反应机理多是参考 SOFC 模式下的研究结论[22-23,76,79],尚缺乏有针对性的实验和模型的研究基础。李汶颖研究了 SOEC 图案电极 CO_2/CO 气氛下的电化学反应特性[24,46,80],获取了 SOEC 图案电极的电化学性能数据,并拟合了电化学本征动力学参数。SOEC 图案电极的电化学极化曲线显示,CO_2/CO 气氛中 SOEC 模式下的电化学性能仅为 SOFC 模式下的 $1/4 \sim 1/7$。通过改变组分分压和工作温度发现[46,80],图案电极电化学性能与极化电压、CO 分压和温度呈正相关,但 CO_2 分压对其影响较小。

基于实验数据,李汶颖初步推断了电化学反应机理(见图 1.8)[46]:在高极化电压下 CO_2 电解的速率控制步骤为 $CO_2(g) + (YSZ) + 2e^- \longrightarrow CO$ $(Ni) + O^{2-}(YSZ)$;在低极化电压下,速率控制步骤还包含与 CO_2 相关的表面扩散过程。为避免表面扩散对图案电极本征动力学数据的干扰,仍需要减小图案电极的 Ni 条纹宽度,以降低表面扩散路径。此外,当前的机理仅仅是基于有限的实验数据以及参考文献中 SOFC 电化学机理研究所进行的初步推断,仍难以解释"CO_2 分压对图案电极电化学性能影响很小"这一实验现象,并且未结合理论计算和机理模型进行定量分析,缺乏可靠的理

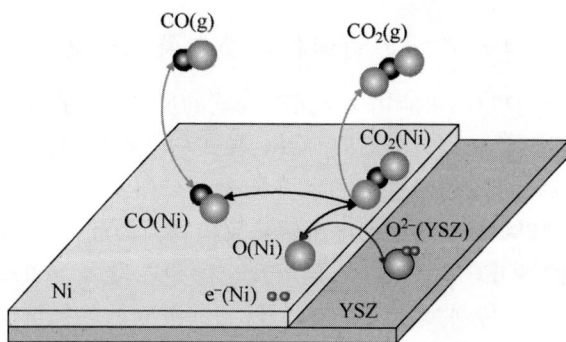

图 1.8　CO_2 电化学还原反应机理推测[46]

论依据和解释。

李汶颖[24]还针对 Ni 图案电极表面开展了积碳特性研究，发现在 SOFC 模式与 SOEC 模式下不同的积碳分布规律，SOEC 模式下近 TPB 处的积碳程度和石墨化碳结构比例高于 Ni 条纹中部区域，SOFC 模式下则呈现相反的规律，并且增大极化电压可扩大此变化趋势。从而推测出积碳机理(见图 1.9)[24,46]，除 Boudouard 逆反应积碳外，电化学可以直接生成或者消耗碳：$CO(Ni)+(YSZ)+2e^- \rightleftharpoons C(Ni)+O^{2-}(YSZ)$，且参与电化学反应的碳以石墨化碳结构为主。

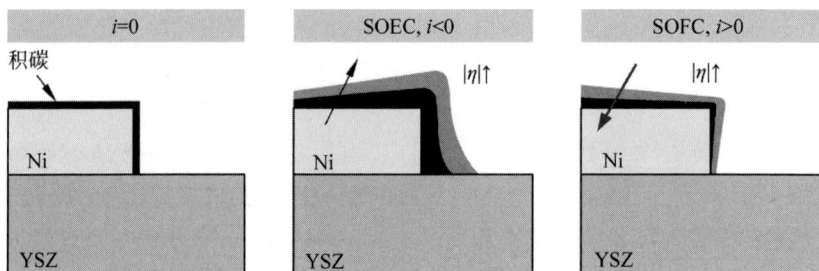

图 1.9   图案电极积碳分布机理[24,46]

总体来看，当前对 SOEC 的反应机理研究仅积累了少量的实验数据，尚处于研究初期，对很多实验现象仍然难以给出可靠的解释，仍需要进一步开展系统性的实验和模型研究，剥离 CO_2/CO 气氛下表面扩散对 Ni 图案电极极化阻抗的干扰，确定 CO_2/CO 气氛下的电化学还原反应机理。尤其在前人并未充分关注的电化学积碳问题上，电化学积碳机理在图案电极电化学反应中所占比例需要后续的理论技术分析加以评估，并借助动力学机理模型研究进行定量预测。

1.5.2   SOEC 单元产物定向调控与动态特性研究现状

明确电极反应机理，为应用于 SOEC 模式的反应单元提供了微观电极材料和结构设计的理论依据。当面向 SOEC 模式的规模化应用时，机理研究中为提供相对均一、可控的温度场和组分场通常采用反应面积较小的纽扣型 SOEC，该构型难以提供足够大的电流转化反应物。因此，需要采用具有更大有效反应面积的 SOEC 单元构型。随着反应面积的增大，SOEC 内部电荷传递、质量传递和热量传递过程的影响凸显，测试得到的电化学性能与出口组分是电化学/化学反应与电荷传递、质量传递和热量传递过程相互耦合的结果。一方面,需要通过优化反应单元结构与操作工艺,强化反应与传递过程,提升电化学性能与产物定向转化选择性;另一方面,反应单元内存在反应物浓度、温度、电流密度等分布不均匀的问题,可能导致局部热应力过大,为了防止 SOEC 单元的机械失效,需要缓解反应单元内部分布的不均匀性问题。

1.5.2.1　SOEC 反应单元常用构型

目前,两类 SOEC 储能单元的研究最广泛:平板式和管式。两类反应单元构型如图 1.10 所示,每个单元构型各自的优缺点如表 1.4 所示。管式

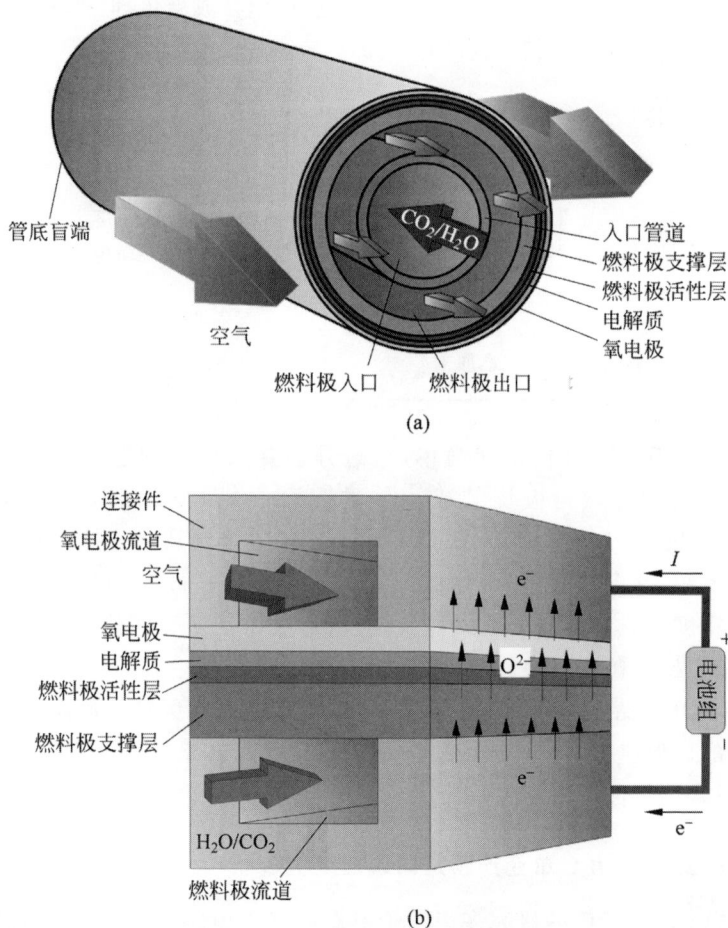

(a)

(b)

图 1.10　SOEC 反应单元构型

(a) 管式构型;(b) 平板式构型

SOEC 是 SOEC 电化学转化研究中最早采用的电解池构型,因此也是技术较成熟的一项技术。管式构型已被应用于 SOFC 领域,西门子—西屋[81]在 2000 年于匹兹堡首次运行的 220 kW SOFC-燃气轮机联合发电系统,正是采用了 1152 根外径 22 mm、有效长度 1.5 m 的管式构型组装形成 SOFC电堆。管式 SOEC 结构如图 1.10(a)所示,电解池单元由一端封闭、另一端开口或者两端开口的管子构成,从内到外由多孔燃料极、固体电解质和多孔氧电极组成。H_2O 和 CO_2 从管中心流入,空气通过管子外壁供给;也有研究者采用相反的电极排布方式,空气极在内,燃料极在外。管式 SOEC 的主要特点是机械强度高,启停速度快,密封简单,易成堆化,但存在能量密度低、加工难度大和成本较高的缺点[82]。

表 1.4   平板式与管式 SOEC 对比

特　　点	管　　式	平　　板　　式
优点	机械强度高 密封简单,易成堆化 启停速度快	功率密度大 加工简单
缺点	功率密度低 难加工	密封困难 机械强度差 抗热循环能力差

平板式 SOEC 几何形状简单,通过开设导气沟槽的连接板将由氧电极/固体电解质/燃料极烧结成一体的三合一结构(positive-electrolyte-negative plate,PEN)连接起来,然后将不同的单电池通过连接板相互串联构成电池组,其形状简单,可降低制备工艺成本。平板式 SOEC 具有较高的能量密度,结构简单,制造成本相对较低,是目前研究的热点之一;但存在密封困难、机械强度差、抗热循环能力差等问题[82]。应用于可再生能源系统的 SOEC 储能单元,其动态下的结构稳定性需要更好。管式 SOEC 具有更快的启停速度,并且结构强度高,抗温度场变化带来的交变应力能力更强,更适合用作可再生能源系统。

1.5.2.2   SOEC 单元产物定向调控研究现状

目前,对 SOEC 的研究多集中于稳态测试,以丹麦 Risø 国家实验室与美国 Idaho 国家实验室为代表。对 SOEC 单元的稳态性能进行研究,有助于研究人员掌握各个关键工作参数对储能性能的影响规律,从而优化操作工况,掌握产物定向调控机制。Risø 国家实验室[83] 和 Idaho 国家实验室[31] 均掌握了高性能平板式 SOEC 制备工艺,分别研究了温度、组分、流量和压力等工作参数对 SOEC 电解 H_2O、电解 CO_2 以及共电解 H_2O/CO_2 电化学性能的影响,研究表明 CO 可通过电解反应与逆向水气变换生成;Hino 等[84] 分别测试了管式 SOEC 与平板式 SOEC 两种 SOEC 单元电解 H_2O 的产氢速率,发现 950℃ 下管式产氢速率达 $0.44\ m^3/m^2$(标准状况),850℃ 下平板式产氢速率达 $0.38\ m^3/m^2$;Laguna-Bercero[85] 研究了温度和组分对管式 SOEC 电解 H_2O 的电化学转化性能的影响,并对比 SOEC 与 SOFC 两种模式下的性能,发现 SOEC 具有良好的可逆性。

通过调配 SOEC 共电解 H_2O/CO_2 入口 H_2O/CO_2 比例、电压以及温度等操作参数,可制备组分可控的合成气,为费托合成提供理想的原料气。美国 Idaho 国家实验室的 Stoots 研究团队[30,32] 在 2006—2009 年分别采用纽扣式 SOEC 在工作温度 800℃、工作电流 $0\sim-0.73$ A 和入口 $H_2O:CO_2$ 为 $3:2\sim3:8$ 下,通入一定量的 H_2 制备出 CO/H_2 比例在 $0.33\sim0.52$ 的合成气产物;2009 年 Stoots 团队又基于平板式 SOEC 电堆在工作温度 800℃、工作电流 $0\sim-14$ A 和入口气体组分 $H_2O:CO_2$ 为 $4:1\sim1:1$ 时,通过调节入口流量将 CO_2 转化率提升至 90%,调控出口产物气 CO 与 H_2 比例为 $0.25\sim0.55$。中国科学技术大学夏长荣课题组[86] 于 2014 年利用管式 SOEC,在 800℃、OCV$\sim$1.5 V 下通入 12% CO_2、17% H_2O 和 71% H_2 制备出 CO 与 H_2 比例在 $0.22\sim0.25$ 的合成气。本研究前期实验[87-88] 于 2013—2015 年也分别针对纽扣式 SOEC 和管式 SOEC 进行测试,在工作温度 $550\sim650$℃、工作电压 OCV$\sim$2 V、入口气体组分 $H_2O:CO_2:H_2$ 分别为 $2:1:0$、$2:1:1$ 和 $1:1:1$ 的条件下,制备出 CO 与 H_2 比例在 $0.22\sim0.54$ 的合成气产物,并在出口检测到 CH_4 的生成。

随着温度降低,SOEC 电极中生成的合成气发生原位甲烷化,在 SOEC 反应单元中可以一步直接合成 CH_4。倘若通过工况设计定向调控 SOEC 反应单元中的 CH_4 合成,有望产生满足天然气管网需求的富 CH_4 产物气,直接注入天然气网。丹麦 Risø 国家实验室的 Jensen 等[25] 于 2003 年首次在 650℃ 下采用平板式 SOEC 共电解 H_2O/CO_2 的出口产物中发现 CH_4 的存在,但该工况入口 H_2 比例高达 80% 以上,产物中 CH_4 含量仅为 0.78%。然而在热力学上,甲烷化反应在 620℃ 以下的吉布斯自由能 ΔG 小于 0 时才能自发反应,与 SOEC 电解($600\sim1000$℃)仍存在温度不匹配的问题,前期研究者并未对 SOEC 共电解 H_2O/CO_2 直接甲烷化的应用前景予以足够的重视。

英国圣安德鲁斯大学的 Xie 等[89]于 2011 年通过 Fe 基电极构筑 $300\sim$ $650\,^{\circ}\!C$ 的温度梯度,试图缓解 SOEC 电解和甲烷化反应之间的温度不匹配问题,但采用纽扣式 SOEC 时电化学转化率不足 25%,制备出的产物气 CH_4 含量仅为 0.2%。李汶颖[87]基于纽扣式 SOEC 在 $650\,^{\circ}\!C$、-0.99 A 下通入组分 H_2O∶CO_2∶H_2 为 2∶1∶1 的入口气体制备出 0.29% CH_4,并发现浸渍抗积碳催化剂 Ru 会显著降低 CH_4 的生成,从而推测出 CH_4 生成可能与积碳相关。对比分析了 Jensen 等[25]、Xie 等[89]和 Li 等[87]的研究发现,他们的实验测试中采用有效反应面积较小的平板式 SOEC 或纽扣式 SOEC,其入口气流垂直 SOEC 的电极表面,如图 1.11(a)所示。在通入富 H_2O/CO_2 的入口气体时,反应气需要先通过电化学还原提升气体中 H_2 和 CO 的浓度,进而才能促进甲烷化反应的发生。图 1.11(a)所示的流动方向导致入口气体停留时间较短,并且气流不能及时、有效地将燃料极生成的 CH_4 带走,很大程度上需要依赖气体扩散才能将 CH_4 慢慢排出。利用管式 SOEC 狭长流道,不仅能够增大反应面积,还可使反应气流平行燃料极表面流动,如图 1.11(b)所示。该流动方向能够大大提升反应气流的停留时间,甚至可以通过氧电极的合理化布置,实现 SOEC 电化学反应与甲

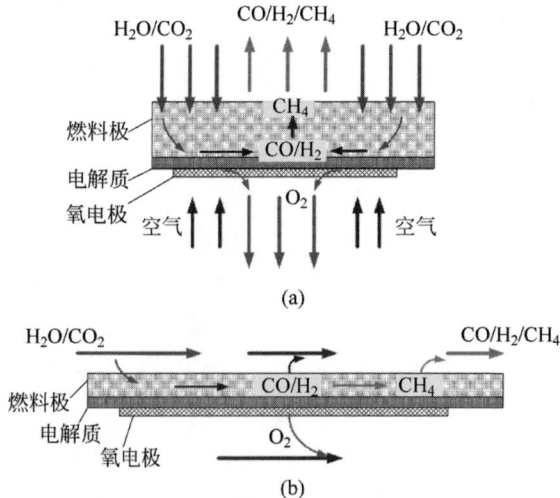

图 1.11　SOEC 反应单元内反应气流相对于电极表面的流动方向(见文前彩图)

(a) 垂直于电极表面;(b) 平行于电极表面

烷化反应的分区,有助于 CH_4 生成,甚至有望缓解电解和甲烷化反应温度不匹配的问题。本研究前期[46,88]采用管式 SOEC 在 550℃、1.5 V 下通入摩尔流量比 $H_2O:CO_2:H_2$ 为 1:1:1 的入口气体,使出口干燥产物气的 CH_4 含量提升至 9.9%,CH_4 转化率达 12.3%,CH_4 产率较之前采用组扣式 SOEC 提升了一个数量级。2014 年,夏长荣研究团队与美国南卡罗来纳大学陈仿林研究团队合作[86],通过将管式 SOEC 上游部分置于 800℃ 的高温电炉中,下游部分置于炉口的室温环境中,从而为管式 SOEC 制造了梯度化的温度场,在 1.5 V 下通入 12% CO_2、17% H_2O 和 71% H_2,在干燥的出口产物中获得 11.4% 的 CH_4。此后,陈仿林研究团队的雷励斌[90]在工作电流−0.32 A 下进一步优化了入口气体组分,发现在入口气体组分为 21% CO_2、20% H_2O 和 59% H_2 时出口气体 CH_4 摩尔分数最高,可达 23.1%。然而,在夏长荣和陈仿林研究团队的实验研究中,高 CH_4 产率依赖入口超过 50% 的 H_2 摩尔分数对甲烷化反应的促进作用。在实际应用中,仍依赖 SOEC 电解过程提升管式 SOEC 内还原性气氛浓度,从而促进后续甲烷化反应的发生。

从当前研究现状来看,由于平板式 SOEC 具有更高的功率密度,大多数稳态实验和模型都以平板式为研究对象。管式 SOEC 虽然在功率密度上不占优势,但其构型很容易实现狭长流道设计,有利于 SOEC 共电解 H_2O/CO_2 反应单元合成 CH_4。已有的 SOEC 共电解 H_2O/CO_2 一步甲烷化实验提供了一定的实验数据基础,但仍需要进一步理解 SOEC 内部的反应传递耦合机制,以指导 SOEC 共电解 H_2O/CO_2 合成 CH_4 的定向调控,提升产物气中 CH_4 的选择性。此外,当前针对 SOEC 共电解 H_2O/CO_2 一步甲烷化的实验研究仍停留在常压层面,而工业应用中的甲烷化反应通常需要在加压条件下进行[21]。然而,SOEC 的加压运行涉及两极腔室之间的压力平衡以及高温密封强度问题,是一项 SOEC 领域需要解决的技术瓶颈。但是,为推动 SOEC 共电解 H_2O/CO_2 一步甲烷化反应的应用,加压管式 SOEC 反应器的设计势在必行。

1.5.2.3　管式 SOEC 单元动态特性研究现状

当可再生能源间歇性变化时,SOEC 需要应对电能的动态变化,无法工作在稳定的工况之下。在动态电能输入下,SOEC 的操作工况也随着时间发生改变,由于 SOEC 本身内部的传递过程具有时间迟滞效应,导致 SOEC 的电化学性能可能偏离对应操作工况下的稳态工作特性。因此,掌握

SOEC 反应单元的动态特性也尤为重要。

SOEC 作为 SOFC 的逆过程,SOFC 的动态特性研究可为 SOEC 动态特性研究的开展提供一定的借鉴与参考。一方面,与 SOFC 类似,SOEC 的动态过程是电化学/化学反应以及电荷传递、质量传递和热量传递等反应传递过程耦合的结果,其时间迟滞受 SOEC 的几何结构、物理化学性质和操作工况等因素的综合影响[91],甚至通过适当的动态操作设计,还有望强化反应传递耦合过程,提升 SOEC 的时均效率。另一方面,SOEC 内部的能量转化规律与 SOFC 具有明显的区别,甚至更复杂:SOFC 的反应过程随操作工况变化始终处于放热状态,但 SOEC 的热效应会随着工作电压的变化而改变。在实际运行中,通常建议 SOEC 在 TNV 下运行工作,一方面可以充分利用 SOEC 自身极化放热补充电化学还原反应所需的可逆反应热;另一方面可方便 SOEC 热管理,降低 SOEC 内部温度梯度,提升反应单元运行稳定性。但在变电能的动态运行下,SOEC 热效应会在吸热与放热两种模式之间来回切换,从而导致其内部温度场随着空间和时间剧烈变化。瑞士洛桑联邦理工学院(EPFL)Nakajo 等[92]结合数值模拟针对燃料极支撑型平板式反应单元的热应力失效概率开展研究,发现过大的温度梯度或者温差会提升反应单元失效概率,当温度梯度超过 2000℃/m 或者最大温差超过 150℃/m 时,热应力显著增大,电池的失效概率将提高到 10% 以上,但该定量结论会随着反应单元结构和温度场轮廓的变化而变化。同时,SOFC 的热源项主要集中于近电极与电解质交界面处,在电能输入的变化下,热源项的变化从近电极与电解质交界面处逐渐影响到 SOEC 的其他区域,缓慢的热扩散可能导致在电能瞬时变化过程中,SOEC 内部温度梯度增大,从而提升 SOEC 内部的热应力,即表现为热震。SOEC 操作工况的瞬态变化引起了热应力和热震,对 SOEC 的正常运行造成冲击,很容易导致电池的结构破坏而失效。

为了掌握 SOEC 动态特性,需要通过实验测试获取 SOEC 动态操作下的时间迟滞特性,并建立可靠的 SOEC 动态模型耦合电荷传递、流动、传热和扩散等多物理场,为 SOEC 动态操作以及热失效评估提供有力的研究工具。针对 SOEC 的实验和模拟研究多基于稳态工况运行特性方面,在动态特性方面的研究相对有限[93-95]。在动态实验方面,欧洲能源研究所 Petipas 等[95]测试了平板式 SOEC 在方波电流信号阶跃下的动态响应。实验测试发现 SOEC 在经历约 600 h 测试以及 1800 次循环阶跃后电池衰减速率稳定,未受动态工作条件的影响。Petipas 的实验初步认为将 SOEC 在

OCV 与 TNV 两个热平衡电压下循环切换,可能是降低 SOEC 性能衰减与失效概率的有效手段。Petipas 测试的平板式 SOEC 温度在电流阶跃后的 $1\sim2$ h 后逐渐达到稳态,远慢于电压的动态变化过程。在 SOEC 动态模型方面,英国萨里大学 Cai 等[93] 建立了一维 SOEC 电解 H_2O 动态模型,忽略电极内部的扩散传递过程,研究了氧电极空气流量对 SOEC 温度稳定的调控方法;美国南卡罗来纳大学 Jin 和 Xue[94] 建立了二维平板式 SOEC 动态等温模型,描述了 SOEC 与 SOFC 两种模式之间相互切换后 SOEC 内部电势以及气体浓度的动态变化过程。针对管式 SOEC 的动态研究虽然相对空白,但管式 SOFC 动态特性的研究亦可提供一定的借鉴。在较为丰富的管式 SOFC 动态模拟研究中,大多数研究或多或少都忽略了一些 SOFC 内部的传递过程,部分研究采用忽略 SOFC 内部热量传递过程的等温模型[91,94,96-99],部分模型忽略了 SOFC 多孔电极内部的扩散传递过程[96-97,100-104]。即使少数考虑了传热过程的热电模型几乎都采用了集总参数法对温度的动态特性进行描述[100-102,104-105],这类模型仍无法有效评估 SOFC 内部的温度梯度带来的热应力以及热震的影响。

目前研究中缺乏一个真实描述 SOEC 内部物理场的物理模型,为 SOEC 反应单元动态操作设计提供可靠指导。同时,绝大多数 SOEC 和 SOFC 动态模型仅通过稳态极化曲线验证,未经过动态实验数据直接验证,难以保证模型对动态响应过程的准确描绘。为真实反映 SOEC 内部的动态分布特性,需要开发高精度、高维度的 SOEC 模型,耦合考虑整个 SOEC 反应单元内部的电化学和化学反应以及电荷传递、质量传递和热量传递等反应传递过程。

1.5.3 SOEC 电制气储能系统集成研究现状

在系统层面,SOEC 单元内部的物质和能量转化与传递过程,产生了与系统其他部件传输和交换的电、热、气,组成了多能量流、多物质流甚至信息流耦合的复杂能源网络系统,该复杂流网的集成匹配对系统的综合能效与稳定供能至关重要。目前 SOEC 共电解 H_2O/CO_2 合成 CH_4 储能系统尚处于实验室验证阶段,尚未形成与可再生能源及天然气网融合的分布式能源系统示范。针对 SOEC 共电解 H_2O/CO_2 一步直接合成 CH_4 储能系统研究尚处于模拟仿真阶段,多基于稳态运行和系统配置研究,以期为将来储能系统的应用示范验证提供设计优化指导。

1.5.3.1 SOEC 储能系统集成耦合与能量优化研究现状

目前,大多数 SOEC 电制气系统集成研究主要集中于能量效率和经济性的分析和优化。1980 年,Doenitz 等[29]建立了 SOEC 电解 H_2O 与核能耦合的制氢系统能量效率模型,分析了 SOEC 与高温气冷堆热耦合的能量效率,从一次能源利用的角度评价了 SOEC 电解制氢系统总体热效率可达 40%～50%,较传统 AEC 电解制氢效率高出 12% 以上。2008 年,清华大学核能与新能源研究院于波研究团队[106]进一步建立热力学模型分析高温气冷堆发电效率、SOEC 电解效率以及 SOEC 电制气热效率三个参数对系统总效率的敏感性。2010 年,欧洲能源研究所 Fu 等[12]建立了 SOEC 共电解 H_2O/CO_2 制取合成气的系统能效与经济性评估,研究提出通过强化系统热管理,可使 SOEC 共电解 H_2O/CO_2 电制气效率达 87%～93%,当采用电价较低的核能或者过剩的风能时,SOEC 耦合费托合成制取以柴油为代表的合成燃料成本可低至 0.86 欧元/L,与生物质合成燃料技术成本相当(0.55～1.1 欧元/L)。同年,美国 Idaho 国家实验室[107]基于自主开发的 SOEC 电堆实验数据,将 SOEC 电解 H_2O 和共电解 H_2O/CO_2 耦合 600 MW 核电站分析 SOEC 技术规模化应用的前景,研究表明该系统可实现 92 000 m^3/h 的产氢量和 78 000 m^3/h 的合成气产率(标准状况下),系统总效率为 48.3%～52.6%,规模与当前 CH_4 蒸汽重整制氢技术相当。

以上系统分析表明,SOEC 技术可应用大规模、集中式核电站的电能消纳和高温余热制取 H_2 和合成气。当考虑到可再生能源储能时,涉及储能介质跨季节储能,则需要考虑更稳定、易输运的储能介质。CH_4 借助已有的天然气管网实现跨季节储能的同时,还能将可再生能源共享至家家户户以满足家庭对天然气的需求,实现可再生能源就地、就近消纳。新加坡南洋理工大学 Stempien 等[108]于 2015 年建立了耦合 SOEC 和甲烷化反应器的可再生能源共电解 H_2O/CO_2 制取 CH_4 的稳态热力学系统仿真平台,该平台优化了包括 SOEC 工作温度、工作压力、电流密度以及入口水碳比等操作工况,计算显示该系统电效率为 81.08%,热效率为 60.87%,CH_4 产率可达 1.52 $m^3/(h \cdot m^2)$。但是,该模型忽略了 SOEC 内部的水汽变换和甲烷化反应,在低温、高压下的模型准确性有待探讨。同年,Risø 国家实验室联合西北大学、科罗拉多矿业大学[13]基于季节性可再生能源储能的需求,开展了 RSOC 共电解 H_2O/CO_2 一步合成 CH_4 的储能发电一体化系统技术可行性与经济性分析,研究提出了 RSOC 与压缩气体储能耦合的概念设想,经过系统评估认为该技术可实现 70% 以上的电储能循环效率,储能成本为 3 美分/(kW·h),成本与抽水蓄能电站相当,优于压缩空气储能与低温电解储能技术。

通过以上 SOEC 系统研究综述,结合 1.3 节对 PtM 技术应用的概述,可以总结出当前可再生能源电力制取 CH_4 技术的主要技术路线有 3 类,如图 1.12 所示。其中,路线 1 为当前工业应用最成熟的 PtM 技术路线,可采用 AEC、PEMEC 或者 SOEC 等 H_2O 电解技术耦合 CO_2 加氢甲烷化的 Sabatier 反应器[20-21];路线 2 采用 SOEC 共电解 H_2O/CO_2 耦合甲烷化反应器[108];路线 3 的研究结论,有望利用 SOEC 共电解 H_2O/CO_2 实现一步甲烷化[13]。当前研究仅针对其中某一类技术路线开展了热力学第一定律的能效分析,但这 3 类技术路线均为电、热、气多能源耦合的复杂体系,更何况 SOEC 反应器(600~1000℃)和甲烷化反应器(270~550℃)具有不同

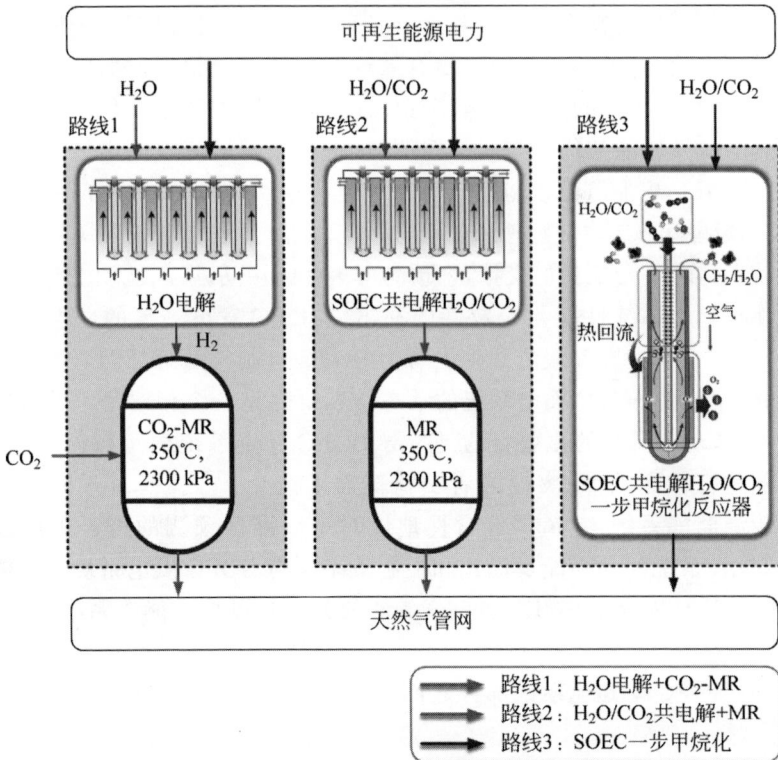

图 1.12 三类电制 CH_4 PtM 储能系统

的工作温度区间,其本身反应气携带的热量质量也存在很大的差异。这样的多能源、多温度梯度的复杂能源系统需要采用热力学第二定律的能效评价准则,从能源梯级利用的视角出发,对这几类 PtM 技术路线内部的物质流和能源流耦合开展统一评价和优化。

1.5.3.2　分布式可再生能源系统动态仿真研究现状

在分布式可再生能源系统中,可再生能源瞬时出力的改变需要整个系统作出响应,及时跟随负荷,保证用户侧的供能稳定性。通过 SOEC 电制气储能将可再生能源电力与天然气网络耦合形成的多能源转化系统,是化学、电动力学、电气等行为相互耦合的动态复杂能源网络系统,其运行特性与系统的组合方式、容量大小以及电力变换器、控制方式等多种因素相关,系统往往具有多种多样的拓扑结构,各个子系统间相互影响、存在着强非线性耦合。合理的系统结构分析、操作条件优化和控制策略是保证系统高效、健康运行的基础。在系统集成与运行管理控制层面,提出高性能的多目标综合控制理论和方法,是系统稳定有效运行的核心。根据前面的系统研究综述可以看到,当前的 SOEC 电制气储能系统研究主要基于稳态热力学系统仿真平台开展能效优化与经济性评估,动态系统研究方面仍处于空白阶段。当 SOEC 电制气系统应用于可再生能源存储时,不仅需要部件级的动态模型预测 SOEC 内部物理场的动态过程,还需要耦合系统各关键部件模块的动态仿真平台工具的支撑,来预测可再生能源间歇性、波动性对系统各个部件与整个系统性能与稳定性的冲击。SOFC 发电系统的动态仿真研究[96,100,102,109-112]在建模方法论上可为 SOEC 电制气系统的动态仿真提供一定的借鉴,但 SOFC 发电系统的动态仿真研究是一个相对稳定的电能供给系统,其动态研究的主要目的是指导 SOFC 发电系统的运行调度,以应对内部运行状态故障、突变或者负荷侧需求变化[113]。而对于分布式可再生能源储能系统,它需要经常性地应对难以准确预测的可再生能源间歇性变化,系统的动态能量优化和控制策略也与 SOFC 发电系统存在明显的不同。针对耦合了 SOEC 电制气储能的分布式可再生能源系统,应更加关注:

（1）SOEC 与其他系统部件之间异质能量流、多种物质流的动态集成匹配问题;

（2）发电单元、储能单元、负荷之间的供需互动匹配方法;

（3）间歇性、波动性的可再生能源与稳定供应的天然气之间的融合互补策略。

目前,分布式可再生能源系统的动态仿真研究相对活跃,可为分布式 SOEC 储能系统动态仿真提供参考,如表 1.5 所示。

表 1.5　分布式可再生能源系统动态仿真研究现状[114-118]

研究者	系统部件	动态模型	研究内容
新加坡国立大学 Zhou 等[118]	电池、超级电容	—	DC-DC 逆变器的拓扑结构设计
美国加利福尼亚大学(尔湾)Maclay 等[114,115]	光伏、可逆燃料电池、电池、超级电容	等效电路	分布式光伏系统容量配置问题,考虑的时间尺度远大于系统响应时间
加拿大纽芬兰纪念大学 Khan 等[117]	风电、AEC、PEMFC、超级电容	半物理半经验模型	分析风速与负载阶跃下系统的动态响应
日本琉球大学 Senjyu 等[116]	风电、AEC、燃料电池、柴油机	传递函数控制模型	分析风电对系统电力输出频率的影响

新加坡国立大学、美国加利福尼亚大学(尔湾)、加拿大纽芬兰纪念大学、日本琉球大学等[114-118]分别采用等效电路、半物理半经验模型以及传递函数控制模型开展了可再生能源储能系统的动态仿真,但由于各自研究的侧重点不同,采用的模型均具有一定的局限性,无法针对分布式可再生能源系统的整体能效、可再生能源融合以及系统供能稳定性进行全面与准确的分析。而针对可再生能源系统集成的动态仿真与全面分析需要借助物理模型,并经过实验有效验证,以直接反映客观部件运行规律。

1.5.4　研究存在的主要问题

对应用于可再生能源的 SOEC 共电解 H_2O/CO_2 一步直接合成 CH_4 储能系统开展深入研究,需要从微观电化学反应界面、反应单元和系统三个层面对 SOEC 进行解耦,从反应机理鉴别、反应传递耦合以及多能量流物质流集成匹配三个方面开展研究。根据文献综述,应用于可再生能源的 SOEC 共电解 H_2O/CO_2 合成 CH_4 储能系统存在问题如下:

(1)前期研究积累了一定 SOEC 的电化学反应的图案电极本征动力学数据,但缺乏对动力学数据的深入分析,同时还受到表面扩散的影响,速率控制步骤尚不明确,仍需结合反应动力学理论进一步推断;

(2)SOEC 反应与传递过程强化原理有待完善,尤其是针对 SOEC 共电解 H_2O/CO_2 的 CH_4 定向转化与动态调控机制有待进一步研究,并提出

可靠的过程强化操作方法;

（3）应用于可再生能源的 SOEC 电制气储能系统中多能源流、物质流的集成耦合缺乏从能量质量角度的统一评估,可再生能源融合后的复杂流网的集成匹配机制尚不明确。

1.6　研究思路及研究内容

针对上述 SOEC 在电极机理层面、反应单元层面与系统层面中存在的三个科学问题,本书总体研究思路如图 1.13 所示,在相关文献综述分析以及课题组前期研究基础上,采用实验测试、动力学计算和数值模拟相结合的研究方法,从微观到宏观开展反应界面—反应单元—系统三个层面的研究,具体研究内容和结构框架如下。

（1）图案电极电化学反应机理研究

本书第 2 章以 Ni 图案电极为研究对象,制备并测试了窄条纹 Ni 图案电极,拟合获得更加可靠的燃料极本征动力学参数,结合反应动力学理论计算,分析 Ni 图案电极燃料极反应速率控制步骤,建立图案电极基元反应数值模型,建立反应速率控制步骤同表界面中间基元产物的关联。

（2）管式单元共电解 H_2O/CO_2 定向合成 CH_4 和动态特性研究

在理解电化学反应界面机理的基础上,以管式 SOEC 为研究对象,耦合多相催化反应、体相扩散和流动传热等过程,研究 SOEC 共电解 H_2O/CO_2 定

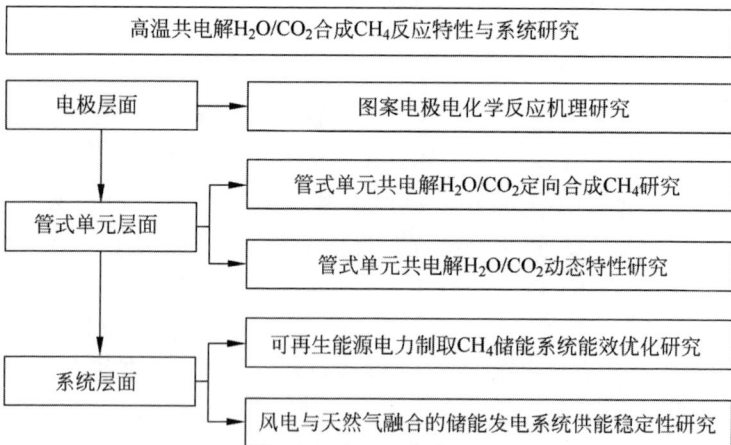

图 1.13　研究思路

向合成 CH_4 和动态特性。

第 3 章基于管式单元实验数据,建立多物理场耦合的二维轴对称管式 SOEC 热电模型,通过流动传热设计优化管式 SOEC 的温度场,强化 CH_4 的定向合成;为突破热力学限制,自主设计并搭建加压管式 SOEC 实验测试系统,测试管式 SOEC 的加压化稳定运行提升 CH_4 产率;最后,从数值模拟的角度分析了 SOEC 材料优化对 H_2O/CO_2 共电解直接合成 CH_4 反应特性的影响。

第 4 章测试管式 SOEC 在电压阶跃下的电化学动态特性,并基于二维管式 SOEC 动态模型,研究工作电压、入口气体组分、流量以及温度等阶跃对管式 SOEC 内部物理场分布的影响规律,分离了管式 SOEC 内部电荷传递、质量传递和能量传递等过程的响应时间,并设计了管式 SOEC 的动态操作方法。

(3) 可再生能源电制 CH_4 储能系统能效和供能稳定性研究

在管式单元定向合成 CH_4 和动态特性研究的基础上,面向可再生能源与天然气融合的应用背景,建立可再生能源电制 CH_4 储能系统仿真平台研究其系统能效,以及可再生能源融入后的供能稳定性。

第 5 章建立可再生能源电力合成 CH_4 储能系统仿真平台,采用㶲分析方法评估异质能源系统的能效,分析了 SOEC 相比低温电解的能效优势,对比不同的电制 CH_4 储能系统的㶲效率,提出优化的电制 CH_4 储能技术路线。

第 6 章建立可再生能源与天然气融合的分布式储能发电系统动态仿真平台,集成耦合风电、SOEC、锂离子电池、内燃机、用户负荷及换热器等系统辅助设备,研究不同规模的风电融入对系统动态运行供能稳定性的影响规律,并优化分布式能源系统的储能发电运行策略。

第 2 章　图案电极电化学反应机理研究

2.1　概　　述

利用图案电极研究 SOEC 的电化学机理,可定量调控电化学反应活性界面(三相界面)面积,在空间上区分电化学反应活性界面与化学反应活性界面,剥离气体体相扩散的影响,从而获得图案电极的本征动力学参数。本章制备并测试了窄条纹 Ni 图案电极,以减小表面扩散阻抗,获得更加可靠的燃料极本征动力学参数,并结合反应动力学理论分析,鉴别 Ni 图案电极分别在 H_2O/H_2 和 CO_2/CO 气氛下的燃料极反应速率控制步骤;进一步,基于推测的反应机理建立图案电极基元反应数值模型,更加精确地预测图案电极表面的基元分布与反应过程,针对燃料极的各基元反应及表面扩散参数进行敏感性分析,更加全面地描绘可逆固体氧化物电解池表界面的反应传递过程。

2.2　图案电极 CO_2/CO 电化学反应机理

李汶颖等[46,80]在 CO_2/CO 气氛下测试了条纹宽度为 $100~\mu m$、条纹间隙 $200~\mu m$、条纹厚度为 $800~nm$ 的 Ni 图案电极分别在 SOEC 模式与 SOFC 模式下的电化学性能及其动力学参数。实验采用 $100~\mu m$ 宽的条纹图案电极,较实际多孔 Ni-YSZ 电极的 Ni 颗粒粒径大了 $1\sim2$ 个数量级。一方面,CO 的表面扩散可能是 CO_2/CO 电化学反应的速率控制步骤之一[46,49-50,56],过宽的条纹电极尺寸增大了 Ni 表面基元的扩散路径,从而增大了表面扩散阻抗;另一方面,CO_2 在 Ni 等纯过渡金属表面很难发生吸附,但能在存在大量表面缺陷的 Ni/YSZ 三相界面上发生化学吸附[119],在相同面积的图案电极区域内采用越宽的 Ni 条纹,Ni/YSZ 三相界面密度越小,CO_2 吸附位就越少,CO_2 分压在电化学反应中起到的作用就越小,前期实验发现图案电极电化学性能和 CO_2 分压几乎无关[46,80]。针对以上原因,前期实验由于条纹过宽,受到表面扩散干扰,限制了 CO_2 吸附,因此需要采用更窄的条纹电极以获得更为准确的本征动力学数据。

2.2.1　实验介绍

　　本实验采用与文献[46]中实验相同的制备方法,由中国科学院半导体所,通过磁控溅射、光刻和等离子刻蚀等技术在晶向为⟨100⟩的 13%(摩尔分数)YSZ 单晶基底(上海大恒光学精密机械有限公司,中国)上制备条纹宽度为 10 μm、条纹间隙为 90 μm、条纹厚度为 800 nm 的 Ni 图案电极纽扣电池。YSZ 单晶基底与 Ni 图案电极接触的一面采用化学抛光处理,保证 Ni 图案电极更好地附着;另一面采用机械抛光处理,通过丝网印刷工艺在该面印刷 Pt 浆(MC-Pt100,有研亿金新材料股份有限公司,中国),在 100℃下烘干 10 min,在 700℃下烧结 2 h,形成多孔 Pt 电极。其中,Pt 浆印刷面积需要保证能够完全覆盖另一侧的 Ni 图案电极区域。

　　制备的窄条纹 Ni 图案电极同样形成了一个 5 mm×10 mm 的矩形图案电极区域,包含了 101 条 10 μm 宽、4.98 mm 长平行等距排布的条纹,相邻两条纹的间距为 100 μm,间隙为 90 μm,条纹两侧通过宽同为 10 μm 的条纹连接,Ni 图案电极下部通过宽为 300 μm 的条纹连接至下方的 Ni 电极集流块。制备的窄条纹 Ni 图案电极三相界面长度为(1044.0±0.6) mm,Ni 表面积为(5.23±0.09) mm^2,三相界面密度为 199.62 mm/mm^2。相较实验前期制备的 100 μm 宽的 Ni 图案电极,三相界面长度增大了 1.87 倍,Ni 表面积减小为原来的 27.4%,三相界面密度提升了一个数量级(增大为原来的 10.47 倍)。新制备的窄条纹 Ni 图案电极外观与测试后的微观 SEM 照片如图 2.1 所示。可以看到,实验测试过后 Ni 图案电极三相界面依然完整,表明实验数据有效。

　　本次实验采用的实验测试系统已在文献[46]中详细介绍,本书不再赘述。整个实验测试的工况如表 2.1 所示,Ni 图案电极的 CO 分压为 2.533～25.331 kPa,CO_2 分压在 1.013～35.464 kPa,工作温度在 600～700℃。为保证 Ni 图案电极的稳定性,整个测试过程中 CO 和 CO_2 分压之和不高于 50.663 kPa。实验的电化学测试采用四电极法连接,通过电化学工作站(Gamry Reference 3000,美国)测量,每组工况分别测试 Ni 图案电极纽扣电池的极化曲线(IV 曲线)和 EIS 曲线。

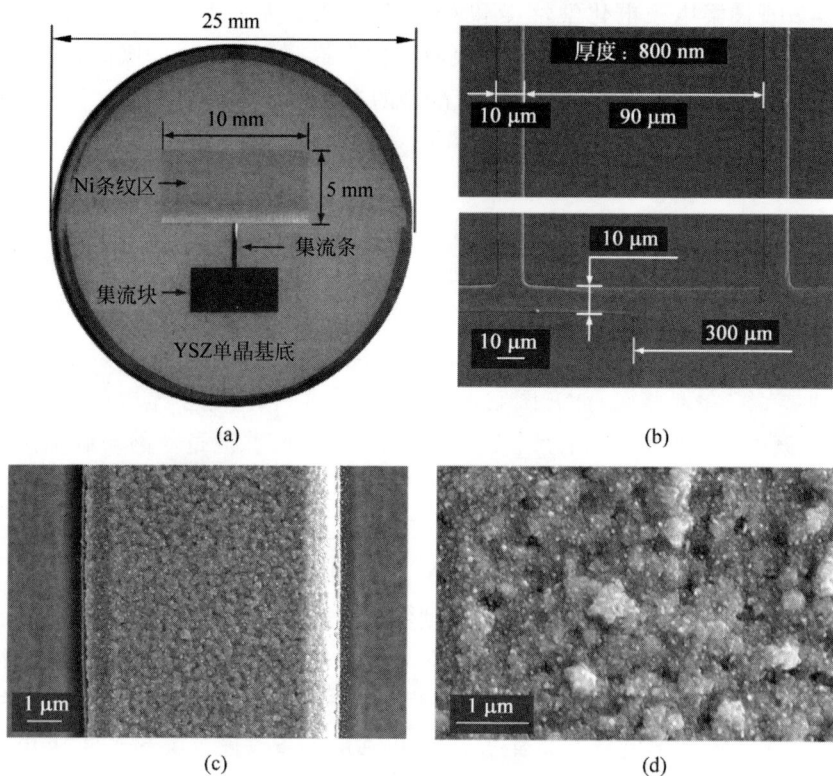

图 2.1　10 μm 宽 Ni 图案电极外观（a）与测试后的 SEM 照片（b）～（d）

表 2.1　CO_2/CO 气氛下 Ni 图案电极实验工况

序号	温度/℃	CO 分压/kPa	CO_2 分压/kPa
1	700		
2	650	25.331	25.331
3	600		
4		25.331	
5		12.666	10.133
6		5.066	
7	700	25.331	
8			35.464
9			5.066
10		10.133	25.331
11			1.013

由于本实验采用的单晶 YSZ 基底和 Pt 电极制备方法与文献[46]、文献[80](以下统称前期实验)中的制备方法完全相同,因此可采用文献[46]、文献[80]中测试的 Pt 对称电极实验数据,剥离本实验中电解质和 Pt 电极的极化,从而获得 Ni 图案电极极化电压 η_{Ni} 与电流密度的极化曲线。实验测试后,采用扫描电子显微镜(SEM)观察 Ni 图案电极表面条纹完整性和微观形貌,并利用 X 射线衍射(XRD)分析 Ni 图案电极表面晶体结构。测试后的 Ni 图案电极 XRD 结果如图 2.2 所示,图中可以看到峰面积最大的两个峰,由晶向⟨100⟩的 YSZ 单晶形成[120];Ni 图案电极形成的三个峰分别处于 $2\theta = 44.5°$、$51.8°$和 $76.4°$三个位置,对应⟨111⟩、⟨200⟩和⟨220⟩的 Ni 晶向结构[121],且无其他杂质掺杂。

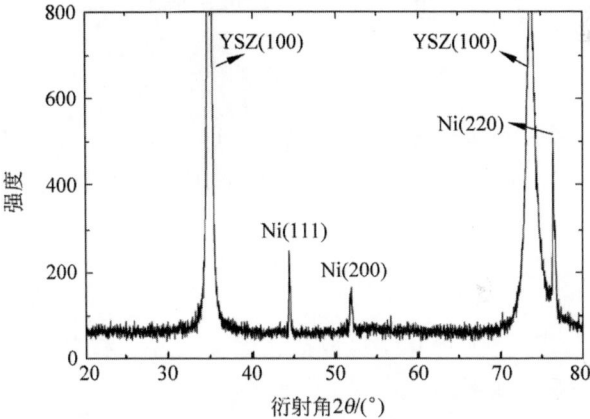

图 2.2　测试后的 Ni 图案电极表面 XRD 结果

2.2.2　电化学反应动力学参数

当 SOEC 可逆化工作在 CO_2/CO 气氛中时,通常认为燃料极侧发生 CO_2 和 CO 之间的电化学还原—氧化反应,具体可表示为

$$CO_2(g) + 2e^- \underset{SOFC}{\overset{SOEC}{\rightleftharpoons}} CO(g) + O^{2-} \tag{2-1}$$

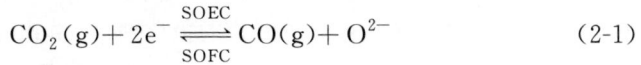

在 SOEC 模式下且极化电压过高时,还可能发生 CO 的电化学还原[32]:

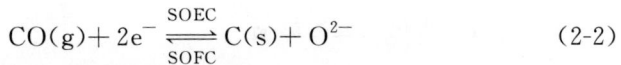

$$CO(g) + 2e^- \underset{SOFC}{\overset{SOEC}{\rightleftharpoons}} C(s) + O^{2-} \tag{2-2}$$

电化学反应中电流密度与极化电压的关系可用巴特勒—福尔默(Butler-Volmer)方程表示:

$$i = i_0 \left[\exp\left(\alpha \frac{n_e F \eta_{Ni}}{RT} \right) - \exp\left(-(1-\alpha) \frac{n_e F \eta_{Ni}}{RT} \right) \right] \quad (2\text{-}3)$$

其中,i_0 是电化学反应的交换电流密度,在 Ni 图案电极中单位为 A/m;n_e 是电化学反应的电子传递数,该电化学反应 n_e 为 2;F 是法拉第常数,值为 96 485 C/mol;R 是通用气体常数,值为 8.314 J/(mol·K);T 是反应温度,单位为 K;η_{Ni} 是 Ni 图案电极极化电压,单位为 V;α 是电化学氧化反应的电荷转移系数,值为 0~1。当 Ni 图案电极极化电压 η_{Ni} 趋近 0 时,Butler-Volmer 方程(2-3)可简化为

$$i \approx \frac{n_e F}{R} \frac{i_0}{T} \eta_{Ni}, \quad 当 \ \eta_{Ni} \to 0 \quad (2\text{-}4)$$

在 CO_2/CO 气氛中,交换电流密度 i_{0,CO_2} 可写成[51]

$$i_{0,CO_2} = \gamma_{CO_2} p_{CO}^c p_{CO_2}^d \exp\left(-\frac{E_{act,CO_2}}{RT} \right) \quad (2\text{-}5)$$

其中,γ_{CO_2} 是交换电流密度 i_{0,CO_2} 的指前因子;E_{act,CO_2} 是 CO_2/CO 电化学反应的活化能,单位是 J/mol。在极化电压 η^* 下,极化阻抗 R_{pol} 可由 i-η 极化曲线的斜率求得:

$$R_{pol} = \left| \frac{d\eta^*}{di} \right| \quad (2\text{-}6)$$

结合式(2-3)~式(2-6),电化学反应活化能 E_{act,CO_2}、动力学参数 c 和 d 同极化阻抗的关系式如下:

$$E_{act,CO_2} = R \frac{d\ln(R_{pol,CO_2}/T)}{d(1/T)} \Bigg|_{OCV} \quad (2\text{-}7)$$

$$c = -\frac{\partial \ln(R_{pol,CO_2})}{\partial \ln(p_{CO})} \Bigg|_{\eta^*,T,p_{CO_2}} \quad (2\text{-}8)$$

$$d = -\frac{\partial \ln(R_{pol,CO_2})}{\partial \ln(p_{CO_2})} \Bigg|_{\eta^*,T,p_{CO}} \quad (2\text{-}9)$$

基于式(2-1)~式(2-9),可通过测得的极化曲线,由式(2-6)换算出不同极化电压下的极化阻抗 R_{pol,CO_2},从而拟合出各个动力学参数。

2.2.2.1　极化电压的影响

图 2.3 显示了在 700℃、CO 和 CO_2 分压均为 25.331 kPa 时极化电压对条纹宽度为 10 μm 的 Ni 图案电极电化学特性的影响,包括不同极化电

压下的电流密度、极化阻抗以及电化学阻抗谱（EIS）。当 Ni 图案电极极化电压 η_{Ni} 为 -0.2 V 时，Ni 图案电极工作在 SOEC 模式，电流密度为 1.92×10^{-5} A/m；当 Ni 图案电极极化电压 η_{Ni} 为 0.2 V 时，Ni 图案电极工作在 SOFC 模式，Ni 图案电极电流密度为 3.52×10^{-5} A/m。在相同的 $|\eta_{Ni}|$ 下，SOFC 的电流密度是 SOEC 的 1.83 倍（$i_{SOFC}/i_{SOEC}=1.83$），明显小于

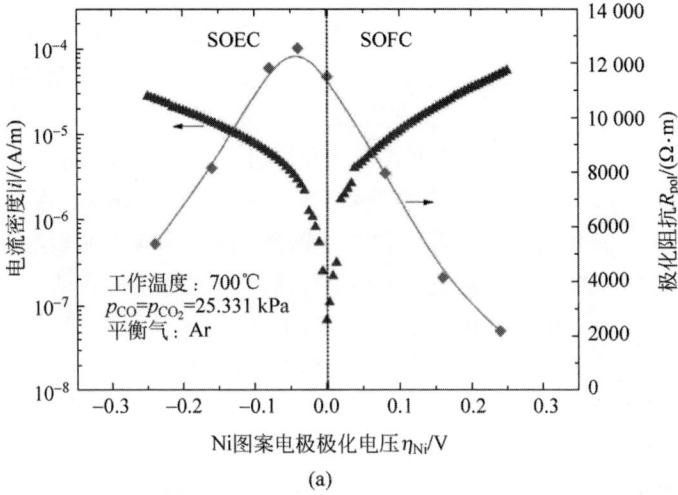

(a)

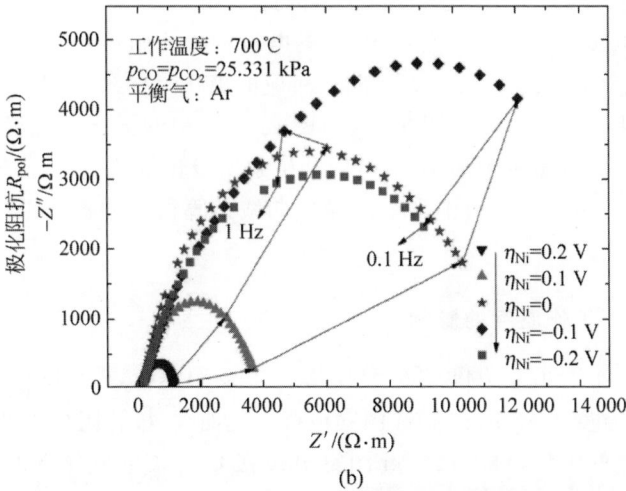

(b)

图 2.3　极化电压对 Ni 图案电极的影响

（a）极化曲线和对应的极化阻抗；（b）不同极化电压下的 EIS

条纹宽度为 $100\ \mu m$ 的 Ni 图案电极的 4.73 倍 $(i_{SOFC}/i_{SOEC}=4.73)^{[46,80]}$。这说明减小条纹宽度,可能会减小 SOEC 模式和 SOFC 模式之间的性能差异,使得在 CO_2/CO 气氛中可逆电化学反应性能变得更加对称。图 2.3(a) 中的极化阻抗曲线显示,在开路电压下极化阻抗 $R_{pol,OCV}$ 为 11 493 $\Omega \cdot m$,但极化阻抗的峰值位于 η_{Ni} 为 $-0.04\ V$ 处,峰值极化阻抗值 $R_{pol,max}$ 为 12 569 $\Omega \cdot m$,较开路电压增大了 9.4%。而条纹宽度为 $100\ \mu m$ 的 Ni 图案电极峰值极化阻抗位于 η_{Ni} 为 $-0.24\ V$ 处,峰值极化阻抗是开路电压的 3.2 倍[46,80]。结合前期实验分析,由于 Ni 条纹宽度变窄,三相界面密度提升了一个数量级,表面扩散阻抗显著降低,因此 $R_{pol,OCV}$ 和 $R_{pol,max}$ 更加接近,因而 SOEC 模式和 SOFC 模式下电化学性能的差异也更小。图 2.3(b) 为在不同极化阻抗下 EIS 的奈奎斯特(Nyquist)图。Nyquist 图中,EIS 高频弧段与实轴的交点实值代表纽扣电池的欧姆阻抗,低频弧段与实轴的交点实值代表纽扣电池的总阻抗,因此在实轴高频和低频弧段两交点实值之差代表着纽扣电池的电极极化阻抗,包括了 Ni 图案电极和 Pt 电极极化阻抗之和。通过对称 Pt 电极的对照实验剥离了欧姆极化和 Pt 电极极化,欧姆极化占总极化的 0.06%~0.97%,Pt 电极极化占总极化的 0.09%~1.53%,因此本实验的电极极化阻抗 98.5% 来源于 Ni 图案电极的极化阻抗。实验中 EIS 测试的频率范围为 0.1~300 000 Hz,在测试的频率范围内,EIS 曲线的半圆圈仍未与实轴交叉,因此采用 0.1 Hz 下的实值和高频弧段实轴交点实值之差近似代表 Ni 图案电极的极化阻抗。由图 2.3(b) 可以看到,在 η_{Ni} 为 $-0.1\ V$ 时的 EIS 曲线对应的极化阻抗约为 11 998 $\Omega \cdot m$,高于其他极化电压下的极化阻抗,这与图 2.3(a) 中的极化阻抗值相一致。由于极化阻抗曲线是由剥离了 Pt 电极和电解质极化得到的,其值较 EIS 更为精确,因此后续实验分析中采用由极化曲线计算得到的极化阻抗拟合动力学数据。

2.2.2.2　工作温度的影响

图 2.4 展示的是 CO 和 CO_2 分压均为 25.331 kPa、工作温度在 600~700℃ 下条纹宽度为 $10\ \mu m$ 的 Ni 图案电极极化曲线、极化阻抗以及 EIS,并根据开路电压的极化阻抗拟合 Ni 图案电极在 CO_2/CO 气氛下的活化能。可以看到,Ni 图案电极的电化学性能随着工作温度的升高而显著提升。在 SOEC 模式 η_{Ni} 为 $-0.2\ V$ 时,Ni 图案电极在 600℃、650℃ 和 700℃ 三个工作温度下,由低温到高温电流密度分别为 2.43×10^{-6} A/m、6.85×10^{-6} A/m

和 1.92×10^{-5} A/m；在 SOFC 模式 η_{Ni} 为 0.2 V 时，Ni 图案电极的电流密度由低温到高温分别为 6.77×10^{-6} A/m、1.56×10^{-5} A/m 和 3.52×10^{-5} A/m。从 600℃ 升高到 700℃，Ni 图案电极在 $|\eta_{Ni}| = 0.2$ V 时，i_{SOFC}/i_{SOEC} 从 1.83 提升至 2.79，说明工作温度的提升增大了 CO_2/CO 可逆电化学反应的不对称性。图 2.4(b) 中的 EIS 显示，欧姆阻抗在 600℃、650℃ 和 700℃ 三个工作温度下随着温度由低到高分别为 40.9 $\Omega \cdot$ m、27.2 $\Omega \cdot$ m

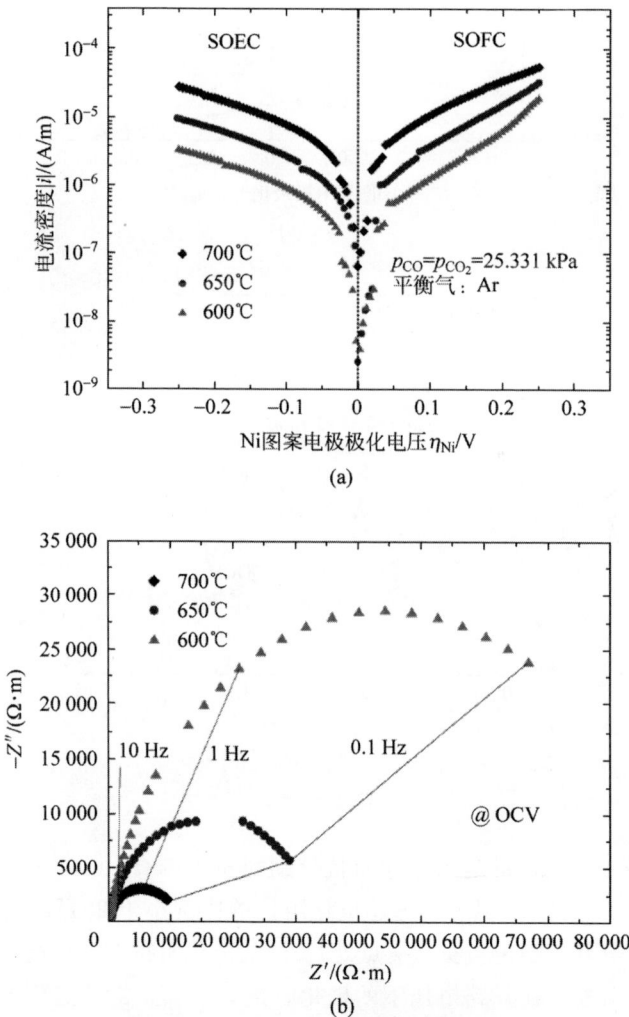

(a)

(b)

图 2.4　工作温度对 Ni 图案电极的影响

(a) 极化曲线；(b) EIS；(c) 极化阻抗；(d) 活化能拟合

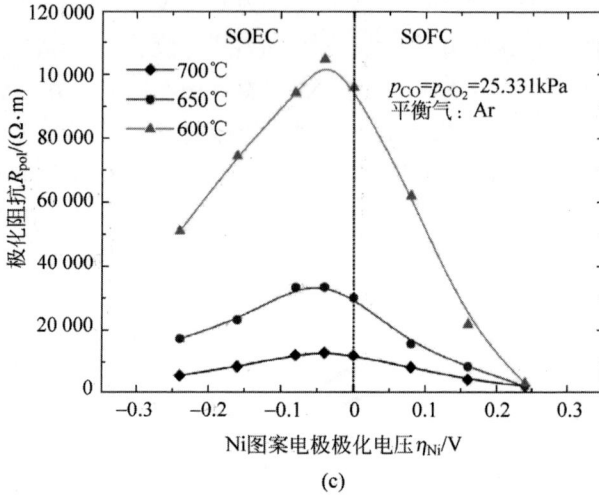

(c)

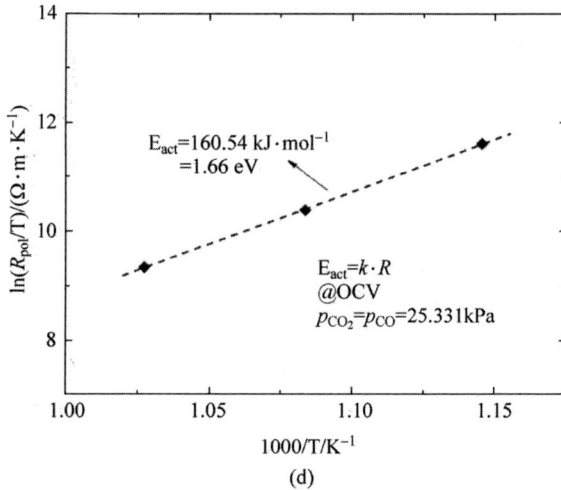

(d)

图 2.4(续)

和 20.5 $\Omega \cdot m$；近似的电极极化阻抗分别为 66 939 $\Omega \cdot m$、29 080 $\Omega \cdot m$ 和 9569 $\Omega \cdot m$。因此，欧姆阻抗占总极化阻抗的比例小于 2.1%。但由于 EIS 中的高频弧段并未扫至与实轴交点处，实际的极化阻抗甚至更高。图 2.4(c) 显示，Ni 图案电极在开路电压下的极化阻抗 $R_{pol,OCV}$ 由低温到高温分别为 96 008 $\Omega \cdot m$、29 792 $\Omega \cdot m$ 和 11 493 $\Omega \cdot m$；最大极化阻抗值 $R_{pol,max}$ 分别为 104 821 $\Omega \cdot m$、33 106 $\Omega \cdot m$ 和 12 539 $\Omega \cdot m$。这里利用 $R_{pol,max}$ 和

$R_{pol,OCV}$ 的差值来表示表面扩散阻抗 R_{sf}，600℃、650℃和700℃时 R_{sf} 分别为 8813 Ω·m、3314 Ω·m 和 1076 Ω·m，说明表面扩散阻抗也随着温度升高而降低。图 2.4(d)根据式(2-7)拟合了 CO_2/CO 电化学反应的活化能为 160.54 kJ/mol，即 1.66 eV。这一活化能拟合值略高于文献[51]中采用 8.5%(摩尔分数)多晶 YSZ 基底的拟合值 1.42 eV，接近前期实验中宽条纹图案电极的拟合值 1.77 eV[46,80]。

2.2.2.3　CO 分压的影响

图 2.5 给出了 CO 分压为 2.533～25.331 kPa、CO_2 分压为 10.133 kPa、工作温度为 700℃时的 Ni 图案电极极化曲线、极化阻抗、EIS 以及表面扩散阻抗，并拟合了不同极化电压下的动力学参数 c，即式(2-5)CO 分压 p_{CO} 的指数项。可以看到，Ni 图案电极的电化学性能随着 CO 分压的升高也同样有较为显著的提升。随着 CO 分压由 2.533 kPa 升至 25.331 kPa，在 SOEC 模式 η_{Ni} 为 −0.2 V 时 Ni 图案电极的电流密度从 9.68×10^{-6} A/m 升至 2.10×10^{-5} A/m，提升了 117%；在 SOFC 模式 η_{Ni} 为 0.2 V 时 Ni 图案电极的电流密度从 1.63×10^{-5} A/m 升至 3.82×10^{-5} A/m，提升了 134%；在 $|\eta_{Ni}|$ 为 0.2 V 时，i_{SOFC}/i_{SOEC} 从 1.68 提升至 1.82。CO 分压的提升也会增大 CO_2/CO 可逆电化学反应的不对称性。图 2.5(b)的 EIS 显示，随着 CO 分压从 25.331 kPa 降至 2.533 kPa，近似的电极极化阻抗从 8456 Ω·m 升至 13 268 Ω·m，提升了 57%。

图 2.5(c)显示，随着 CO 分压从 25.331 kPa 降至 2.533 kPa，Ni 图案电极在开路电压下的极化阻抗 $R_{pol,OCV}$ 从 10 927 Ω·m 升至 22 398 Ω·m，表面扩散阻抗 R_{sf} 从 495 Ω·m 升至 1337 Ω·m，$R_{sf}/R_{pol,OCV}$ 由 0.045 升至 0.060，这说明表面扩散与 CO 分压呈负相关关系。图 2.5(d)进一步针对本实验(10 μm 窄条纹)和前期实验[46,80](100 μm 宽条纹)的 R_{sf} 进行了对数线性拟合，实验发现 CO 分压从 25.331 kPa 降至 2.533 kPa，宽条纹图案电极 R_{sf} 由 620 Ω·m 升至 2413 Ω·m，$R_{sf}/R_{pol,OCV}$ 由 2.11 升至 2.75[46,80]，说明减小图案电极宽条纹宽度确实能够降低表面扩散阻抗。而且，R_{sf} 与 $p_{CO}^{-0.598}$ 呈正比，提高 CO 分压能显著降低扩散阻抗，这可能意味着 CO 相关表面基元的表面扩散是主要的表面扩散阻抗来源。图 2.5(e)根据式(2-8)拟合了不同极化电压下的电化学反应动力学公式中的 CO 分压指数项 c，指出极化阻抗与 CO 分压呈负相关关系，在开路电压下 c 为

0.310,SOEC 模式下 c 为 $0.308\sim0.367$,SOFC 模式下 c 为 $0.247\sim0.434$。在 SOEC 和 SOFC 模式下 CO 分压对 Ni 图案电极电化学性能的影响相差无几,随着极化电压的变化并无明显变化趋势。Utz 等[51]在 800℃、CO_2 分压为 $20.265\sim50.663$ kPa 下测试了条纹宽度为 25 μm 的图案电极,拟合得到的 c 值为 $0.11\sim0.47$,而 Boulenouar 等[122]在 850℃、CO_2 分压为 10.133 kPa 下测试了 Ni 网电极,拟合得到的 c 值为 $0.19\sim0.45$。本研究

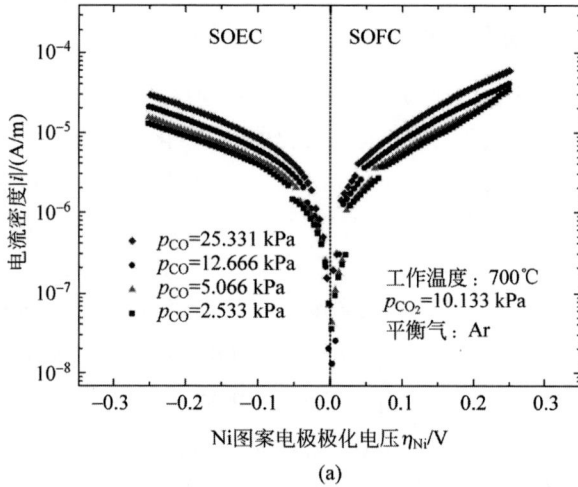

(a)

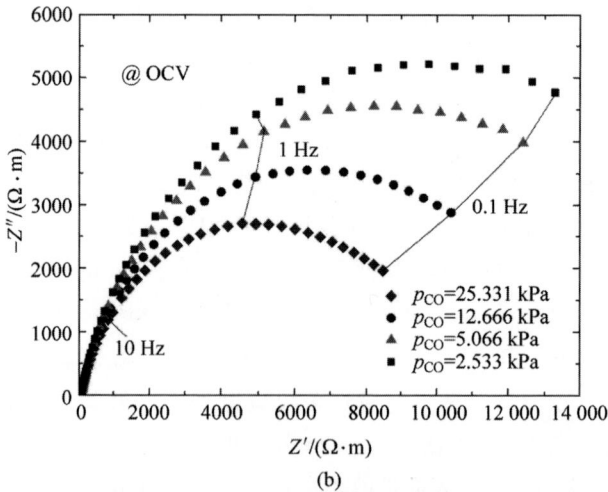

(b)

图 2.5　CO 分压对 Ni 图案电极的影响

(a) 极化曲线;(b) EIS;(c) 极化阻抗;(d) 表面扩散阻抗拟合;(e) 动力学参数拟合

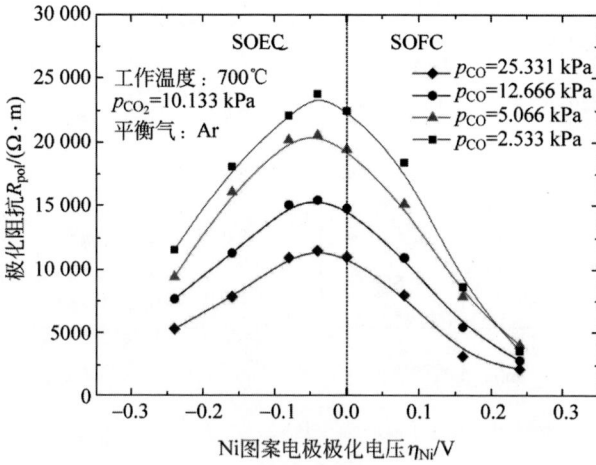

(c)

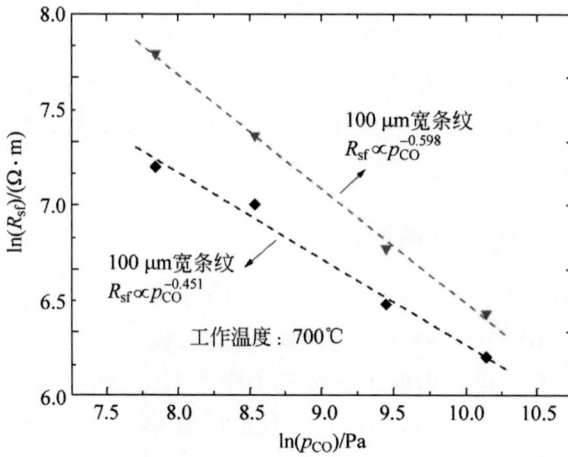

(d)

图 2.5(续)

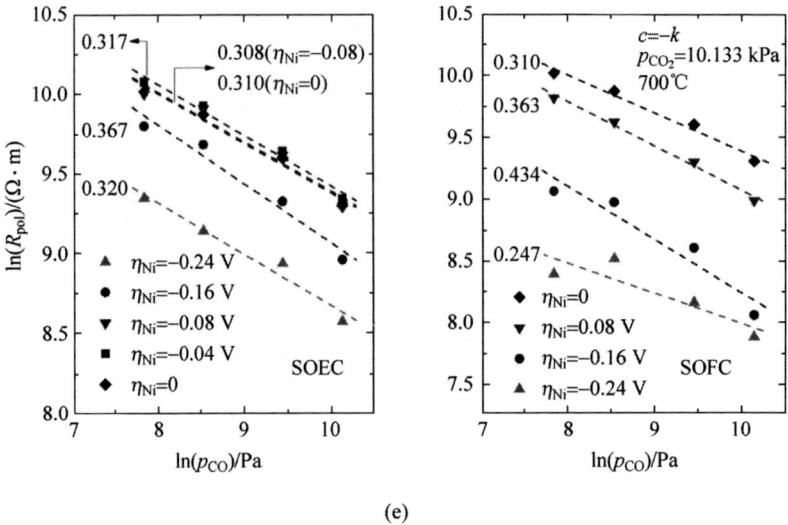

(e)

图 2.5（续）

中拟合得到的 c 值与文献报道的值基本吻合。通过对比图 2.5(d)和(e)发现，CO 分压对极化阻抗的影响要显著大于对总 Ni 图案电极极化的影响。前期实验基于宽条纹图案电极在 700℃、CO_2 分压为 25.331kPa 下测试拟合得到的 c 值为 $0.58\sim0.79$[46,80]，更接近 CO 分压对扩散阻抗的影响，很可能是由于扩散阻抗的增大导致 CO 分压对宽条纹图案电极的影响显著增大。

2.2.2.4　CO_2 分压的影响

图 2.6 给出 CO 分压为 10.133 kPa、CO_2 分压为 $1.013\sim35.464$ kPa、工作温度为 700℃下的 Ni 图案电极极化曲线、极化阻抗、EIS 以及表面扩散阻抗，并拟合了不同极化电压下的动力学参数 d，即式(2-5)中 CO_2 分压 p_{CO_2} 指数项。Ni 图案电极的电化学性能随着 CO_2 分压的升高略微提升。当 CO_2 分压由 1.013 kPa 升至 35.464 kPa，在 SOEC 模式 η_{Ni} 为 -0.2 V 时，Ni 图案电极的电流密度从 1.33×10^{-5} A/m 升至 1.75×10^{-5} A/m，提升了 32%；在 SOFC 模式 η_{Ni} 为 0.2 V 时 Ni 图案电极的电流密度从 2.44×10^{-5} A/m 升至 4.30×10^{-5} A/m，提升了 76%；在 $|\eta_{Ni}|$ 为 0.2 V 时 i_{SOFC}/i_{SOEC} 从 1.83 提升至 2.46。CO_2 分压的提升也增大了 CO_2/CO 可

逆电化学反应的不对称性。图 2.6(b) 的 EIS 显示，随着 CO_2 分压从 35.464 kPa 降至 1.013 kPa，近似的电极极化阻抗从 9475 $\Omega \cdot m$ 升至 11 368 $\Omega \cdot m$，提升了 20%。图 2.6(c) 显示，随着 CO 分压从 25.331 kPa 降至 2.533 kPa，Ni 图案电极在开路电压下的极化阻抗 $R_{\mathrm{pol,OCV}}$ 从 11 816 $\Omega \cdot m$ 升至 15 883 $\Omega \cdot m$；表面扩散阻抗 R_{sf} 在 798~1019 $\Omega \cdot m$ 的范围内变化，$R_{\mathrm{sf}}/R_{\mathrm{pol,OCV}}$ 在 0.052~0.085 的范围内变化，CO_2 分压的变化对表面扩散阻

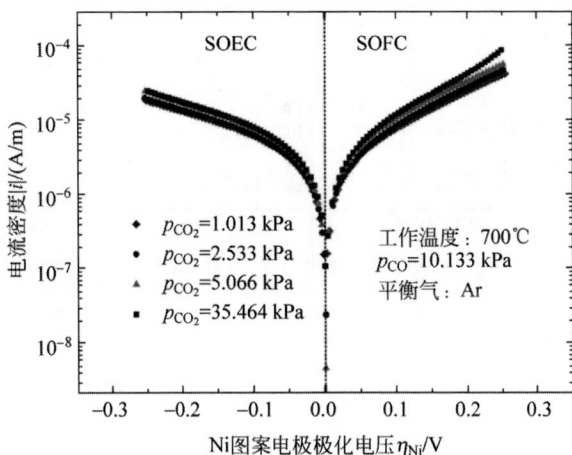

(a)

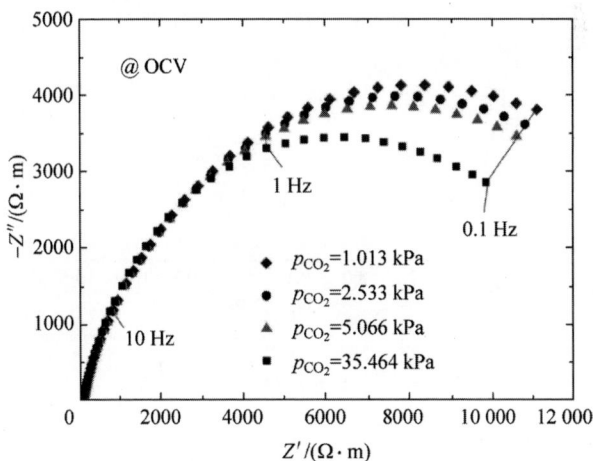

(b)

图 2.6　CO_2 分压对 Ni 图案电极的影响

(a) 极化曲线；(b) EIS；(c) 极化阻抗；(d) 表面扩散阻抗拟合；(e) 动力学参数拟合

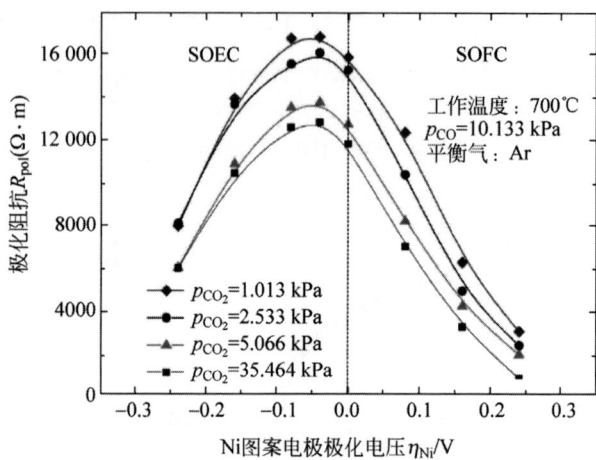

(c)

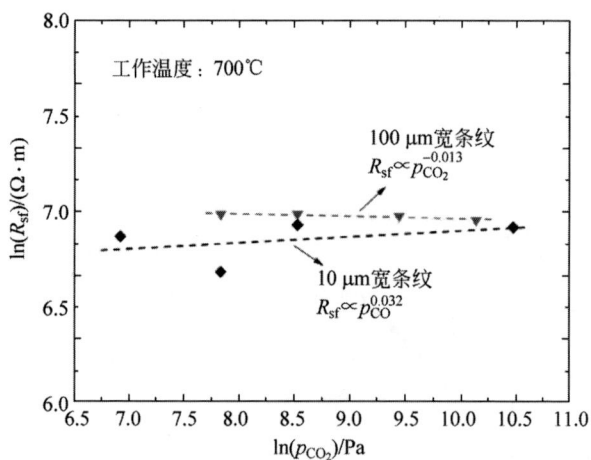

(d)

图 2.6(续)

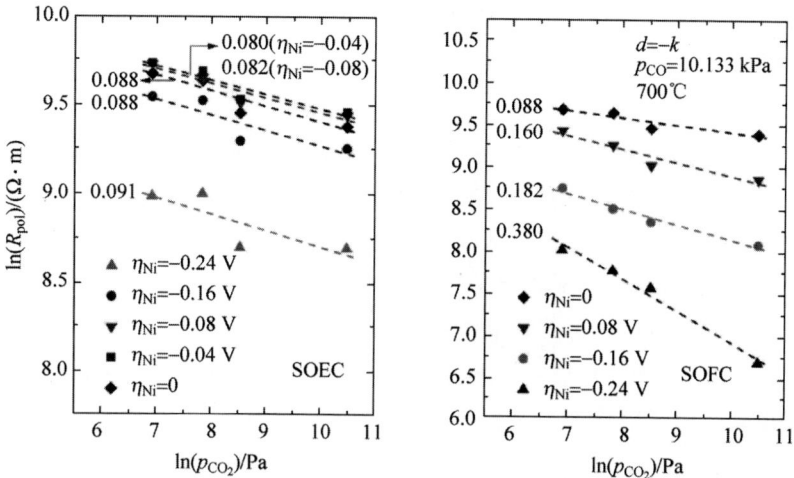

(e)

图 2.6（续）

抗的影响并无明显规律。尤其在 CO_2 分压为 5066.25 Pa 时，R_{sf} 为 798 $\Omega \cdot$ m，与其他工况有明显的偏差，如图 2.6(d) 所示。但除去该点，其余三个工况下的 R_{sf} 值仍十分接近，无明显变化规律。图 2.6(d) 所示还进一步针对本实验（10 μm 窄条纹）和前期实验（100 μm 宽条纹）的 R_{sf} 进行了对数线性拟合，实验发现 CO_2 分压从 35.464 kPa 降至 1.013 kPa，宽条纹图案电极 R_{sf} 在 1047~1079 $\Omega \cdot$ m 的范围内波动，$R_{sf}/R_{pol,OCV}$ 在 2.51~2.54 的范围内波动[46,80]，CO_2 分压变化对宽条纹图案电极表面扩散阻抗并无显著影响。这说明 CO_2 相关表面基元并非表面扩散阻抗的主要来源。

图 2.6(e) 是根据式(2-9)拟合得到的不同极化电压下电化学反应动力学公式中的 CO_2 分压指数项 d，表明极化阻抗与 CO_2 分压呈弱负相关，在开路电压下 d 为 0.088，SOEC 模式下 d 为 0.080~0.091；但在 SOFC 模式下 d 为 0.160~0.380，随着极化电压增大 d 值显著增大。CO_2 分压在 SOEC 模式和 SOFC 模式下的区别，可能意味着 CO_2/CO 气氛下可逆电化学反应机理存在差别。德国卡尔斯鲁厄理工学院 Ivers-Tiffee 课题组在 CO_2/CO 气氛中测试了 SOFC 模式下条纹宽度为 25 μm 的图案电极[51]以及 Ni/8YSZ 多孔陶瓷电极[123]的电化学动力学数据，拟合得到图案电极的 d 值为 0.61，而多孔电极的 d 值为 0.25。Boulenouar 等[122]基于 Ni 网电

极测试,拟合得到的 d 值在低 CO 分压下为 -0.3,在高 CO 分压下为 0.54。本实验在 SOFC 模式下拟合的 d 值与文献中的拟合值相吻合。前期实验基于宽条纹图案电极在 $700\,\mathrm{℃}$、CO 分压为 $10.133\ \mathrm{kPa}$ 情况下测试拟合得到的 d 值为 $-0.003\sim0.032$[46,80],远小于本实验以及文献中的拟合值。正如前面所分析的,CO_2 在 Ni 等纯过渡金属表面很难发生吸附,但能在存在大量表面缺陷的 Ni/YSZ 三相界面上发生化学吸附[119],采用窄条纹电极使三相界面密度增大了一个数量级,可提供更多的 CO_2 吸附位,因此本实验的 CO_2 分压对窄条纹图案电极的影响显著大于宽条纹图案电极。在实际的 Ni/YSZ 多孔电极中,三相界面密度可达约 $10^{12}\ \mathrm{m/m^3}$,较图案电极高 $2\sim3$ 个数量级[124],从而能够进一步增强 CO_2 的吸附,使 CO_2 分压对电化学的影响更加显著。

2.2.2.5　电荷转移系数估计

本实验分析显示,表面扩散阻抗占总极化阻抗的比例小于 10%。在忽略表面扩散对电化学性能的影响的前提下,电荷转移系数 α 可由横坐标为极化电压 η_{Ni},纵坐标为电流密度绝对值的自然对数 $\ln|i|$ 的极化曲线(Tafel 曲线)在高极化电压下的斜率近似得到。在该电化学反应体系中,SOEC 模式下斜率接近 $-(1-\alpha)2F/RT$;在 SOEC 的逆向操作模式,即 SOFC 模式下 Tafel 曲线斜率接近 $\alpha2F/RT$。如图 2.7 所示,在高极化电压下拟合可得到,Ni 图案电极在 SOFC 模式下 α 约为 0.44,在 SOEC 模式

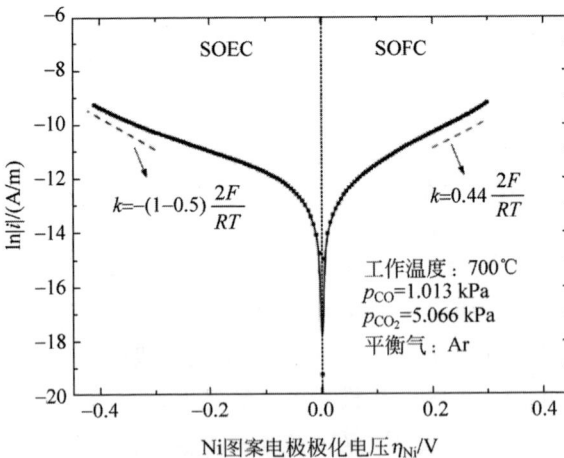

图 2.7　Tafel 极化曲线及电荷转移系数拟合

下 α 约为 0.5。

2.2.2.6　入口气体无 CO 和无 CO_2 情况下的电化学性能

前期实验基于条纹宽度为 100 μm 的图案电极积碳特性研究中,发现 Ni 图案电极三相界面存在积碳相关的电化学反应步骤[24],即 CO 电化学还原,总反应见式(2-2)。但 CO 电化学还原占总 Ni 图案电极电化学性能的比例尚无定量评估。本实验对比了条纹宽度为 10 μm 的图案电极在入口气体分别为 25% CO+75% Ar、25% CO_2+75% Ar 以及 25% CO+25% CO_2+50% Ar 下测试的极化曲线,如图 2.8 所示。

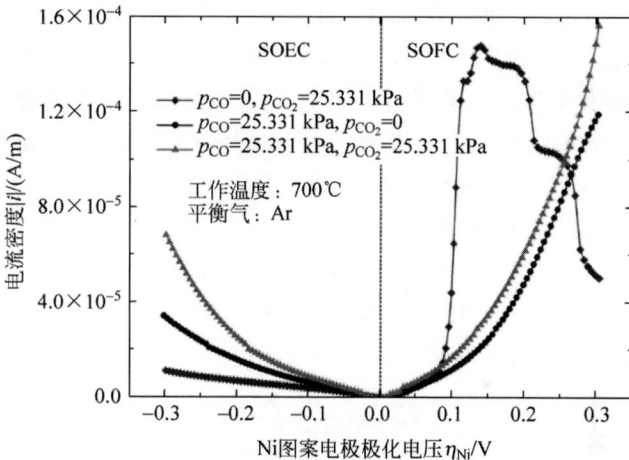

图 2.8　入口气体分别为 CO 气氛、CO_2 气氛和 CO/CO_2 混合气氛下的 Ni 图案电极极化曲线

在 SOEC 模式 η_{Ni} 为 −0.2 V,入口气体无 CO 的工况(反应组分仅 CO_2)下,Ni 图案电极的电流密度仅为 7.16×10^{-6} A/m,在入口气体无 CO_2 的工况(反应组分仅 CO)下,Ni 图案电极的电流密度可达 1.58×10^{-5} A/m,是入口气体无 CO 工况的 2.2 倍。在入口气体为 CO_2/CO 混合物下 Ni 图案电极的电流密度最高,为 2.51×10^{-5} A/m,接近前面两工况电流密度之和。入口气体无 CO 工况的电化学性能明显低于入口气体无 CO_2 的工况(反应组分仅 CO),这意味着 SOEC 模式下 CO 的电化学还原积碳反应很可能主导电化学反应,尤其是在三相界面密度较低的情况下。但在无 CO 工况下的电化学反应并未与其他工况有数量级上的差别,说明 CO_2 电化学还原的影响还无法被完全忽略。

2.2.3　反应速率控制步骤分析

为进一步明确 CO_2/CO 气氛下的反应速率控制步骤,本研究采用与 2.3.2 节中相同的理论计算分析方法,建立实验拟合的动力学参数同理论计算值之间的关联。由 1.5.1.2 节的文献综述可知,当前研究中普遍接受的氧溢出机理为 CO_2/CO 气氛下 SOFC/SOEC 的电化学机理。本研究前期实验[24,57,79-80]中基于 Deutschmann 课题组提出的基元反应模型库[73],提取了 CO_2/CO 气氛下相关的简化基元反应机理,并考虑了 C 在 Ni 表面的吸附/解吸附过程。根据 2.2.2 节中的实验数据显示,CO 电化学还原成 C 甚至可能比 CO_2 电化学还原成 CO 更为重要。为了进一步区分 $CO_2/$ CO 电化学转化和 CO/C 电化学转化各自对电化学反应的贡献,本研究考虑 CO_2 电化学还原和 CO 电化学还原两个电荷转移反应,此外,考虑到 CO_2 在图案电极表面的吸附位点少,得到如下简化氧溢出机理。

Ni 表面的吸附/解吸附:

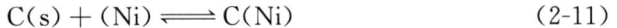

$$CO(g) + (Ni) \rightleftharpoons CO(Ni) \tag{2-10}$$

$$C(s) + (Ni) \rightleftharpoons C(Ni) \tag{2-11}$$

TPB 处发生电荷转移反应:

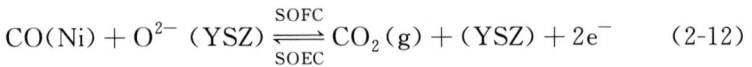

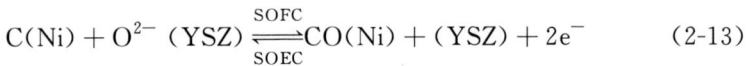

$$CO(Ni) + O^{2-}(YSZ) \underset{SOEC}{\overset{SOFC}{\rightleftharpoons}} CO_2(g) + (YSZ) + 2e^- \tag{2-12}$$

$$C(Ni) + O^{2-}(YSZ) \underset{SOEC}{\overset{SOFC}{\rightleftharpoons}} CO(Ni) + (YSZ) + 2e^- \tag{2-13}$$

YSZ 表面和体相的氧传递:

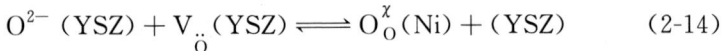

$$O^{2-}(YSZ) + V_{\ddot{O}}(YSZ) \rightleftharpoons O_O^{\chi}(Ni) + (YSZ) \tag{2-14}$$

其中,(Ni) 表示 Ni 表面的活性空位;(YSZ) 表示 YSZ 表面的活性空位。

本研究采用部分平衡法,基于如下假设,研究上述反应机理的速率控制步骤:

(1) 改进的图案电极表面扩散阻抗占总极化阻抗的比例小于 10%,为进一步简化理论分析,可以忽略表面扩散的影响;

(2) Ni 表面仅考虑 CO(Ni) 基元,其余基元表面覆盖率近似为 0[56,79];

(3) YSZ 表面 O(YSZ) 的覆盖率近似为 1[71];YSZ 体相晶格氧 $O_O^{\chi}(YSZ)$ 和氧空位 $V_{\ddot{O}}(YSZ)$ 浓度假设恒定不变[71]。

　　由于 Ni 图案电极纽扣电池的欧姆阻抗可以忽略（仅占总极化阻抗的 $0.06\%\sim0.97\%$），因此反应（2-11）不是反应的速率控制步骤；如果反应（2-11）是速率控制步骤，电化学性能和 CO 分压、CO_2 分压均无关，与实验结果相悖。因此，理论计算中仅给出反应（2-10）、反应（2-12）和反应（2-13）分别为反应速率控制步骤的计算结果，如表 2.2 所示。不同基元反应作为速率控制步骤时的动力学参数整理在表 2.2 中的右三列。其中，当反应（2-13）作为速率控制步骤时，交换电流密度表达式分母项为（$1/K_{2-10}+p_{CO}$），其中 K_{2-10} 为反应（2-10）的反应平衡常数。根据 Deutschmann 课题组提出的基元反应动力学数据[73]，可以计算得到 CO 吸附—解吸附过程的反应平衡常数 K_{2-10} 为 1.06×10^{-5} kPa^{-1}，因此 $1/K_{2-10}$ 为 93.6 MPa，远大于本实验中的 p_{CO} 值（$2.533\sim25.331$ kPa），因而有 $1/(1/K_{2-10}+p_{CO})$ 近似为 K_{2-10}，该情况下 $i_{0,CO_2}\propto p_{CO}^{\alpha_{2-10}}$，其中 α_{2-10} 为反应（2-10）的电荷转移系数。当反应（2-10）作为反应速率控制步骤时，无论考虑哪一个电荷转移反应，均有 c 为 1、α 为 0 或者 1，这与实验拟合值（c 小于 0.5、α 在 SOEC 模式下约为 0.5，在 SOFC 模式下约为 0.44）相差甚远，不符合实验结论。下面主要讨论反应（2-12）和反应（2-13）分别作为反应速率控制步骤时的动力学参数，并与实验拟合值作进一步对比。

表 2.2　CO_2/CO 气氛中氧溢出机理下采用部分平衡法计算得到的交换电流密度表达式和电荷转移系数

速率控制步骤	交换电流密度 $i_{0,CO_2}(\propto p_{CO}^c\ p_{CO_2}^d)$	c	d	α
反应（2-10），忽略反应（2-12）	ξp_{CO}	1	0	1
反应（2-10），忽略反应（2-13）	$\xi\dfrac{p_{CO}}{\zeta+p_{CO_2}}$	1	<0	0
反应（2-12）	$\xi p_{CO}^{1-\alpha_{2-9}}\ p_{CO_2}^{\alpha_{2-9}}$	$1-\alpha_{2-9}$	α_{2-9}	α_{2-9}
反应（2-13）	$\xi\dfrac{p_{CO}^{\alpha_{2-10}}}{1/K_{2-7}+p_{CO}}$	α_{2-10}	0	α_{2-10}

* ξ、ζ 是与 CO、CO_2 分压无关项。

　　为更清晰地对比实验拟合值和理论计算值，本研究将实验和理论计算的动力学参数进一步整理在表 2.3 中。假设两个电荷转移反应的电荷转移系数均约为 0.5，当反应（2-12）为速率控制步骤时，理论计算的动力学参数

c、d 和 α 的值均约为 0.5,这与 SOFC 模式下实验拟合的动力学参数更接近;当反应(2-13)为速率控制步骤时,理论计算的动力学参数 c 和 α 的值约为 0.5,而 d 的值为 0,这与 SOEC 模式下的实验拟合值更接近。

表 2.3 CO_2/CO 气氛中氧溢出机理下的理论计算值与实验拟合值对比

动力学参数	实验拟合值		理论计算值	
	SOEC $(\eta_{Ni} < -0.04\ \mathrm{V})$	SOFC $(\eta_{Ni} > 0.04\ \mathrm{V})$	反应(2-13)为速率控制步骤	反应(2-12)为速率控制步骤
CO 分压指数 c	0.310~0.367	0.247~0.434	$1-\alpha_{2\text{-}10}$(约 0.5)	$1-\alpha_{2\text{-}9}$(约 0.5)
CO_2 分压指数 d	0.088~0.091	0.160~0.380	0	$\alpha_{2\text{-}9}$(约 0.5)
电荷转移系数 α	0.500	0.440	$\alpha_{2\text{-}10}$(约 0.5)	$\alpha_{2\text{-}9}$(约 0.5)

为了进一步和实验数据进行对比,本研究利用与实验拟合值更接近的理论计算结果来描绘 Ni 图案电极的电化学过程。在 SOEC 模式下,采用反应(2-13)为速率控制步骤时的计算结果;在 SOFC 模式下,采用反应(2-12)为速率控制步骤时的计算结果,并将实验拟合的活化能和电荷转移系数带入各自表达式的结果中,如式(2-15)所示:

$$i_{0,CO_2} = \gamma_{SOFC}\, p_{CO}^{0.56}\, p_{CO_2}^{0.44} \exp\left(-\frac{160\,535}{RT}\right)$$

$$= \gamma_{SOEC}\, p_{CO}^{0.5} \exp\left(-\frac{160\,535}{RT}\right) \tag{2-15}$$

根据实验测量的极化阻抗值,反算出 p_{CO}、p_{CO_2} 无关的指前因子,计算得到 SOEC 模式下交换电流密度的指前因子 γ_{SOEC} 为 7.057 $\mathrm{A/(m \cdot Pa^{0.5})}$,SOFC 模式下交换电流密度的指前因子 γ_{SOFC} 为 0.101 $\mathrm{A/(m \cdot Pa)}$。结合 Butler-Volmer 方程式(2-3)以及式(2-15),可以作出极化曲线如图 2.9 所示。

可以看到,在 CO_2/CO 气氛下基于实验拟合得到的本征动力学数据,结合上述的 RSOC 双模式双机理切换模型,可以较好地反映不同操作工况、不同模式下的电化学性能。Ni 图案电极在 SOFC 模式下的速率控制步骤为 CO 的电化学氧化;而在 SOEC 模式下的速率控制步骤为 CO 的电化学还原。本理论计算虽然能在一定程度上反映实验规律,但忽略了表面扩散的影响,以及每组计算仅考虑其中一步电荷转移反应而忽略了另一步,因此与真实的实验过程会有一定的误差。尤其在不同 CO_2 分压下,当前单一考虑单步电荷转移反应机理,难以体现 CO_2 分压对 Ni 图案电极性能的影响。

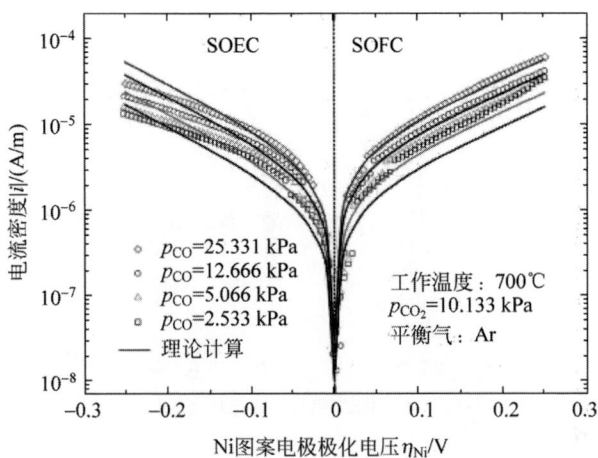

(a)

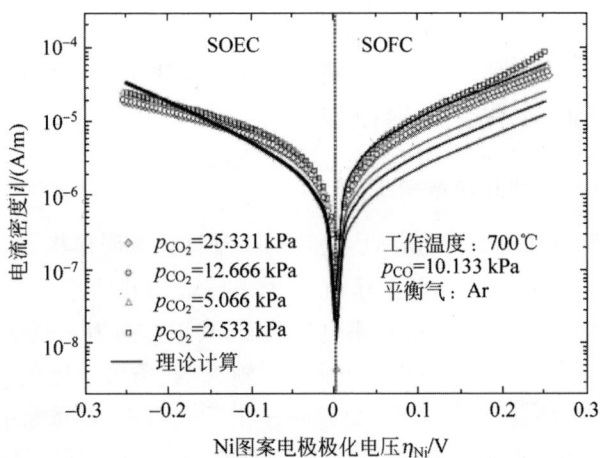

(b)

图 2.9　理论计算极化曲线与实验数据对比（见文前彩插）

(a) 不同 CO 分压；(b) 不同 CO_2 分压；(c) 不同温度

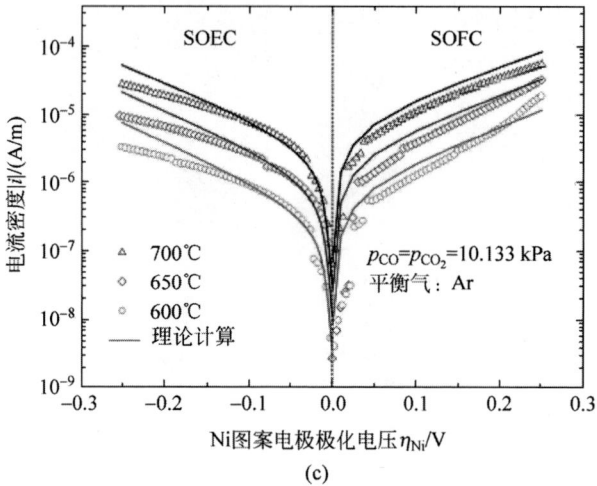

图 2.9（续）

2.2.4　图案电极基元反应模型

本研究进一步耦合 CO_2/CO 体系下非均相化学反应和表面扩散等过程,构建更加全面的基元反应数值模型。

2.2.4.1　模型几何结构

模型计算域如图 2.10 所示。简化的一维计算域同样将 Ni 图案电极纽扣电池分为了 3 个一维的半坐标轴,3 个坐标轴的共同原点在 Ni/YSZ 交界的三相界面处。x 轴为 Ni 图案电极表面,其正方向为垂直于 Ni/YSZ 交界的三相界面向 Ni 条纹中心的方向;y 轴为 Ni 条纹间隙的 YSZ 基底表面,其正方向为垂直于 Ni/YSZ 交界的三相界面向 YSZ 间隙中心的方向;z 轴为 Ni 图案电极厚度方向,正方向为垂直于 Ni 和 YSZ 表面向里的方向,z 轴分为两层,YSZ 电解质层和多孔 Pt 电极层两层,由于 YSZ 电解质基底厚度为 0.5 mm,故 $z=0.5$ mm 处为 Pt/YSZ 交界面,即氧电极的三相界面。

2.2.4.2　基元反应动力学

本研究中基于 Janardhanan 和 Deutschmann[73] 提出的 Ni 表面多相催

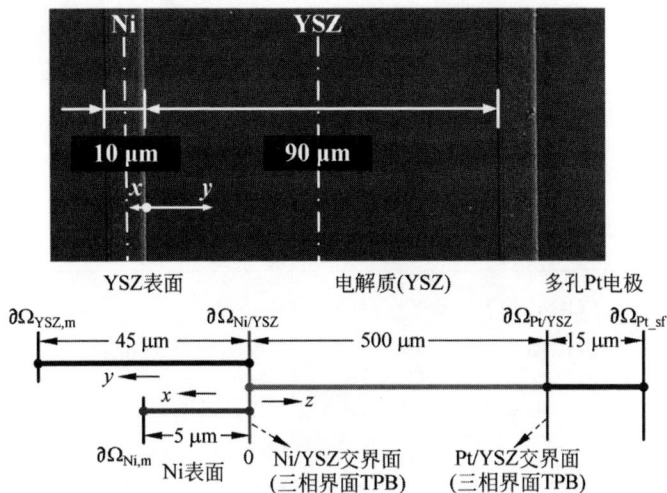

图 2.10　条纹宽度为 10 μm 的图案电极一维基元反应模型计算域

化反应动力学机理,并考虑了 2.2.3 节中的两个电荷转移反应,建立 $CO_2/$ CO 气氛下 RSOC 可逆电化学转化基元反应动力学库,如表 2.4 所示,其中 R1~R7 代表可逆反应 1~7,下角标 f 和 r 分别代表正反应和逆反应。

表 2.4　H_2/H_2O 气氛下 RSOC 可逆电化学转化机理及其动力学参数[24,53,57,73]

反应类型	基元反应步骤		$A/(m, mol, s)^a$	n^a	$E/(kJ/mol)^a$
Ni 表面吸附/解吸附反应[73]	$R1_f$	$CO(g) + (Ni) \longrightarrow CO(Ni)$	0.500^b	0.0	0.00
	$R1_r$	$CO(Ni) \longrightarrow CO(g) + (Ni)$	3.563×10^{11}	0.0	111.27
			$\theta_{CO(Ni)}$		-50.00^c
	$R2_f$	$CO_2(g) + (Ni) \longrightarrow CO_2(Ni)$	A_{2f}^d	0.0	0.00
	$R2_r$	$CO_2(Ni) \longrightarrow CO_2(g) + (Ni)$	6.447×10^7	0.0	25.98
Ni 表面基元反应[73]	$R3_f$	$C(Ni) + O(Ni) \longrightarrow CO(Ni) + (Ni)$	5.200×10^{19}	0.0	148.10
	$R3_r$	$CO(Ni) + (Ni) \longrightarrow C(Ni) + O(Ni)$	1.354×10^{18}	-3.0	116.12
			$\theta_{CO(Ni)}$		-50.00^c
	$R4_f$	$CO(Ni) + O(Ni) \longrightarrow CO_2(Ni) + (Ni)$	2.000×10^{15}	0.0	123.60
			$\theta_{CO(Ni)}$		-50.00^c
	$R4_r$	$CO_2(Ni) + (Ni) \longrightarrow CO(Ni) + O(Ni)$	4.653×10^{19}	-1.0	89.32

续表

反应类型	基元反应步骤		$A/(\text{m,mol,s})^a$	n^a	$E/(\text{kJ/mol})^a$
YSZ 表面和 YSZ 体相的 氧传递[53]	R5$_f$	O^{2-}（YSZ）+$V_{\overset{..}{O}}$（YSZ）$\longrightarrow$ O_O^χ（YSZ）+（YSZ）	1.6×10^{18}	0.0	90.90
	R5$_r$	O_O^χ（YSZ）+（YSZ）$\longrightarrow$ O^{2-}（YSZ）+$V_{\overset{..}{O}}$（YSZ）	1.6×10^{18}	0.0	90.90
三相界面处 电荷转移 反应[24,57]	R6$_f$	$CO(Ni)+O^{2-}$（YSZ）$\xrightarrow{\text{SOFC}}$ CO_2（Ni）+（YSZ）$+2e^-$	$i_{0,CO_2}/$ $(2Fc_{CO(Ni),0}c_{O(YSZ),0})$	0.0	$2\alpha_{CO}\eta F$
	R6$_r$	CO_2（Ni）+（YSZ）$+2e^-\xrightarrow{\text{SOEC}}$ $CO(Ni)+O^{2-}$（YSZ）	$i_{0,CO_2}/$ $(2Fc_{CO_2(Ni),0}c_{(YSZ),0})$	0.0	$-2(1-\alpha_{CO})\eta F$
	R7$_f$	$C(Ni)+O^{2-}$（YSZ）$\xrightarrow{\text{SOFC}}$ $CO(Ni)+2e^-$	$i_{0,C}/$ $(2Fc_{C(Ni),0}c_{O(YSZ),0})$	0.0	$2\alpha_C\eta F$
	R7$_r$	$CO(Ni)+2e^-\xrightarrow{\text{SOEC}}$ $C(Ni)+O^{2-}$（YSZ）	$i_{0,C}/$ $(2Fc_{CO(Ni),0}c_{(YSZ),0})$	0.0	$-2(1-\alpha_C)\eta F$

注：总 Ni 表面活性位浓度为 $\Gamma_{Ni}=6.1\times10^{-5}\ \text{mol/m}^2$，总 YSZ 表面活性位浓度为 $\Gamma_{YSZ}=1.3\times10^{-5}\ \text{mol/m}^2$。

a 反应速率常数为 Arrhenius 形式：基元反应 $k=AT^n\exp(-E/RT)$，电荷转移反应 $k=A\exp(2\alpha\eta F/RT)$。

b 黏附系数形式反应速率常数。

c 表面覆盖率相关的活化能。

d CO_2 吸附速率指前因子为调节参数，A_{2f} 即 R2$_f$ 对应的指前因子。

　　考虑到 Ni 图案电极表面 CO_2 吸附位少，CO_2 吸附能力显著低于多孔电极。Janardhanan 和 Deutschmann[73] 提出的 Ni 表面多相催化反应动力学数据适用于多孔电极和以金属氧化物为载体的 Ni 基催化剂，因此在本模型中需要对 CO_2 吸附反应 R2$_f$ 加以修正，本研究中将 R2$_f$ 的指前因子 A_{2f} 作为调节参数，其值通过与实验数据对比来确定。模型的基本假设、电荷传递、质量传递方程、边界条件以及模型基本参数见附录 A，这里不再赘述。

2.2.4.3　模型参数校准和验证

CO_2/CO 气氛下 Ni 图案电极纽扣电池模型中所需的结构和物性等参数大部分可以从文献中获得,如表 2.5 上半部分所示。本模型的调节参数包括 R2$_f$ 的反应速率常数指前因子 A_{2f},电荷转移反应 R6 和 R7 的交换电流密度 $i_{0,CO_2}/i_{0,C}$ 及其电荷转移系数 α_{CO_2}/α_C。调节参数亦见表 2.5 下半部分。

表 2.5　模型参数校准

模 型 参 数	参 数 值
YSZ 离子电导 $\sigma_{ion,YSZ}$[79]	$3.34\times10^4\times\exp(-10\,300/T)/(S/m)$
Pt 电子电导 $\sigma_{el,Pt}$[125]	$9.4\times10^6/(S/m)$
表面晶格氧浓度 $c_{O(YSZ)}$[79]	$4.45\times10^4/(mol/m^3)$
表面氧空位浓度 $c_{(YSZ)}$[79]	$4.65\times10^3/(mol/m^3)$
Ni 表面活性位浓度 Γ_{Ni}[53]	$6.1\times10^{-5}/(mol/m^2)$
YSZ 表面活性位浓度 Γ_{YSZ}[53]	$1.3\times10^{-5}/(mol/m^2)$
CO(Ni)表面扩散系数 D_{CO}^{sf}[57]	$2.85\times10^{-5}\times\exp(-19\,307/T)/(m^2/s)$
O(Ni)表面扩散系数 D_O^{sf}[53]	$6.3\times10^{-7}\times\exp(-7373/T)/(m^2/s)$
(Ni)表面扩散系数 $D_{(Ni)}^{sf}$[53]	1.4×10^{-11}
CO_2(Ni)表面扩散系数 $D_{CO_2}^{sf}$[126,127]	$1.2\times10^{-9}\times\exp(-3472/T)/(m^2/s)$
C(Ni)表面扩散系数 D_C^{sf}[128]	$3.5\times10^{-9}\times\exp(-3472/T)/(m^2/s)$
O^{2-}(YSZ)表面扩散系数 $D_{O(YSZ)}^{sf}$[53]	$5.5\times10^{-11}\times\exp(-10\,825/T)/(m^2/s)$
Pt 电极孔隙率 ε_{oxy}/曲折因子 τ_{oxy}[75]	0.335/3
Pt 电极平均孔径 $\overline{r}$[75]	$1.29\times10^{-7}/m$
Pt 电极交换电流密度 $i_{0,oxy}$ 和电荷转移反应 α_{oxy}[75]	2.817/0.65
模 型 调 节 参 数	参 数 值
CO_2 吸附速率指前因子 A_{2f}	$591/[m^3/(mol\cdot s)]$
交换电流密度 i_{0,CO_2}	$7.66\times10^{16}\times\exp(-247\,400/RT)/(A/m)$
交换电流密度 $i_{0,C}$	$2.28\times10^{17}\times\exp(-247\,400/RT)/(A/m)$
电荷转移系数 α_{CO_2}/α_C	0.44/0.58

　　在模型校准后,基元反应数值模型的极化曲线与实验数据的对比如图 2.11 所示。相比理论计算获得的拟合曲线(见图 2.9),基元反应数值模型更加精确地模拟不同温度、CO 和 CO_2 分压下的电化学性能,甚至还能够较好地预测无 CO 和无 CO_2 气氛下的电化学特性。由于本模型并未考虑在 Ni 图案电极表面无反应物情况下氧溢出的基元步骤,因此并未给出在无 CO 气氛中 SOFC 模式下的极化曲线验证。利用本模型,可进一步理解微观基元组分、化学—电化学基元步骤同宏观电化学反应特性的关联机制。

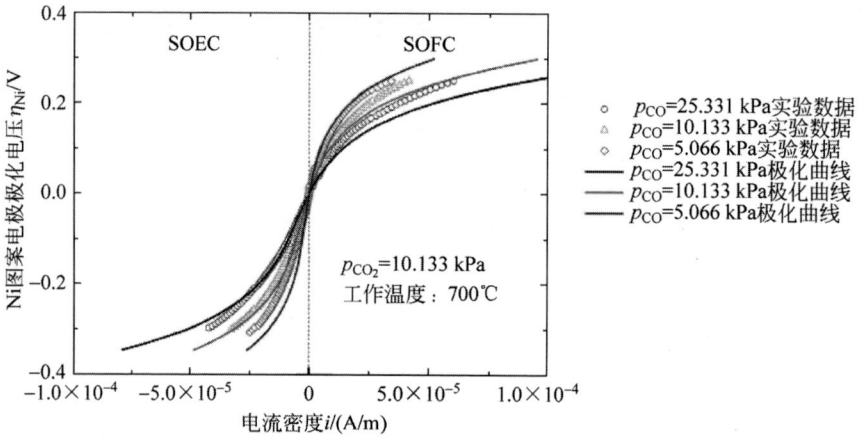

(a)

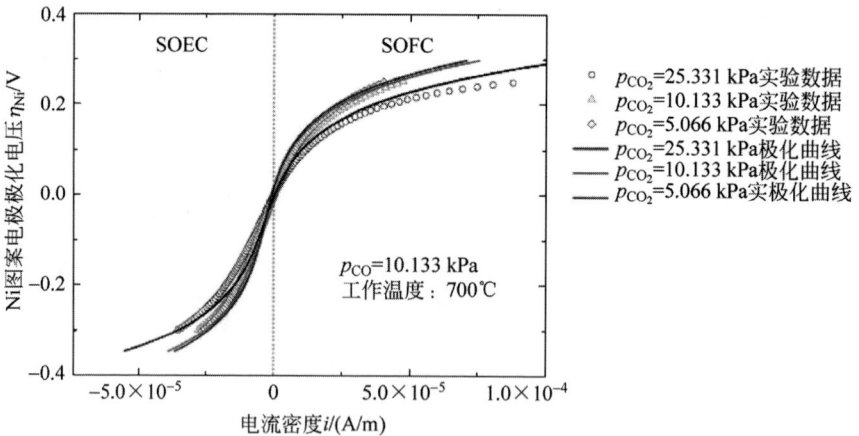

(b)

图 2.11　基元反应数值模型极化曲线与实验数据对比

(a) 不同 CO 分压;(b) 不同 CO_2 分压;(c) 不同温度;(d) 无 CO 气氛、无 CO_2 气氛和 CO_2/CO 混合气氛

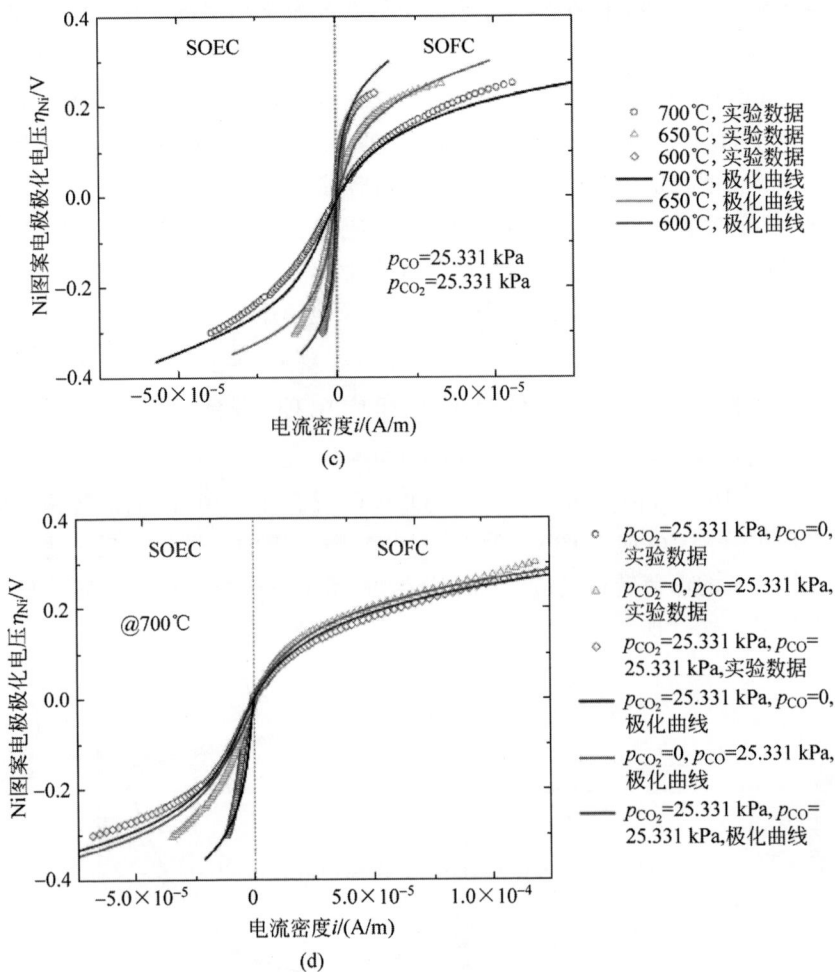

图 2.11(续)

2.2.4.4 电荷转移反应 R6 和 R7 的作用

图 2.12 为电荷转移反应 R6 和 R7 分别在无 CO、无 CO_2 和 CO_2/CO 混合三种气氛下的反应速率,以及在 CO_2/CO 混合气氛下两电荷转移反应速率之比 $s_{TPB,CO_2}/s_{TPB,C}$。当 Ni 图案电极处于 CO_2/CO 混合气氛中,在 SOFC 模式 η_{Ni} 为 0.3 V 时,R6 反应速率可达 8.9×10^{-10} mol/(m·s),而 R7 的反应速率仅为 9.3×10^{-12} mol/(m·s),R6 的反应速率比 R7 的反应

速率大两个数量级；但在 SOEC 模式下的情况完全相反，η_{Ni} 为 -0.3 V 时，R6 反应速率仅为 -1.4×10^{-12} mol/(m·s)，R7 的反应速率可达 -2.6×10^{-10} mol/(m·s)，R6 的反应速率比 R7 的反应速率小两个数量级。随着极化电压的增大，两电荷转移反应速率之间的差距逐渐缩小，但两者仍然存在数量级上的差别。对比三种气氛的电荷转移反应速率发现，SOEC 模式下的 R6 反应速率以及 SOFC 模式下的 R7 反应速率太小，以至于对应的曲线在当前坐标范围内三种气氛下相互重合，难以区分。在 SOFC 模式下，R6 在无 CO、无 CO_2 和 CO_2/CO 混合三种气氛下的反应速率 s_{TPB,CO_2} 分别为 2.0×10^{-10} mol/(m·s)、7.8×10^{-10} mol/(m·s) 和 8.9×10^{-10} mol/(m·s)；在 SOEC 模式下，R7 在无 CO、无 CO_2 和 CO_2/CO 混合三种气氛下的反应速率 $s_{TPB,C}$ 分别为 -5.9×10^{-11} mol/(m·s)、-2.3×10^{-10} mol/(m·s) 和 -2.6×10^{-10} mol/(m·s)。在 CO_2/CO 混合气氛中，两电荷转移反应速率均快于无 CO 或无 CO_2 气氛。无 CO_2 气氛下的电荷转移反应速率与混合气氛下的电荷转移反应速率十分接近，无 CO 气氛下的电荷转移反应速率最慢。这一现象解释了图 2.11(d) 的实验现象。

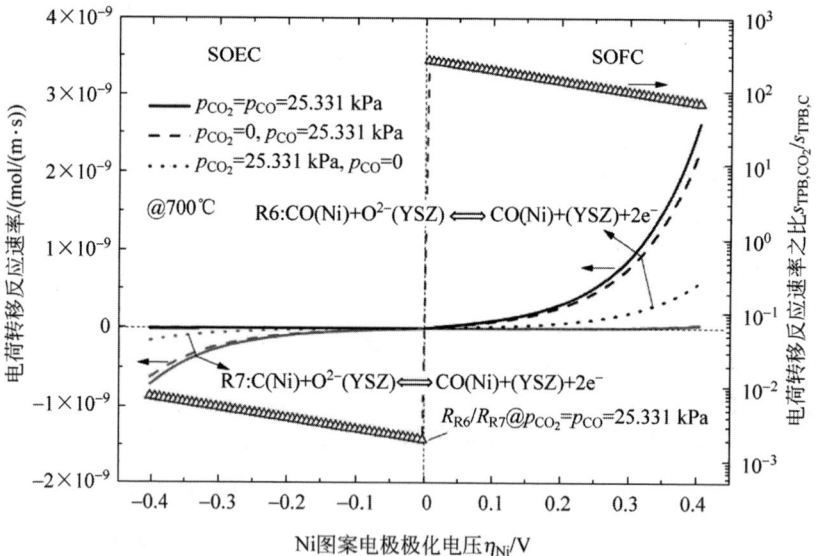

图 2.12　电荷转移反应 R6 和 R7 在无 CO 气氛、无 CO_2 气氛和 CO_2/CO 混合气氛下的反应速率及在 CO_2/CO 混合气氛下两电荷转移反应速率之比

2.2.4.5 基元组分的分布

图 2.13 给出 Ni 图案电极极化电压在 $-0.4 \sim 0.4$ V 三相界面处的表面基元 $CO(Ni)$、$CO_2(Ni)$、$C(Ni)$ 和 $O(Ni)$ 的变化情况。$CO(Ni)$ 是 Ni 表面的主要基元,在开路电压下 $CO(Ni)$ 的浓度为 2.69×10^{-6} mol/m²,表面覆盖率达 4.4%。其他 3 个基元 $CO_2(Ni)$、$C(Ni)$ 和 $O(Ni)$ 的浓度分别为

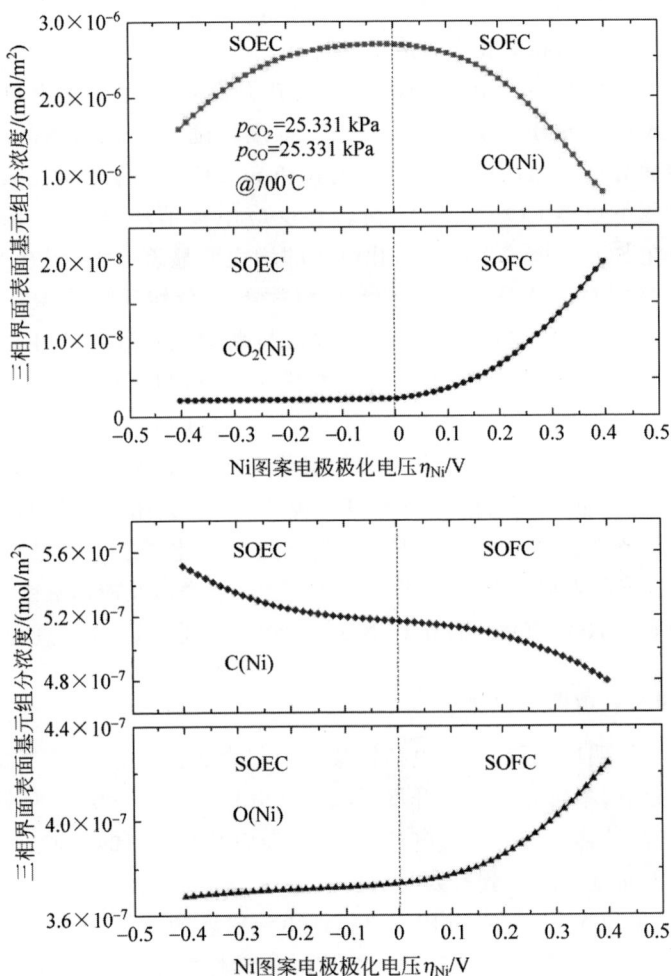

图 2.13 Ni 图案电极极化电压对三相界面处的 CO(Ni)、CO₂(Ni)、C(Ni) 和 O(Ni) 基元的影响

2.34×10^{-9} mol/m^2、5.17×10^{-7} mol/m^2 和 3.74×10^{-7} mol/m^2,对应的表面覆盖率分别为 0.004%、0.85% 和 0.61%,Ni 表面 94% 以上为活性空位(Ni),CO_2(Ni)的表面覆盖率最小。结合图 2.12 可以发现,尽管电荷转移反应 R6 的交换电流密度 i_{0,CO_2} 是 R7 的交换电流密度 $i_{0,C}$ 的 33.6 倍,但修正后的 Ni 图案电极表面 CO_2 吸附速率常数降至多孔电极内的 0.2%,从而大大降低了表面 CO_2(Ni)基元浓度,SOEC 模式下 R6$_r$ 的反应物不足限制了其电荷转移反应速率,充足的 CO(Ni)为 R7$_r$ 提供了充足的反应物,从而大大提升了其在电化学反应中的比例。

随着极化电压的变化,CO(Ni)浓度在开路电压时达到峰值,无论在 SOEC 模式还是 SOFC 模式下,CO(Ni)浓度均随着极化电压的增大而减小。由前面分析可知,CO 在 SOEC 模式和 SOFC 模式下均为主要反应物,高极化电压下更多 CO(Ni)在电荷转移反应中被消耗,导致其浓度下降。CO_2(Ni)在 SOFC 模式下随着极化电压的增大而显著增大,但在 SOEC 模式下却变化很小。这是由于在 SOFC 模式下电荷转移反应 R6$_f$ 为主导,CO(Ni)转化为 CO_2(Ni)导致其表面浓度显著增大;但在 SOEC 模式下,CO_2(Ni)吸附位不足限制了 R6$_r$ 参与电化学反应的比例,导致其浓度随极化电压改变不明显。C(Ni)在 SOEC 模式下会由 CO(Ni)电化学还原反应 R7$_r$ 产生,在 SOFC 模式下被其电化学氧化反应 R7$_f$ 消耗。因此,随着极化电压由负到正,从 SOEC 模式向 SOFC 模式转变,三相界面处 C(Ni)浓度不断减少。O(Ni)的浓度在 SOEC 模式下随着极化电压升高略微降低,在 SOFC 模式下随着极化电压显著升高。O(Ni)浓度由反应 R3 和 R4 决定,因此受到 CO(Ni)、CO_2(Ni)和 C(Ni)基元浓度的综合影响。

2.2.4.6　敏感性分析

为进一步明确基元反应、电荷转移反应与表面扩散对 Ni 图案电极电化学性能的影响,本研究进一步开展了敏感性分析。与 H_2O/H_2 体系研究一样,将各电荷转移反应的交换电流密度、各表面基元反应的正逆反应速率常数以及各表面基元的扩散系数分别扩大至原来的 10 倍,在 Ni 图案电极极化电压为 ±0.3 V 下计算 Ni 图案电极线电流密度的变化率,敏感性分析如图 2.14 所示,结果显示,Ni 图案电极的电化学性能在 SOFC 模式下对 R6 最为敏感,SOEC 模式下对 R7 最为敏感,进一步说明了 CO 电化学还原 R7$_r$ 为 SOEC 模式下的反应速率控制步骤。R6 的交换电流密度 i_{0,CO_2} 提升一个数量级,导致 SOFC 模式下的电化学性能提升了 6.22 倍;R7 的交

换电流密度 $i_{0,C}$ 提升一个数量级,导致 SOEC 模式下的电化学性能提升 6.67 倍。在 SOEC 模式下,除了 R7 是主要的速率控制步骤之外,R2(CO_2 吸附)、R6(CO_2 电化学还原)和 CO 的表面扩散系数 D_{CO}^{sf} 也对电化学性能有较为显著的影响,其影响相对大小关系为:CO 电化学还原 R7 大于 CO 表面扩散 D_{CO}^{sf},大于 CO_2 电化学还原 R6,大于 CO_2 吸附 R2;在 SOFC 模式下,除了 R6 为主要速率控制步骤之外,R2(CO_2 解吸附)、R7(C 电化学氧化)和 CO 与 CO_2 的表面扩散系数 D_{CO}^{sf}、$D_{CO_2}^{sf}$ 也对电化学性能有较为显著的影响,其影响相对大小关系为:CO 电化学氧化 R6 大于 C 电化学氧化 R7,大于 CO 表面扩散 D_{CO}^{sf},大于 CO_2 表面扩散 $D_{CO_2}^{sf}$,大于 CO_2 解吸附 R2。综上所述,CO 表面扩散是除了电荷转移反应之外,对 Ni 图案电极电化学性能影响最显著的一个因素。此外,由于 CO_2 吸附位的限制,倘若能够改善表面的 CO_2 吸附性能,也有望进一步提升 Ni 图案电极的电化学特性。

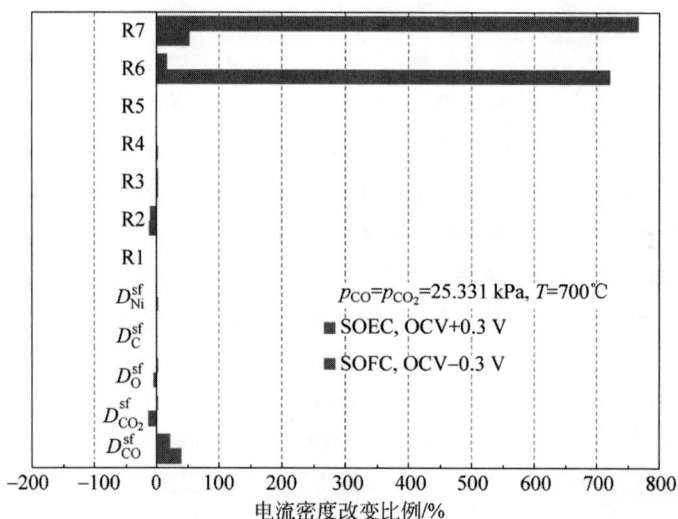

图 2.14　CO_2/CO 气氛下 Ni 图案电极反应与表面传递过程的敏感性分析

2.2.4.7　CO 扩散系数的影响规律

前人的研究[49-50,54-57,80]表明,CO 表面扩散可能是 SOFC/SOEC 的速率控制步骤之一。敏感性分析显示,CO 表面扩散是除了电荷转移反应之外,对电化学性能影响最大的步骤。根据文献中的数据,在 700℃下图案电极表面基元扩散系数如表 2.6 所示，CO(Ni)的表面扩散系数较其他 Ni 表面基元扩散系数小近 3 个数量级，因此有必要针对 CO(Ni)的表面扩散过程对 Ni 图案电极的影响开展更为细致的研究。

表 2.6　700℃下 CO_2/CO 气氛中 Ni 表面基元扩散系数值

表面扩散技术系数	700℃下取值/(m^2/s)
CO(Ni)表面扩散系数 D_{CO}^{sf}	6.89×10^{-14}
CO_2(Ni)表面扩散系数 $D_{CO_2}^{sf}$	3.39×10^{-11}
C(Ni)表面扩散系数 D_C^{sf}	9.88×10^{-11}
O(Ni)表面扩散系数 D_O^{sf}	3.20×10^{-10}

图 2.15 为 SOEC 模式和 SOFC 模式下分别将 CO(Ni)表面扩散系数 D_{CO}^{sf} 提升至 $1 \sim 10^6$ 倍后的 Ni 图案电极表面 CO(Ni)分布和电流密度值。可以看到，随着 D_{CO}^{sf} 的增大，Ni 表面的 CO(Ni)能及时扩散至三相界面，及时补充原位消耗的 CO(Ni)，从而降低 Ni 图案电极表面 CO(Ni)浓度分布的差异。

图 2.15(a)指出，在 SOFC 模式下，从三相界面向 Ni 条纹中心的 CO(Ni)浓度分布出现一个波峰和一个波谷，这是由 CO 和 CO_2 表面扩散导致的。当 D_{CO}^{sf} 放大倍数不超过 100 时，随着放大倍数增大波峰逐渐向 Ni 条纹中心方向移动，并且峰谷间 CO(Ni)浓度差逐渐减小。当 D_{CO}^{sf} 放大倍数超过 1000 时，峰谷消失，CO(Ni)的分布也更加均匀。相对应地图 2.15(b)给出 SOFC 模式下 Ni 图案电极的电流密度随 D_{CO}^{sf} 放大倍数的变化曲线。当放大倍数不超过 1000 倍时，Ni 图案电极的电流密度随放大倍数显著提升，放大 1000 倍时电流密度从 1.7×10^{-4} A/m 提升至 3.1×10^{-4} A/m，提升了 87%。当放大倍数超过 1000 倍时，电流密度几乎不再随着 D_{CO}^{sf} 提升而提升。图 2.15(c)指出，在 SOEC 模式下同样存在一个由 CO(Ni)表面扩散形成的波峰，当 D_{CO}^{sf} 放大倍数超过 10^4 时，波峰几乎消失。对应在图 2.15(d)上给出了 Ni 图案电极的电流密度随 D_{CO}^{sf} 放大倍数的变化曲线，同样在放大倍数不超过 1000 倍时电流密度提升最为显著。放大 1000 倍时电流密度从 -6.5×10^{-5} A/m 提升至 -9.4×10^{-5} A/m，提升了 44%。进一步提升 D_{CO}^{sf}，电流密度同样变化不大。由表 2.6 可知，当 D_{CO}^{sf} 提升 3 个数量级以上后，同其他表面基元的表面扩散系数处于同一量级，继续提升 D_{CO}^{sf}，电化学性能受到其他表面基元扩散的限制，难以进一步

提升。基于上述分析,通过电子导体材料表面改进提升 CO 表面扩散速率,或者减小 Ni 条纹或颗粒尺寸以减小 CO 表面扩散路径,有望提升高达 44％的 Ni 图案电极电化学性能。

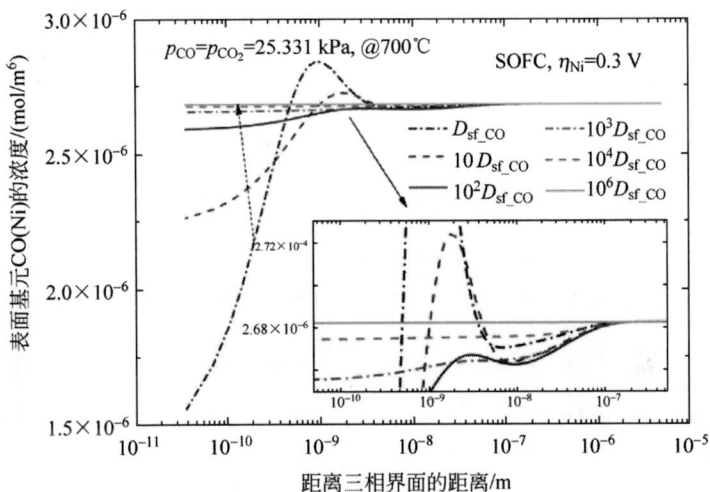

(a)

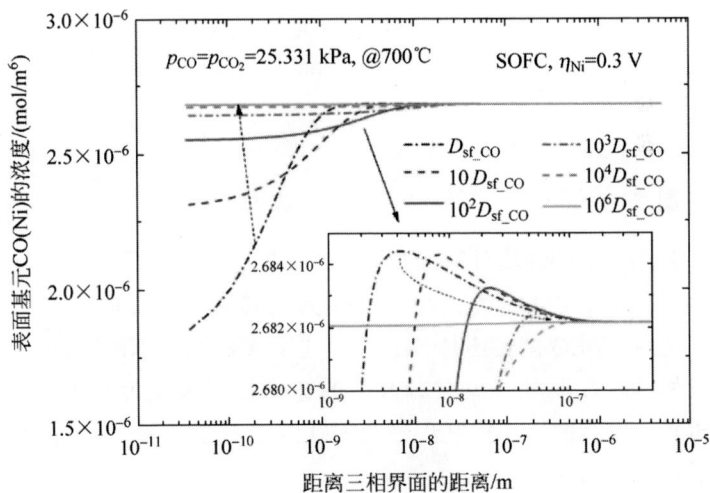

(b)

图 2.15　CO(Ni)表面扩散系数 D_{CO}^{sf} 对 SOEC 和 SOFC 模式下 Ni 图案电极表面 CO(Ni)分布(a)、(c)和电流密度(b)、(d)的影响(见文前彩图)

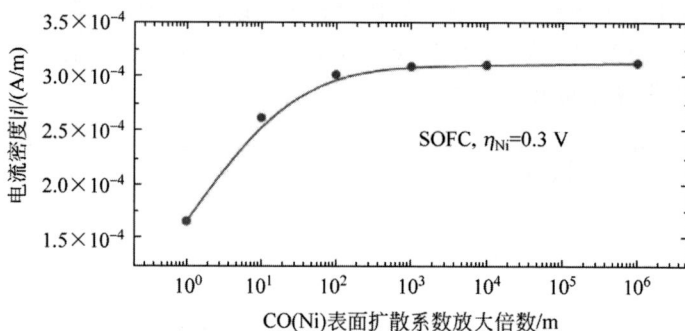

(c)

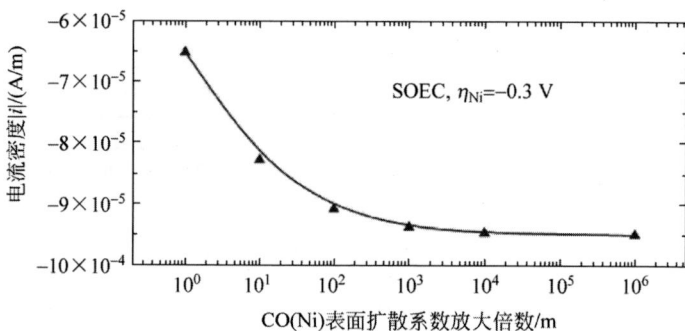

(d)

图 2.15（续）

2.2.5　图案电极 CO_2/CO 电化学反应机理

　　基于 2.2.3 节的理论计算分析,加以 2.2.4 节基元反应模型更加全面的描述,得到 CO_2/CO 气氛下 Ni 图案电极可逆电化学反应机理如图 2.16 所示。无论在 SOEC 模式还是 SOFC 模式下,CO 均为 Ni 图案电极表面的主要反应物,即 Ni 图案电极在 SOFC 的速率控制步骤为 CO 的电化学氧化;而 SOEC 模式的速率控制步骤为 CO 的电化学还原,速率控制步骤反应式如下:

　　SOFC 模式　　$CO(Ni) + O^{2-}(YSZ) \longrightarrow CO_2(g) + (YSZ) + 2e^-$　　(2-16)

　　SOEC 模式　　$CO(Ni) + (YSZ) + 2e^- \longrightarrow C(Ni) + O^{2-}(YSZ)$　　(2-17)

在 SOEC 模式下,由于三相界面密度低,CO_2 在 Ni 表面吸附位很少,导致三相界面附近的 $CO_2(Ni)$ 基元远少于 $CO(Ni)$,从而限制了 CO_2 的电化学还原,导致 CO 电化学还原比例提升,并成为主导的电荷转移反应。在 SOFC 模式下,由于表面 C(Ni)基元不足,因此电荷转移反应主要以 CO 电化学氧化为主导。由于 CO(Ni)的表面覆盖率远高于其他基元,在电流方向改变的同时,主导的电荷转移反应可自动在 CO 电化学氧化和还原之间切换。

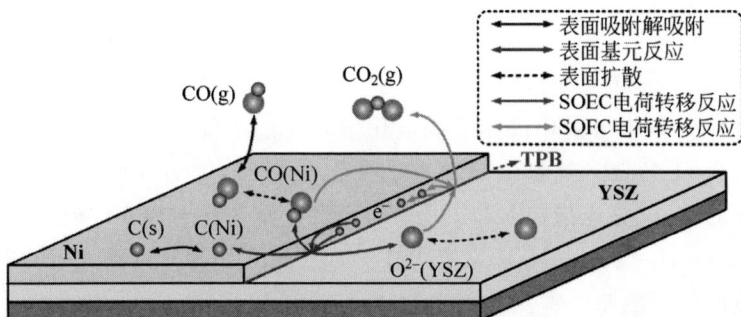

图 2.16　可逆 CO$_2$/CO 电化学转化基元反应机理(见文前彩图)

2.3　图案电极 H$_2$O/H$_2$ 电化学反应机理

2.3.1　电化学反应动力学参数

当 SOEC 可逆化工作在 H$_2$O/H$_2$ 气氛中时,通常认为燃料极侧发生的电化学总包反应为 H$_2$O 和 H$_2$ 之间的电化学还原/氧化反应,具体可表示为

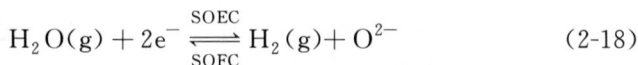

$$H_2O(g) + 2e^- \overset{\text{SOEC}}{\underset{\text{SOFC}}{\rightleftharpoons}} H_2(g) + O^{2-} \tag{2-18}$$

该电化学反应中,交换电流密度 i_{0,H_2O} 可写成 Arrhenius 形式[52]:

$$i_{0,H_2O} = \gamma_{H_2O} p_{H_2}^a p_{H_2O}^b \exp\left(-\frac{E_{act,H_2O}}{RT}\right) \tag{2-19}$$

其中,γ_{H_2O} 是交换电流密度 i_{0,H_2O} 的指前因子;E_{act,H_2O} 是该电化学反应的活化能,单位是 J/mol。电化学反应活化能 E_{act,H_2O}、动力学参数 a 和 b 同极化阻抗的关系式如下:

$$E_{act,H_2O} = R\frac{\text{dln}(R_{pol,H_2O}/T)}{\text{d}(1/T)}\bigg|_{OCV} \tag{2-20}$$

$$a = -\frac{\partial \ln(R_{\mathrm{pol,H_2O}})}{\partial \ln(p_{\mathrm{H_2}})}\bigg|_{\eta^*,T,p_{\mathrm{H_2O}}} \tag{2-21}$$

$$b = -\frac{\partial \ln(R_{\mathrm{pol,H_2O}})}{\partial \ln(p_{\mathrm{H_2O}})}\bigg|_{\eta^*,T,p_{\mathrm{H_2}}} \tag{2-22}$$

前期实验[46]在 H_2O/H_2 气氛下测试了 Ni 图案电极分别在 SOEC 模式与 SOFC 模式、600~700℃、水分压 $p_{\mathrm{H_2O}}$ 为 3.040~7.093 kPa 和氢分压 $p_{\mathrm{H_2}}$ 为 30.396~60.795 kPa 下的电化学性能，从而拟合获得 SOEC 在 H_2O/H_2 气氛中可逆化操作下的电化学转化的本征动力学参数，其 Ni 图案电极在 H_2O/H_2 气氛中的动力学参数如表 2.7 所示，由表可知，SOEC 模式下的 H_2O 分压指数 b 与电荷转移系数 α 显著高于 SOFC 模式，这意味着在 H_2O/H_2 气氛中 Ni 图案电极在 SOEC 模式和 SOFC 模式下的电化学机理可能存在差异。

表 2.7　Ni 图案电极在 H_2O/H_2 气氛中的动力学参数拟合值

工 作 模 式	活化能 $E_{\mathrm{act,H_2O}}$	H_2 分压 指数 a	H_2O 分压 指数 b	电荷转移 系数 α
SOEC（$\eta_{\mathrm{Ni}} < -0.08$ V）	—	0.226~0.425	0.612~0.820	0.85
OCV	93.35 kJ/mol	0.274	0.701	—
SOFC（$\eta_{\mathrm{Ni}} > 0.08$ V）	—	0.075~0.165	0.179~0.445	0.34

2.3.2　反应速率控制步骤分析

由 1.5.1.2 节的文献综述可知，氢溢出机理能够更好地解释 H_2O/H_2 气氛下的 RSOC 电化学反应机理。因此，本研究从氢溢出机理入手，分析 H_2O/H_2 气氛下 RSOC 电化学反应的速率控制步骤。采用 Bessler 等[47] 的简化氢溢出机理。

Ni 表面的 H_2 吸附/解吸附：

$$H_2(g) + 2(Ni) \Longleftrightarrow 2H(Ni) \tag{2-23}$$

TPB 处发生两步链式电荷转移反应：

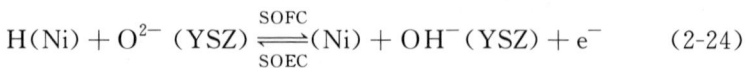

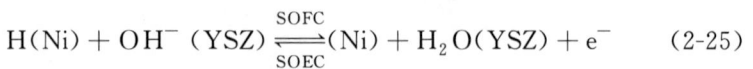

$$H(Ni) + O^{2-}(YSZ) \underset{\mathrm{SOEC}}{\overset{\mathrm{SOFC}}{\rightleftharpoons}} (Ni) + OH^-(YSZ) + e^- \tag{2-24}$$

$$H(Ni) + OH^-(YSZ) \underset{\mathrm{SOEC}}{\overset{\mathrm{SOFC}}{\rightleftharpoons}} (Ni) + H_2O(YSZ) + e^- \tag{2-25}$$

YSZ 表面 H_2O 吸附/解吸附：

$$H_2O(YSZ) \rightleftharpoons H_2O(g) + (YSZ) \tag{2-26}$$

YSZ 表面和体相的氧传递：

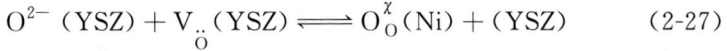

$$O^{2-}(YSZ) + V_{\ddot{O}}(YSZ) \rightleftharpoons O_O^\chi(Ni) + (YSZ) \tag{2-27}$$

这里同样采用部分平衡法,计算不同基元反应作为速率控制步骤时的动力学表达式。在 2.2.3 节的假设基础上,针对氢溢出反应机理作出额外假设:Ni 表面仅考虑 H_2 的吸附/解吸附,即 H(Ni)是 Ni 表面的唯一基元[71]。

反应(2-23)~反应(2-26)分别作为反应速率控制步骤时的交换电流密度表达式,对应的动力学参数 a、b 和 α 如表 2.8 所示。

表 2.8　氢溢出机理下部分平衡法计算的交换电流密度表达式和电荷转移系数

速率控制步骤	交换电流密度 $i_{0,H_2O}(\propto p_{H_2}^a p_{H_2O}^b)$	a	b	α
反应(2-23)	$i_0 = i_{H_2}^*(p_{H_2})$	1	0	0
反应(2-24)	$i_0 = i_{H_2}^* \dfrac{(p_{H_2O})^{\frac{\alpha_{2-24}}{2}}(p_{H_2})^{\frac{1-\alpha_{2-24}}{2}}}{1+(K_{2-23}p_{H_2})^{\frac{1}{2}}}$	$\dfrac{1-\alpha_{2-24}}{2}$	$\dfrac{\alpha_{2-24}}{2}$	$\dfrac{\alpha_{2-24}}{2}$
反应(2-25)	$i_0 = i_{H_2}^* \dfrac{(p_{H_2O})^{\frac{1+\alpha_{2-25}}{2}}(p_{H_2})^{\frac{1-\alpha_{2-25}}{2}}}{1+(K_{2-23}p_{H_2})^{\frac{1}{2}}}$	$\dfrac{1-\alpha_{2-25}}{2}$	$\dfrac{1+\alpha_{2-25}}{2}$	$\dfrac{1+\alpha_{2-25}}{2}$
反应(2-26)	$i_0 = i_{H_2}^*(p_{H_2O})$	0	1	1

* $i_{H_2}^*$ 是与 H_2O、H_2 分压无关项。

表 2.8 建立反应动力学理论与实验测试结果之间的关联,通过 H_2O/H_2 电化学反应动力学参数的计算值与实验拟合值之间的对比,可用于鉴别 H_2O/H_2 电化学反应的速率控制步骤。当反应(2-24)或者反应(2-25)为速率控制步骤时,交换电流密度 i_{0,H_2O} 表达式还包含分母项 $1+(K_{2-23}p_{H_2})^{0.5}$,其中 K_{2-23} 是 H_2 吸附/解吸附反应(2-23)的平衡常数,K_{2-23} 的值会受到材料表面晶面和表面缺陷的影响[71]。K_{2-23} 的值可由 Janardhanan 和 Deutschmann 等在文献[73]中给出的 H_2 吸附和解吸附反应的动力学参数计算得到。在 700℃下,K_{2-23} 的值为 $3.93×10^{-23}$ Pa^{-1},故 $(K_{2-23}p_{H_2})^{0.5}$ 远小于 1,即 $1+(K_{2-23}p_{H_2})^{0.5}$ 约为 1。当电荷转移反应(2-24)或者反应

(2-25)为速率控制步骤时的动力学参数 a、b 和 α 如表 2.8 后 3 列所示。由于反应(2-24)和反应(2-25)的电荷转移系数 $\alpha_{2\text{-}24}$、$\alpha_{2\text{-}25}$ 均为 0~1,因此当电荷转移反应(2-24)为速率控制步骤时,动力学参数 a、b 和 α 均为 0~0.5,假设 $\alpha_{2\text{-}24}$ 为 0.5 时,a 与 b、α 相等为 0.25,这与 SOFC 模式下的实验拟合值更接近;而当电荷转移反应(2-25)为速率控制步骤时,动力学参数 a 为 0~0.5,b 和 α 为 0.5~1,当假设 $\alpha_{2\text{-}25}$ 为 0.5 时,a 为 0.25,b 等于 α 为 0.75,这与 SOEC 模式下的实验拟合值更接近。为了能更加直观地进行对比,理论计算值和实验拟合值整理在表 2.9 中。这里将反应(2-25)假设为 SOEC 模式的速率控制步骤,反应(2-24)为 SOFC 模式的速率控制步骤,因此可将两种模式下拟合得到的近似电荷转移系数 α 值代入表 2.8 的 a、b 和 α 的表达式中,反推得到 $\alpha_{2\text{-}24}$ 为 0.68、$\alpha_{2\text{-}25}$ 为 0.7。从而可以得到 SOEC 模式和 SOFC 模式下理论计算的 a、b 和 α 值。可以看到,SOEC 模式下采用反应(2-25)为速率控制步骤的氢溢出机理能与实验吻合良好;SOFC 模式下采用反应(2-24)为速率控制步骤的氢溢出机理能与实验吻合良好。根据理论计算分析,H_2/H_2O 电化学反应的速率控制步骤总是其第一步电荷转移反应。也就是说,在 SOEC 模式下,反应速率控制步骤为电荷转移反应(2-25)的逆反应:$(Ni)+H_2O(YSZ)+e^- \longrightarrow H(Ni)+OH^-(YSZ)$;在 SOFC 模式下,反应速率控制步骤为电荷转移反应(2-24)的正反应:$H(Ni)+O^{2-}(YSZ) \longrightarrow (Ni)+OH^-(YSZ)+e^-$。

表 2.9　氢溢出机理下的理论计算值与实验拟合值对比

动力学参数	实验拟合值		理论计算值	
	SOEC ($\eta_{Ni}<-0.08$ V)	SOFC ($\eta_{Ni}>0.08$ V)	SOEC [反应(2-25)为 速率控制步骤]	SOFC [反应(2-24)为 速率控制步骤]
H_2 分压指数 a	0.226~0.425	0.075~0.165	0.15	0.16
H_2O 分压指数 b	0.612~0.820	0.179~0.445	0.85	0.34
电荷转移系数 α	0.85	0.34	0.50~1.00	0.00~0.50

基于以上分析,结合式(2-19),交换电流密度 i_{0,H_2O} 可表示为

$$i_{0,H_2O}=\gamma_{SOFC}\,p_{H_2}^{0.16}\,p_{H_2O}^{0.34}\exp\left(-\frac{93\,350}{RT}\right)$$

$$=\gamma_{SOEC}\,p_{H_2}^{0.15}\,p_{H_2O}^{0.85}\exp\left(-\frac{93\,350}{RT}\right) \tag{2-28}$$

由于 SOEC 模式和 SOFC 模式下的反应机理有所差异,因此两种模式下的动力学参数不同,指前因子 γ 值也不同。根据不同入口气体组分和不同极化电压下的极化阻抗求得交换电流密度 i_{0,H_2O} 的值为 $3.48 \times 10^{-4} \sim 7.83 \times 10^{-4}$ A/m。这里选取不同极化电压下的平均交换电流密度值 6.26×10^{-4} A/m。计算得到 SOEC 模式和 SOFC 模式下交换电流密度的指前因子 γ_{SOEC} 为 0.0143 A/(m·Pa),γ_{SOFC} 为 0.770 A/(m·Pa$^{0.5}$)。结合 Butler-Volmer 方程式(2-3)以及式(2-28),可以作出极化曲线如图 2.17 所示。可以看到,基于实验拟合得到的本征动力学数据,结合上述的 RSOC 双模式双机理切换模型,可以较好地反映不同操作工况、不同模式下的电化学性能。由于该理论计算方法忽略了表面扩散、部分基元在表面的吸附、解吸附和表面化学反应过程,以及对于非速率控制步骤的平衡假设,理论计算得到的曲线和实验测试的极化曲线仍存在着一定的偏差,尤其是在 SOEC 模式、不同 H_2O 分压下。因此,需要进一步耦合非均相化学反应和表面扩散等过程,构建更加全面的基元反应模型库和更加精确的基元反应数值模型。

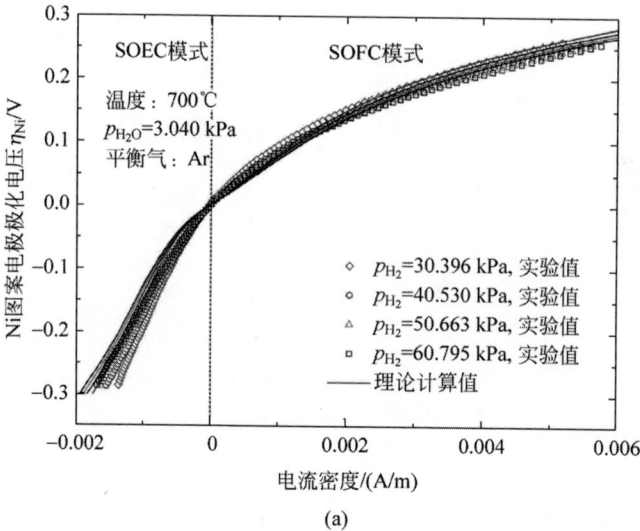

(a)

图 2.17　理论计算极化曲线与实验数据[46]对比(见文前彩图)

(a) 不同 H_2 分压;(b) 不同 H_2O 分压;(c) 不同温度

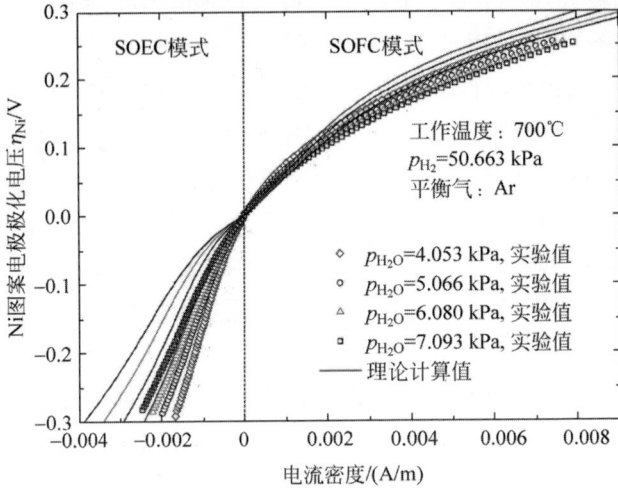

(b)

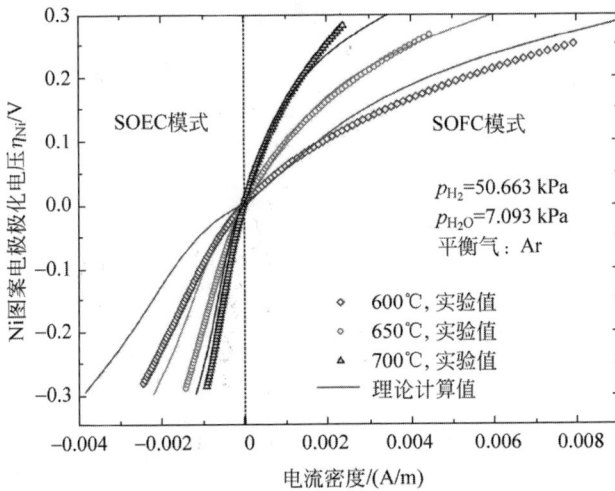

(c)

图 2.17（续）

2.3.3　图案电极基元反应模型

2.3.3.1　基元反应与电荷转移反应动力学

基元反应模型的基本假设、电荷传递、质量传递方程、边界条件以及模型基本参数见附录 A。本研究中采用了 Janardhanan 和 Deutschmann[73] 提出的 Ni 表面多相催化反应动力学数据,以及 Vogler 等[53] 提出的 YSZ 表面化学反应动力学数据,并结合 2.3.2 节的两步电荷转移反应,建立 H_2O/H_2 气氛下 RSOC 可逆电化学转化基元反应动力学库,如表 2.10 所示。

表 2.10　H_2/H_2O 气氛下 RSOC 可逆电化学转化机理及其动力学参数[53,73]

基元反应步骤		$A/(m,mol,s)^a$	n^a	$E/$ $(kJ/mol)^a$
Ni 表面吸附/解吸附/表面反应[73]				
R1$_f$	$H_2(g)+(Ni)+(Ni)\longrightarrow H(Ni)+H(Ni)$	$1.000\times10^{-02\ b}$	0.0	0.00
R1$_r$	$H(Ni)+H(Ni)\longrightarrow H_2(g)+(Ni)+(Ni)$	$2.545\times10^{+19}$	0.0	81.21
R2$_f$	$H_2O(g)+(Ni)\longrightarrow H_2O(Ni)$	$0.100\times10^{-00\ b}$	0.0	0.00
R2$_r$	$H_2O(Ni)\longrightarrow H_2O(g)+(Ni)$	$3.732\times10^{+12}$	0.0	60.79
R3$_f$	$H(Ni)+O(Ni)\longrightarrow OH(Ni)+(Ni)$	$5.000\times10^{+22}$	0.0	97.90
R3$_r$	$OH(Ni)+(Ni)\longrightarrow H(Ni)+O(Ni)$	$1.781\times10^{+21}$	0.0	36.09
R4$_f$	$H(Ni)+OH(Ni)\longrightarrow H_2O(Ni)+(Ni)$	$3.000\times10^{+20}$	0.0	42.70
R4$_r$	$H_2O(Ni)+(Ni)\longrightarrow H(Ni)+OH(Ni)$	$2.271\times10^{+21}$	0.0	91.76
R5$_f$	$OH(Ni)+OH(Ni)\longrightarrow H_2O(Ni)+O(Ni)$	$3.000\times10^{+21}$	0.0	100.00
R5$_r$	$H_2O(Ni)+O(Ni)\longrightarrow OH(Ni)+OH(Ni)$	$6.373\times10^{+23}$	0.0	210.86
YSZ 表面吸附/解吸附/表面反应[53]				
R6$_f$	$H_2O(g)+(YSZ)\longrightarrow H_2O(YSZ)$	$1.200\times10^{-04\ b}$	0.0	0.00
R6$_r$	$H_2O(YSZ)\longrightarrow H_2O(g)+(YSZ)$	$8.500\times10^{+13}$	0.0	41.70
R7$_f$	$H_2O(YSZ)+O^{2-}(YSZ)\longrightarrow 2OH^-(YSZ)$	$1.600\times10^{+18}$	0.0	9.60
R7$_r$	$2OH^-(YSZ)\longrightarrow H_2O(YSZ)+O^{2-}(YSZ)$	$2.107\times10^{+16}$	0.0	47.40
YSZ 表面和 YSZ 体相的氧传递[53]				
R8$_f$	$O^{2-}(YSZ)+V_{\overset{..}{O}}(YSZ)\longrightarrow O_O^{\chi}(YSZ)+$ (YSZ)	$1.6\times10^{+18}$	0.0	90.90
R8$_r$	$O_O^{\chi}(YSZ)+(YSZ)\longrightarrow O^{2-}(YSZ)+$ $V_{\overset{..}{O}}(YSZ)$	$1.6\times10^{+18}$	0.0	90.90
三相界面处电荷转移反应				
R9$_f$	$H(Ni)+O^{2-}(YSZ)\xrightarrow{\text{SOFC}}$ $(Ni)+OH^-(YSZ)+e^-$	$i_{0,OH}/$ $(2Fc_{H(Ni)}^{ref}c_{O^{2-}(YSZ)}^{ref})$	0.0	$\alpha_{OH}\eta F$

续表

基元反应步骤	$A/(\mathrm{m,mol,s})^a$	n^a	$E/(\mathrm{kJ/mol})^a$
$R9_r$ $(\mathrm{Ni})+\mathrm{OH}^-(\mathrm{YSZ})+\mathrm{e}^- \xrightarrow{\mathrm{SOEC}}$ $\mathrm{H(Ni)}+\mathrm{O}^{2-}(\mathrm{YSZ})$	$i_{0,\mathrm{OH}}/$ $(2Fc^{\mathrm{ref}}_{(\mathrm{Ni})}c^{\mathrm{ref}}_{\mathrm{OH}^-(\mathrm{YSZ})})$	0.0	$-(1-\alpha_{\mathrm{OH}})\eta F$
$R10_f$ $\mathrm{H(Ni)}+\mathrm{OH}^-(\mathrm{YSZ}) \xrightarrow{\mathrm{SOFC}}$ $(\mathrm{Ni})+\mathrm{H_2O(YSZ)}+\mathrm{e}^-$	$i_{0,\mathrm{H_2O}}/$ $(Fc^{\mathrm{ref}}_{\mathrm{H(Ni)}}c^{\mathrm{ref}}_{\mathrm{OH}^-(\mathrm{YSZ})})$	0.0	$\alpha_{\mathrm{H_2O}}\eta F$
$R10_r$ $(\mathrm{Ni})+\mathrm{H_2O(YSZ)}+\mathrm{e}^- \xrightarrow{\mathrm{SOEC}}$ $\mathrm{H(Ni)}+\mathrm{OH}^-(\mathrm{YSZ})$	$i_{0,\mathrm{H_2O}}/$ $(Fc^{\mathrm{ref}}_{(\mathrm{Ni})}c^{\mathrm{ref}}_{\mathrm{H_2O(YSZ)}})$	0.0	$-(1-\alpha_{\mathrm{H_2O}})\eta F$

注：总 Ni 表面活性位浓度 $\Gamma_{\mathrm{Ni}}=6.1\times10^{-5}\ \mathrm{mol/m^2}$，总 YSZ 表面活性位浓度 $\Gamma_{\mathrm{YSZ}}=1.3\times10^{-5}\ \mathrm{mol/m^2}$。

a Arrhenius 形式反应速率常数：表面基元反应 $k=AT^n\exp(-E/RT)$，电荷转移反应 $k=A\exp(2\alpha\eta F/RT)$。

b 黏附系数形式反应速率常数。

2.3.3.2 模型参数校准和验证

Ni 图案电极纽扣电池模型中所需的结构和物性等参数大部分可以从文献中获得，在表 2.5 中数据的基础上，新增的参数如表 2.11 上半部分所示。本模型中，电荷转移反应 R9 和 R10 的交换电流密度 $i_{0,\mathrm{OH}}/i_{0,\mathrm{H_2O}}$ 及其电荷转移系数 $\alpha_{\mathrm{OH}}/\alpha_{\mathrm{H_2O}}$ 难以直接获取，作为调节参数见表 2.11 下半部分。

表 2.11　模型的结构、物性参数以及调节参数

模型物性和结构参数	参　数　值
H(Ni)表面扩散系数 $D^{\mathrm{sf}}_{\mathrm{H(Ni)}}$[53]	$4.6\times10^{-7}\times\exp(-14\,400/T)/(\mathrm{m^2/s})$
OH(Ni)表面扩散系数 $D^{\mathrm{sf}}_{\mathrm{OH(Ni)}}$[53]	$6\times10^{-7}\times\exp(-28\,000/T)/(\mathrm{m^2/s})$
$\mathrm{H_2O(Ni)}$表面扩散系数 $D^{\mathrm{sf}}_{\mathrm{H_2O(Ni)}}$[53]	$6\times10^{-7}\times\exp(-30\,500/T)/(\mathrm{m^2/s})$
OH(YSZ)表面扩散系数 $D^{\mathrm{sf}}_{\mathrm{OH(YSZ)}}$[53]	$1.3\times10^{-6}\times\exp(-55\,000/T)/(\mathrm{m^2/s})$
$\mathrm{H_2O(YSZ)}$表面扩散系数 $D^{\mathrm{sf}}_{\mathrm{H_2O(YSZ)}}$[53]	$1.3\times10^{-6}\times\exp(-55\,000/T)/(\mathrm{m^2/s})$
模型调节参数	参　数　值
交换电流密度 $i_{0,\mathrm{OH}}/i_{0,\mathrm{H_2O}}$	$1.24\times10^4\times\exp(-129\,333/RT)/$ $1.24\times10^4\times\exp(-129\,333/RT)/(\mathrm{A/m})$
电荷转移系数 $\alpha_{\mathrm{OH}}/\alpha_{\mathrm{H_2O}}$	0.34/0.80

在模型校准后,基元反应数值模型的极化曲线与实验数据的对比如图 2.18 所示。相比理论计算获得的拟合曲线(见图 2.17),基元反应数值模型能够更加精确地模拟不同温度、H_2 分压和 H_2O 分压下的电化学性能。

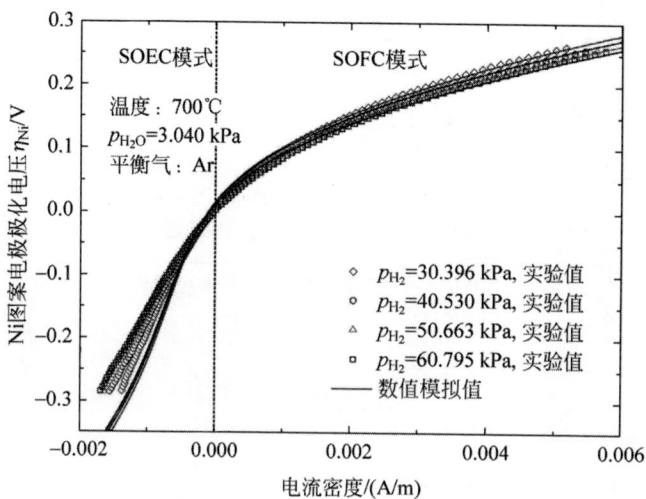

(a)

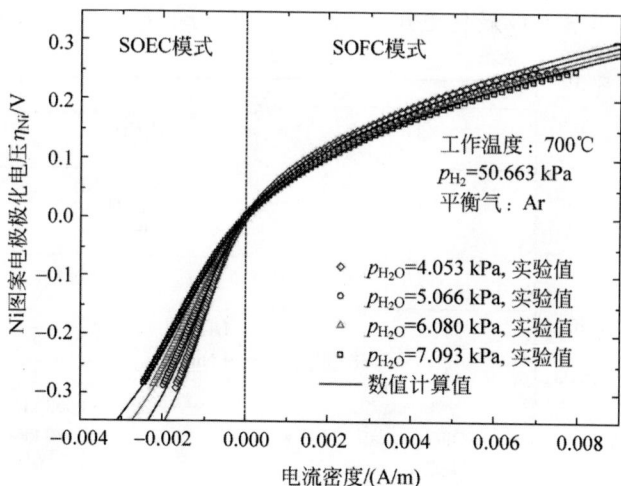

(b)

图 2.18　基元反应数值模型极化曲线与实验数据[46]对比
(a) 不同 H_2 分压; (b) 不同 H_2O 分压; (c) 不同温度

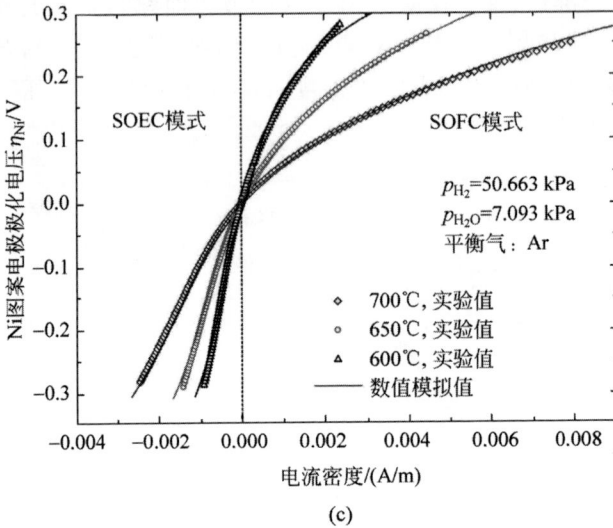

(c)

图 2.18（续）

2.3.3.3　反应基元的分布

图 2.19 为 Ni 表面和 YSZ 表面基元组分分别在 SOEC 模式和 SOFC 模式下（Ni 图案电极极化电压为 ±0.3 V）的分布曲线，图中的中心虚线

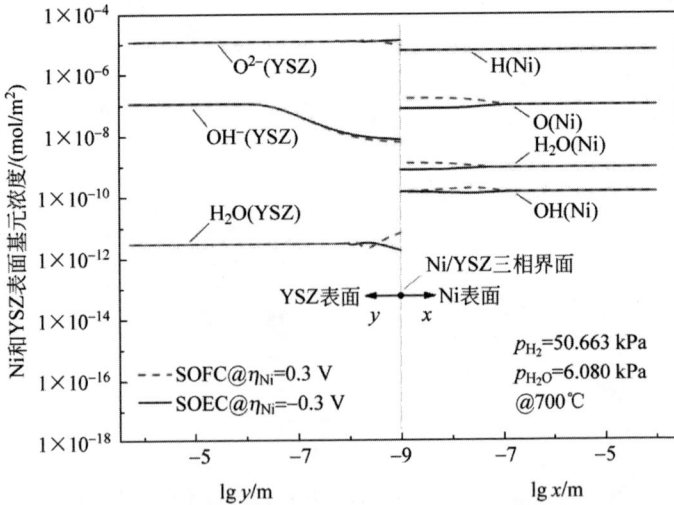

图 2.19　Ni 表面和 YSZ 表面基元随 Ni 图案电极极化电压的变化情况

为 Ni/YSZ 三相界面,中心虚线的左半部为 YSZ 表面,右半部为 Ni 表面。如图所示,Ni 表面的主要基元组分为 H(Ni),其表面浓度在 6.03×10^{-6} mol/m^2 附近,表面覆盖率约为 10%,在三相界面处无明显变化;其次是 O(Ni),浓度仅约为 9.57×10^{-8} mol/m^2,较 H(Ni)浓度小近两个数量级;其余的 OH(Ni)和 H$_2$O(Ni)基元浓度均小于 1×10^{-9} mol/m^2,较 H(Ni)浓度小 3 个数量级以上。Ni 表面的 H(Ni)和表面活性空位(Ni)占 Ni 表面活性位的 99.8% 以上,其余 Ni 表面基元表面覆盖率总和不足 0.2%,这证实了 2.3.2 节中"H(Ni)为 Ni 表面唯一基元"假设的合理性。

YSZ 表面的主要基元是 O^{2-}(YSZ),其表面浓度在 1.18×10^{-5} mol/m^2 附近,表面覆盖率高达 90% 以上;其次是 OH$^-$(YSZ),基元浓度在 YSZ 间隙中部为 1.14×10^{-7} mol/m^2,在 Ni/YSZ 三相界面附近迅速降至 7×10^{-9} mol/m^2 以下,表面覆盖率从 0.9% 降至不足 0.05%。由此可见,无论在 SOEC 模式还是 SOFC 模式下,OH$^-$(YSZ)浓度均迅速下降,对电化学反应尤为敏感。H$_2$O(YSZ)的浓度不足 1×10^{-11} mol/m^2,说明 H$_2$O 在 YSZ 表面的吸附微乎其微。YSZ 表面的 O^{2-}(YSZ)和表面活性空位(YSZ)占 YSZ 表面活性位的 99.1% 以上,证实了 2.3.2 节反应速率控制步骤的理论分析基本假设的合理性。

2.3.3.4　敏感性分析

为进一步理解 Ni 图案电极的反应速率控制步骤,需要利用本模型分析各个电荷转移反应、表面基元反应以及表面扩散过程对 Ni 图案电极的电化学性能影响。本研究将各电荷转移反应的交换电流密度、各表面基元反应的正逆反应速率常数以及各表面基元的扩散系数分别扩大至原来的 10 倍,在 Ni 图案电极极化电压为 ± 0.3 V 下计算 Ni 图案电极线电流密度的变化率,从而对比各参数对 Ni 图案电极在 SOEC(电化学还原)和 SOFC(电化学氧化)两种模式下的影响规律。计算结果如图 2.20 所示。由图 2.20 可知,电荷转移反应是 H$_2$O/H$_2$ 电化学反应的主要速率控制步骤,其影响远大于表面基元反应和表面扩散的影响。在 SOEC 模式下,电荷转移反应 R10 的交换电流密度增大一个数量级,Ni 图案电极电流密度提升 7.97 倍,而电荷转移反应 R9、8 个表面基元反应以及 8 个表面基元的扩散过程对电流密度的影响均在 $\pm 0.1\%$ 以内;在 SOFC 模式下,电荷转移反应 R9 的交换电流密度增大一个数量级,Ni 图案电极电流密度提升 7.89 倍,而电荷转移反应 R10 及其他的表面基元反应和表面基元扩散过程对电流密度的影响均在 $\pm 0.2\%$ 以内。因此，SOEC 模式下的反应速率控制步骤为 $R10_r$：$(Ni)+H_2O(YSZ)+e^- \longrightarrow H(Ni)+OH^-(YSZ)$，即 2.3.2 节中的电荷转移反应(2-25)的逆反应；SOFC 模式下的反应速率控制步骤为 $R9_f$：$H(Ni)+O^{2-}(YSZ) \longrightarrow (Ni)+OH^-(YSZ)+e^-$，即 2.3.2 节中的电荷转移反应(2-24)的正反应。这与 2.3.2 节理论计算的反应速率控制步骤结论完全一致。

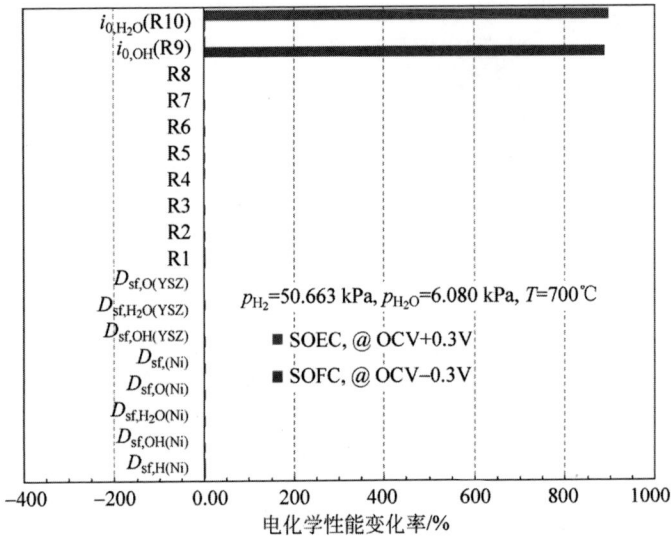

图 2.20　H_2O/H_2 可逆电化学反应的参数敏感性分析

2.3.3.5　极化电压的影响

图 2.21(a)给出了不同 Ni 图案电极极化电压下两步电荷转移反应 R9 和 R10 的反应速率，以及两步电荷转移反应的交换电流密度分别扩大一个数量级后的电荷转移反应速率。由图 2.21 可以看到，无论是 SOEC 模式还是 SOFC 模式，两步电荷转移反应 R9 和 R10 速率相同。这说明在第一步电荷转移反应后，产生的 $OH^-(YSZ)$ 迅速被第二步电荷转移反应消耗。当电荷转移反应 R9 的交换电流密度 $i_{0,OH}$ 提升至原来的 10 倍时，SOEC 模式下电荷转移反应速率几乎不变，SOFC 模式下电荷转移反应显著提升，在 Ni 图案电极极化电压 η_{Ni} 大于 0.13 V 下电荷转移反应可提升 8 倍以上；当电荷转移反应 R10 的交换电流密度 i_{0,H_2O} 提升至原来的 10 倍时，SOFC 模式下电荷转移反应速率几乎不变，SOEC 模式下电荷转移反应显著提升，在

Ni 图案电极极化电压 η_{Ni} 小于 -0.14 V 下电荷转移反应可提升 8 倍以上。该结论与图 2.20 所示结论一致。结合上述分析,无论是在 SOEC 还是在 SOFC 模式下,H_2O/H_2 可逆电化学转化过程的反应速率控制步骤始终是第一步电荷转移反应,即生成 YSZ 表面基元 $OH^-(YSZ)$ 的电化学步骤。

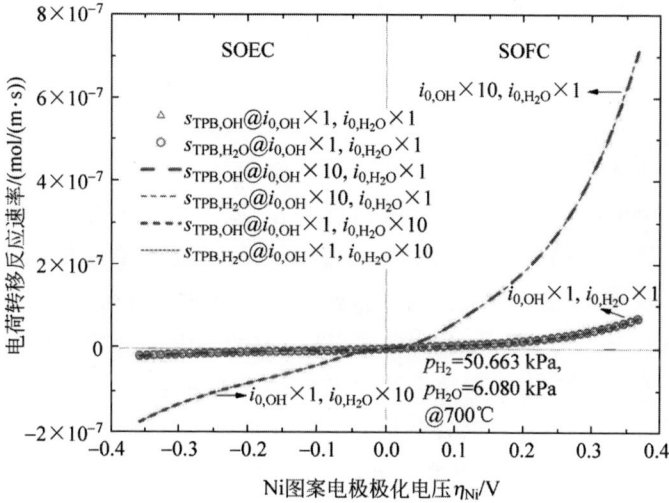

(a)

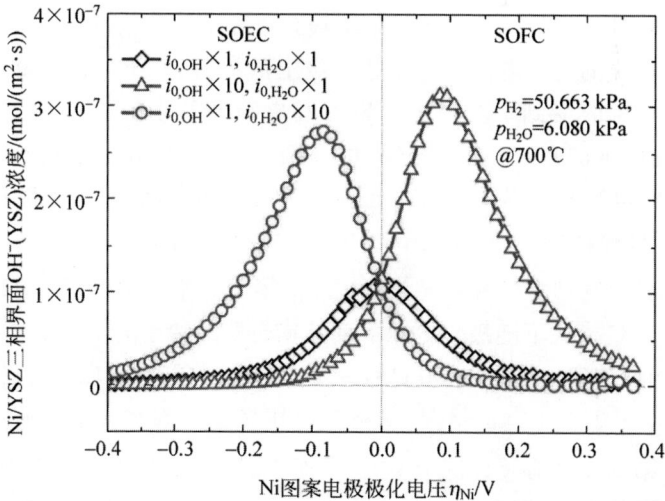

(b)

图 2.21 不同电荷转移反应动力学参数改变对不同极化电压下电荷转移反应速率的影响(a)与 YSZ 表面基元 OH^-(YSZ)随 Ni 图案电极极化电压的变化情况(b)

　　图 2.21(b)进一步给出了在上述三组交换电流密度下 Ni/YSZ 三相界面处 OH^-(YSZ)浓度的分布情况。OH^-(YSZ)作为两步电荷转移反应的关键中间产物,在开路电压下($\eta_{Ni}=0$)其浓度为 1.09×10^{-7} mol/m^2。在稳定工作条件下,在三相界面处 OH^-(YSZ)浓度将稳定在某一值,因此两步电荷转移反应作为链式反应,两者反应速率在稳态工作条件下应相等,否则 OH^-(YSZ)的生成和消耗无法抵消,从而无法达到平衡状态。模型经过校准后,两步电荷转移反应的交换电流密度相当($i_{0,OH}=i_{0,H_2O}$),电荷转移反应 R9 和 R10 的电荷转移系数分别为 0.34 和 0.80。电荷转移系数的校准值意味着电荷转移反应 R9 更倾向逆向进行,而电荷转移反应 R10 更倾向正向进行。在两步电荷转移反应的交换电流密度相当时,由于电荷转移系数的差异,SOFC 模式下 $R10_f$ 较 $R9_f$ 更易发生,而 SOEC 模式下 $R9_r$ 较 $R10_r$ 更易发生。因此,两种模式下两步电荷转移的链式反应速率控制步骤均为第一步电荷转移反应,第二步电荷转移反应受到 OH^-(YSZ)浓度的抑制,形成对第一步电荷转移反应速率的跟随。由于电荷转移系数的差异,第二步电荷转移反应对极化电压的变化更敏感,因此 OH^-(YSZ)浓度随着极化电压升高而升高,OH^-(YSZ)浓度在开路电压下达到峰值。

　　图 2.21(b)还对比了两个电荷转移反应的交换电流密度分别提高一个数量级后 OH^-(YSZ)随 Ni 图案电极极化电压的变化情况。随着其中一步电荷转移反应的交换电流密度在数量级上的提升,两个电荷转移反应速率的相对大小同时受到了交换电流密度和电荷转移系数的影响。以 i_{0,H_2O}(R10 的交换电流密度,图 2.21(b)中圆圈标记线)提升一个数量级的情况为例:交换电流密度提升了 R10 正逆反应的动力学,而电荷转移系数 α_{H_2O} 为 0.80,明显倾向正向反应 $R10_f$。因而在 SOFC 模式下,$R10_f$ 作为第二步电荷转移反应其动力学要明显快于 $i_{0,OH}$ 等于 i_{0,H_2O} 的情况,OH^-(YSZ)浓度在 SOFC 模式下随极化电压下降速率也明显快于 $i_{0,OH}$ 等于 i_{0,H_2O} 的情况(菱形标记线);但在 SOEC 模式下,$R10_r$ 作为第一步电荷转移反应,相比 $i_{0,OH}$ 等于 i_{0,H_2O} 的情况,在极化电压较小时因交换电流密度的提升而稍快于第二步电荷转移反应 $R9_r$,因而 OH^-(YSZ)浓度继续上升,但随着极化电压的升高,因电荷转移系数 $R9_r$ 的反应速率逐渐超过 $R10_r$,在 η_{Ni} 为 -0.08 V 时 OH^-(YSZ)浓度达到峰值 2.73×10^{-7} mol/m^2,随着极化电压的进一步升高,OH^-(YSZ)浓度迅速下降。反之,R9 的交换电流密度

提升一个数量级后，OH^-（YSZ）浓度在 η_{Ni} 为 0.08 V 时达到峰值 3.12×10^{-7} mol/m^2。

2.3.4　图案电极 H_2O/H_2 电化学反应机理

2.3.2 节的理论计算与 2.3.3 节的基元反应数值计算均得到了相同的结论：H_2O/H_2 电化学反应在电化学还原（SOEC）和电化学氧化（SOFC）工作模式下具有不同的反应速率控制步骤，在 SOEC 模式下的反应速控步骤为 $(Ni) + H_2O(YSZ) + e^- \longrightarrow H(Ni) + OH^-(YSZ)$，在 SOFC 模式下的反应速控步骤为 $H(Ni) + O^{2-}(YSZ) \longrightarrow (Ni) + OH^-(YSZ) + e^-$。2.3.3 节给出了更为完整的基元反应数值计算，进一步证实了 Ni 表面的主要表面基元为 $H(Ni)$，而 YSZ 表面的主要表面基元为 $O^{2-}(YSZ)$，进一步证实了 2.3.2 节的理论计算基本假设的合理性。基于以上分析结果，提出了可逆 H_2O/H_2 电化学转化反应机理如图 2.22 所示。由于 $H_2O(YSZ)$ 在 YSZ 表面的覆盖率不足 1×10^{-7}，OH^-（YSZ）的表面覆盖率在 Ni/YSZ 三相界面处不足 0.05%，因此 $H_2O(YSZ)$ 作为 H_2O/H_2 电化学反应的中间产物，它的影响十分微弱，可以认为气相 H_2O 在 YSZ 表面吸附后迅速参与电荷转移反应，而 $H_2O(YSZ)$ 在 YSZ 表面生成后迅速解吸附生成气相 H_2O。因此，可以将反应机理进一步简化为如下过程。

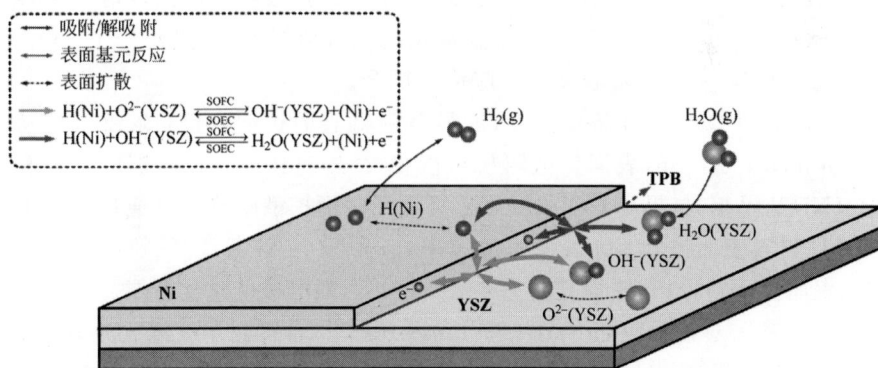

图 2.22　可逆 H_2O/H_2 电化学转化基元反应机理（见文前彩图）

H_2 吸附在 Ni 表面：

$$H_2(g) + 2(Ni) \rightleftharpoons 2H(Ni) \qquad (2\text{-}29)$$

TPB 处发生两步链式电荷转移反应：

$$H(Ni) + O^{2-}(YSZ) \underset{SOEC}{\overset{SOFC}{\rightleftharpoons}} (Ni) + OH^-(YSZ) + e^- \qquad (2\text{-}30)$$

$$H(Ni) + OH^-(YSZ) \underset{SOEC}{\overset{SOFC}{\rightleftharpoons}} (Ni) + H_2O(g) + (YSZ) + e^- \quad (2\text{-}31)$$

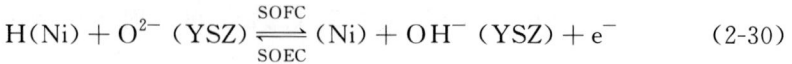

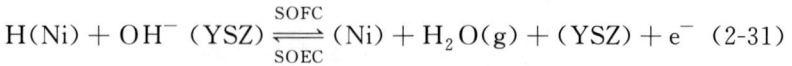

YSZ 表面和体相的氧传递：

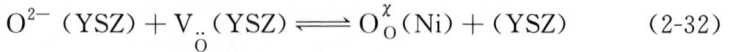

$$O^{2-}(YSZ) + V_{\overset{..}{O}}(YSZ) \rightleftharpoons O_O^{\chi}(Ni) + (YSZ) \qquad (2\text{-}32)$$

其中,在 SOEC 模式下的反应速率控制步骤为 $(Ni) + H_2O(g) + (YSZ) + e^- \longrightarrow H(Ni) + OH^-(YSZ)$,在 SOFC 模式下的反应速率控制步骤为 $H(Ni) + O^{2-}(YSZ) \longrightarrow (Ni) + OH^-(YSZ) + e^-$。基元反应数值模型显示,$H_2O/H_2$ 电化学转化在电流方向改变的同时,在 $OH^-(YSZ)$ 浓度的限制下,能够自动切换反应速率控制步骤。

2.4　本章小结

　　本章基于 Ni 图案电极纽扣电池,结合 Ni 图案电极实验、基元反应理论计算与数值计算,分别研究在 CO_2/CO 和 H_2O/H_2 气氛下 Ni 图案电极可逆电化学转化机理。在 CO_2/CO 气氛下,为降低表面扩散对 Ni 图案电极电化学性能的影响,制备并测试了条纹宽度为 $10~\mu m$ 的 Ni 图案电极,获取了相应的动力学数据,采用部分平衡理论计算的方法初步推测反应速率控制步骤;进一步建立了 Ni 图案电极基元反应数值模型,定量阐释了 CO_2/CO 气氛下 Ni 图案电极表面的反应传递耦合。

　　(1) 减小图案电极条纹宽度,能显著降低表面扩散阻抗:条纹宽度从 $100~\mu m$ 降至 $10~\mu m$,表面扩散阻抗可降低 $20\% \sim 45\%$。表面扩散主要和 $CO(Ni)$ 基元相关,提高 CO 分压可显著降低表面扩散阻抗。可通过改进电子导体材料表面提升 CO 表面扩散速率,或者减小 Ni 条纹/颗粒尺寸减小 CO 表面扩散路径,有望提升高达 44% 的 Ni 图案电极电化学性能。

　　(2) 基于总包反应的 Butler-Volume 方程,拟合得到条纹宽度为 $10~\mu m$ 的 Ni 图案电极在 CO_2/CO 气氛下的可逆电化学转化本征动力学参数。其中,活化能为 $1.66~eV$;CO 分压的动力学指数,在 SOEC 模式下为 $0.310 \sim 0.367$,SOFC 模式下为 $0.247 \sim 0.434$;CO_2 分压的动力学指数,在 SOEC 模式下为 $0.080 \sim 0.091$,SOFC 模式下为 $0.160 \sim 0.380$;SOFC 模式的电荷转移系数 α 接近 0.44,SOEC 模式的 α 接近 0.50。

　　(3) Ni 表面的主要表面基元为 $CO(Ni)$,而 YSZ 表面的主要表面基元

为 O^{2-}（YSZ），其余表面基元浓度远小于相应表面的主要基元。

（4）无论在 SOEC 模式还是 SOFC 模式下，CO 均为 Ni 图案电极表面的主要反应物，即 Ni 图案电极在 SOFC 的速率控制步骤为 CO 的电化学氧化：$CO(Ni)+O^{2-}(YSZ)\longrightarrow CO_2(g)+(YSZ)+2e^-$；而 SOEC 模式的速率控制步骤为 CO 的电化学还原：$CO(Ni)+(YSZ)+2e^-\longrightarrow C(Ni)+O^{2-}(YSZ)$。

（5）由于 CO(Ni) 的表面覆盖率远高于其他基元，在电流方向改变的同时，主导的电荷转移反应可自动在 CO 电化学氧化和还原之间切换。改善微观电极结构，增大三相界面密度，可提升 CO_2 的电化学还原的比例。

在 H_2O/H_2 气氛下，同样采用部分平衡法分析不同基元反应步骤作为速率控制步骤时的动力学数据，建立 Ni 图案电极基元反应数值模型，进一步阐释速率控制步骤同反应中间产物的关联。主要结论如下。

（1）Ni 表面的主要表面基元为 H(Ni)，而 YSZ 表面的主要表面基元为 O^{2-}（YSZ），其余表面基元浓度远小于相应表面的主要基元。

（2）H_2O/H_2 电化学反应在电化学还原（SOEC）和电化学氧化（SOFC）工作模式下具有不同的反应速率控制步骤，在 SOEC 模式下的反应速率控制步骤为 $(Ni)+H_2O(YSZ)+e^-\longrightarrow H(Ni)+OH^-(YSZ)$，在 SOFC 模式下的反应速率控制步骤为 $H(Ni)+O^{2-}(YSZ)\longrightarrow (Ni)+OH^-(YSZ)+e^-$。

（3）OH^-（YSZ）在 YSZ 表面的覆盖率不足 1%，高极化电压下甚至更低。H_2O/H_2 电化学转化在电流方向改变的同时，在 OH^-（YSZ）的限制下，速率控制步骤可自行切换为生成 OH^-（YSZ）的电荷转移反应。

第3章 管式单元共电解 H_2O/CO_2 定向合成 CH_4 研究

3.1 概　述

为实现工程化应用,通常需要采用反应面积较大的 SOEC 构型,以提升产物气的转化率和产率;但同时导致了温度、组分和电流密度等分布的不均匀性,增加了研究对象的复杂度。本章采用管式 SOEC 构型开展 H_2O/CO_2 共电解定向合成 CH_4 机制研究,基于常压管式单元实验数据,建立多物理场耦合的二维轴对称管式 SOEC 热电模型,耦合管式 SOEC 内部的质量传递、动量传递、能量传递以及化学/电化学动力学等反应传递过程,通过流动传热设计优化管式 SOEC 的温度场,缓解电化学反应与甲烷化反应的温度不匹配问题,强化 CH_4 的定向合成。为进一步突破管式 SOEC H_2O/CO_2 共电解一步甲烷化的热力学限制,自主设计并搭建加压管式 SOEC 实验测试系统,测试不同工作压力下的管式 SOEC 电化学性能与产物组分,通过管式 SOEC 的加压化稳定运行提升 CH_4 产率。最后,基于中温 LSGM 材料体系,从数值模拟的角度分析 H_2O/CO_2 共电解一步合成 CH_4 的提升潜力。

3.2 管式 SOEC 常压共电解 H_2O/CO_2 直接合成 CH_4 实验测试

实验采用燃料极支撑的盲管式 SOEC 单元结构,由中国科学院上海硅酸盐研究所制备[129],如图 3.1 所示。由内向外为 760 μm 厚的多孔 Ni-YSZ 燃料极支撑层、10 μm 厚的多孔 Ni-ScSZ 燃料极活性层、10 μm 厚的致密 ScSZ 电解质层、15 μm 厚的多孔 LSM-ScSZ 氧电极层,有效反应面积约为 14.73 cm^2。管式 SOEC 测试的反应器、测试系统以及实验步骤在李汶

图 3.1　燃料极支撑的盲管式 SOEC 外观和微观界面

颖的博士学位论文[46]中已进行了详细的介绍,在本书中不再赘述。李汶颖的博士学位论文[46]中仅初步测试了常压下管式 SOEC 共电解 H_2O/CO_2 的产物生成特性,本节在李汶颖实验数据的基础上,给出更加完善的 1 号管式 SOEC 常压共电解 H_2O/CO_2 的电化学性能与产物生成特性,为本章后续管式 SOEC 单元 CH_4 定向调控与合成优化提供基础数据。具体实验工况如表 3.1 所示,测试内容包括伏安特性(IV)曲线、电化学阻抗谱(EIS)和恒压放电曲线。

表 3.1　常压下 1 号管式 SOEC 实验工况表

温度/℃	电压/V	燃料极组分/(mL/min)				测试内容
		H_2O	H_2	CO_2	Ar	
650	OCV/ 1.5	20	20	20	40	IV,EIS,恒压 放电曲线
600	OCV/ 1.5	20	20	20	40	IV,EIS,恒压 放电曲线
		20	0	20	60	
550	OCV/ 1.5	20	20	20	40	IV,EIS,恒压 放电曲线

3.2.1　工作温度和组分对电化学性能的影响

图 3.2 为外径为 6.7 mm 的 1 号管式单元工作在不同温度、不同入口组分下的 H_2O/CO_2 共电解极化曲线和 EIS 曲线。由于 1 号管式单元有效反应面积可达 14.73 cm^2,因此 650℃、1.8 V 下管式单元总电流可达-3 A,单管功率达-5.4 W。随着工作温度升高,管式 SOEC 的电化学性能显著提

升。在工作电压为 1.4 V 时,管式 SOEC 在 650℃、600℃和 550℃下的总电流分别为−0.90 A、−0.55 A 和−0.29 A,对应的电流密度分别为−610 A/m²、−370 A/m² 和−200 A/m²,单管功率分别为−1.26 W、−0.77 W 和−0.41 W。当工作温度从 650℃降至 550℃时,管式 SOEC 在 1.4 V 下的电化学性能降低了 68%。根据开路电压附近的极化曲线斜率,可以求得在

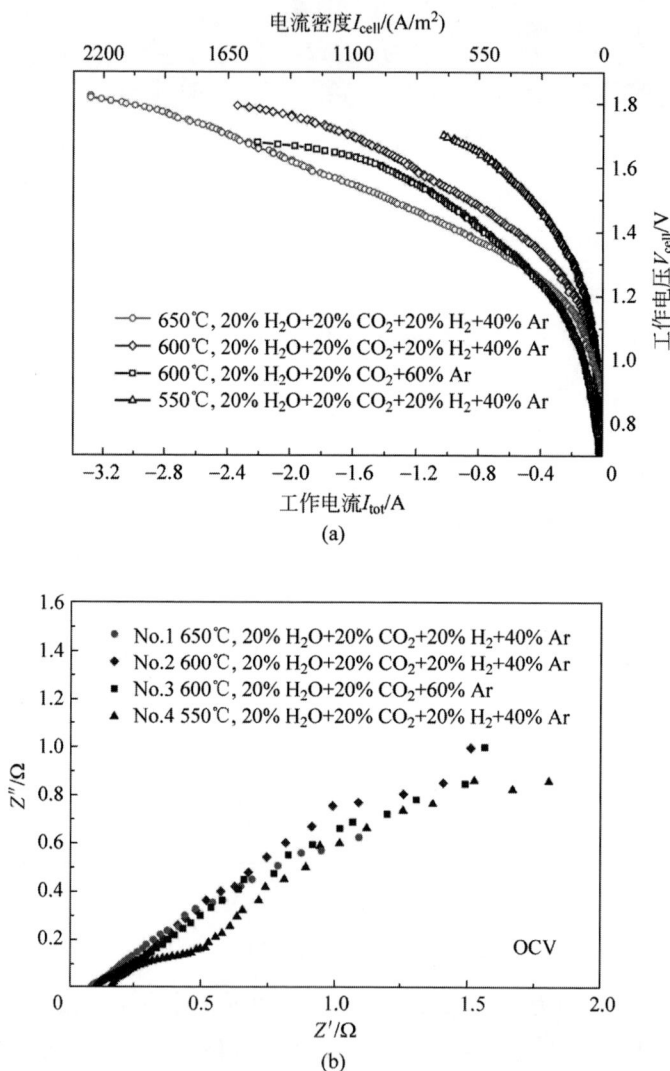

(a)

(b)

图 3.2　管式 SOEC 在常压下不同温度、不同组分的极化曲线(a)和 EIS(b)

650℃、600℃ 和 550℃ 下的面积比电阻 ASR 分别为 0.89 mΩ·m²、1.36 mΩ·m² 和 7.97 mΩ·m²，工作温度从 650℃ 降至 550℃，管式 SOEC 的 ASR 提升了近 8 倍。从图 3.2(b) 的 EIS 曲线可以更加直观地看到各极化阻抗的分布情况，由低频段 EIS 与实轴交点可以得到在 650℃、600℃ 和 550℃ 下欧姆阻抗分别为 0.083 Ω（0.12 mΩ·m²）、0.101 Ω（0.15 mΩ·m²）和 0.158 Ω（0.23 mΩ·m²），分别仅占总极化阻抗的 13.5%、11.0% 和 2.9%，其中括号内数据为规定到单位面积下的阻抗，括号外为总阻抗。随着温度降低，电极极化阻抗的增加程度明显大于欧姆阻抗的增加。

在 600℃ 下，当燃料极入口中 20 mL/min 的 H_2 被 Ar 替代后，管式 SOEC 的开路电压由于还原性气体减少，从原来的 0.817 V 降至 0.637 V。由于开路电压的下降，在相同工作电压下入口气体无 H_2 的工况具有更高的极化电压，从而使该工况下的电化学性能也更好。入口气体的 20% H_2 被 Ar 替代后，在 1.4 V 下，总电流从 −0.55 A 提升至 −0.76 A，对应的电流密度从 −370 A/m² 提升至 −520 A/m²，单管功率从 −0.77 W 提升至 −1.06 W，电化学性能提升了 38%。图 3.2(b) 的 EIS 曲线表明，600℃ 下两工况的欧姆极化几乎一致。但是，入口气体的 20% H_2 被 Ar 替代后，由于入口无还原性气体，SOFC 模式由于反应物不足致使电化学性能受到了限制，在开路电压下，由图 3.2(a) 的极化曲线在开路电压下的斜率计算得到 ASR 从 1.36 mΩ·m² 增大到 1.72 mΩ·m²。

3.2.2　工作温度和组分对 CH_4 生成特性的影响

1 号管式单元工况表对应的产物组分实验结果已在李汶颖的博士学位论文[46]中给出，如表 3.2 所示。这里，CO_2 转化率 φ_{CO_2} 和 CH_4 生成率 φ_{CH_4} 的计算表达式如下：

$$\varphi_{CO_2} = 1 - \frac{\chi_{CO_2}}{\chi_{CO} + \chi_{CO_2} + \chi_{CH_4}} \tag{3-1}$$

$$\varphi_{CH_4} = \frac{\chi_{CH_4}}{\chi_{CO} + \chi_{CO_2} + \chi_{CH_4}} \tag{3-2}$$

其中，χ 为管式 SOEC 干燥后的出口气体摩尔分数。如表 3.2 所示，650℃ 时，在开路电压下仅检测到 0.3% 的 CH_4 生成；在通入 1.5 V 工作电压后，管式 SOEC 可获得 −1.27 A 的平均电解电流，CO_2 转化率较开路下提升了 23%，但出口 CH_4 生成率仅提升至 4.1%。随着工作温度降低，开路下 CH_4 生成率显著提升，但通入 1.5 V 电压后平均电流减小，加电后 CO_2 转化率的提升也减小，体现出电化学还原反应与甲烷化反应的温度不匹配。在 600℃ 下不通入 H_2 时，1.5 V 下平均电流从 −0.79 A 升至 −0.97 A，但 CH_4 生成率仅仅达到 0.03%。这进一步说明了当前管式 SOEC 反应器中的 CH_4 生成仍在较大程度上借助化学反应过程，H_2O/CO_2 共电解和甲烷化反应的耦合有待强化。

表 3.2　常压下 1 号管式 SOEC 共电解 H_2O/CO_2 产物组分及转化率

温度 /℃	入口气体组分（总流量=100 mL/min）	工作电压 /V	平均电流 /A	产物气体组分/%				CO_2 转化率/%	CH_4 生成率/%
				H_2	CO	CH_4	CO_2		
650	20% H_2O+20% CO_2+20% H_2+40% Ar	OCV/ 1.5	0	24.6	7.3	0.20	67.8	10.0	0.30
			−1.27	35.1	18.9	2.70	43.2	33.3	4.10
600	20% H_2O+20% CO_2+20% H_2+40% Ar	OCV/ 1.5	0.00	29.0	9.9	2.90	58.3	18.0	4.00
			−0.79	31.0	11.5	5.10	52.5	24.0	7.40
600	20% H_2O+20% CO_2+60% Ar	OCV/ 1.5	0.00	0.9	0.1	0.00	99.0	0.1	0.00
			−0.97	7.5	4.3	0.03	88.2	4.7	0.03
550	20% H_2O+20% CO_2+20% H_2+40% Ar	OCV/ 1.5	0.00	7.3	7.2	8.80	76.7	17.3	9.50
			−0.41	19.4	6.9	9.90	63.8	20.8	12.30

3.3　管式 SOEC 多物理场建模

为了强化 H_2O/CO_2 共电解和甲烷化反应的过程耦合，结合常压管式 SOEC 实验测试数据，基于 COMSOL MULTIPHYSICS® 商用有限元软件平台，建立多物理场耦合的二维轴对称管式 SOEC 共电解 H_2O/CO_2 数值模型，指导管式 SOEC 共电解 H_2O/CO_2 一步定向合成 CH_4。

3.3.1　管式单元模型计算域与假设

本模型基本假设如下：

（1）假设所有气体均为理想气体；

（2）假设管式单元各参数沿周向均匀分布；

（3）为简化计算，将燃料极支撑层和活性层合并为一层，假设多孔电极内电子导体和离子导体粒径相同，孔半径尺度与粒径相同，各向同性且均匀连续分布，因此各反应活性位在电极内均匀分布；

（4）燃料极内部的多相催化反应发生在体相 Ni 表面,电化学反应发生在体相 Ni/YSZ 三相界面处;

（5）流道内仅考虑气体宏观流动和分子扩散;忽略多孔电极内部的对流和压力梯度,仅考虑 Knudsen 扩散、分子扩散和 Darcy 渗流;

（6）忽略管式单元的辐射换热。

基于假设（2）,可将管式 SOEC 简化为二维轴对称的计算域,如图 3.3 所示。管式 SOEC 的各参数基本保持与实验测试的管式 SOEC 一致:入口铜管内径为 1.5 mm,外径为 3 mm,管式单元燃料极、电解质和空气极厚度分别为 770 μm、10 μm 以及 15 μm,对应管式 SOEC 外径为 6.59 mm。空气极流道外壁内径设为 10 mm。管长 1.15 m,由于 SOEC 氧电极仅覆盖

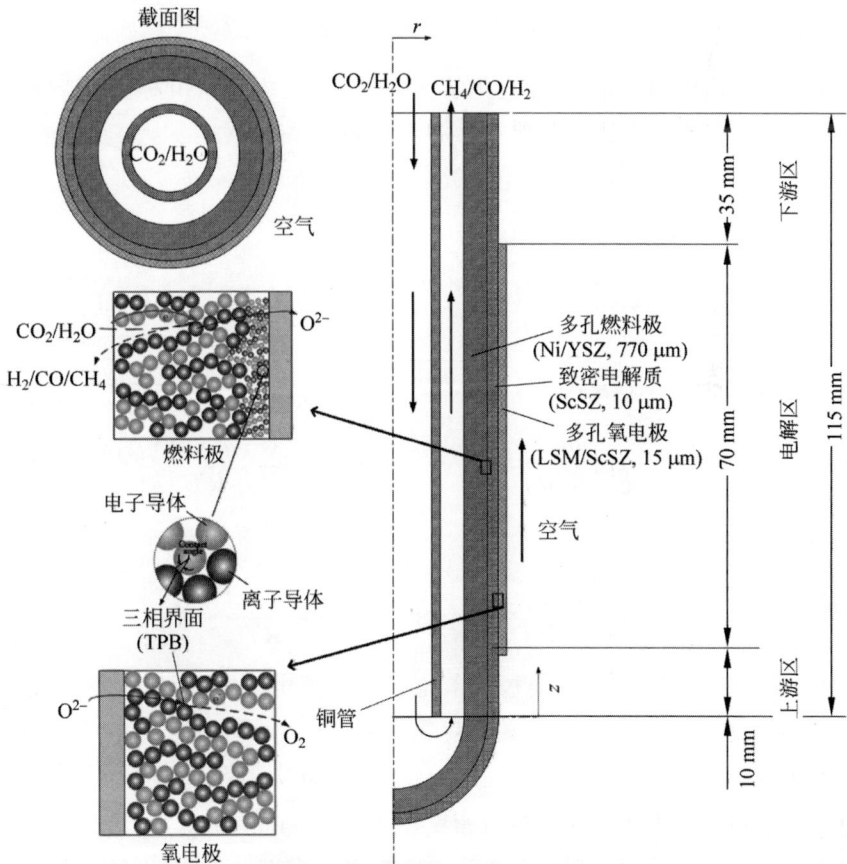

图 3.3　管式 SOEC 轴对称模型几何结构与计算域

管外 70 mm 长的管壁区域,因此沿着轴向从管底到管口可将管式单元分为 3 个区域:上游区、电解区和下游区。

3.3.2 电化学反应动力学和电荷守恒方程

为简化二维模型,本模型采用总包反应来描述管式 SOEC 共电解 H_2O/CO_2 的电化学反应。在燃料极发生 H_2O 和 CO_2 的竞争电解,其总包电化学反应方程如下:

$$H_2O + 2e^- \longrightarrow H_2 + O^{2-} \tag{3-3}$$

$$CO_2 + 2e^- \longrightarrow CO + O^{2-} \tag{3-4}$$

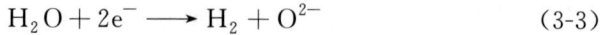

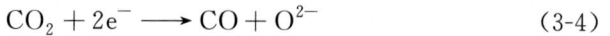

在氧电极为氧生成的总包电化学反应,其表达式如下:

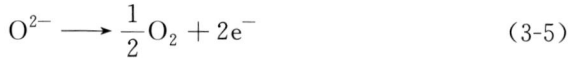

$$O^{2-} \longrightarrow \frac{1}{2}O_2 + 2e^- \tag{3-5}$$

由于三相界面体相分布,因此电化学反应也在多孔电极体相发生,燃料极和氧电极的电化学反应速率源项 i_{fuel} 和 i_{oxy} 如下:

$$i_{fuel} = i_{fuel,H_2O} + i_{fuel,CO_2} \tag{3-6}$$

$$i_{fuel,H_2O} = i_{0,fuel,H_2O} S_{TPB,fuel} \times$$
$$\left[\frac{c_{H_2}^{TPB}}{c_{H_2}^{bulk}} \exp\left(\frac{\alpha n_e F \eta_{fuel}}{RT}\right) - \frac{c_{H_2O}^{TPB}}{c_{H_2O}^{bulk}} \exp\left(-\frac{(1-\alpha) n_e F \eta_{fuel}}{RT}\right) \right] \tag{3-7}$$

$$i_{fuel,CO_2} = i_{0,fuel,CO_2} S_{TPB,fuel} \times$$
$$\left[\frac{c_{CO}^{TPB}}{c_{CO}^{bulk}} \exp\left(\frac{\alpha n_e F \eta_{fuel}}{RT}\right) - \frac{c_{CO_2}^{TPB}}{c_{CO_2}^{bulk}} \exp\left(-\frac{(1-\alpha) n_e F \eta_{fuel}}{RT}\right) \right] \tag{3-8}$$

$$i_{oxy} = i_{0,oxy} S_{TPB,oxy} \times$$
$$\left[\frac{c_{O_2}^{TPB}}{c_{O_2}^{bulk}} \exp\left(\frac{\alpha n_e F \eta_{oxy}}{RT}\right) - \exp\left(-\frac{(1-\alpha) n_e F \eta_{oxy}}{RT}\right) \right] \tag{3-9}$$

其中,i_{fuel} 和 i_{oxy} 分别为燃料极和氧电极的局部电流密度,单位为 A/m^3,其中 i_{fuel} 包括由 H_2O 电解产生的电流密度 i_{fuel,H_2O} 和 CO_2 电解产生的电流密度 i_{fuel,CO_2};$i_{0,fuel,H_2O}$、$i_{0,fuel,CO_2}$ 和 $i_{0,oxy}$ 分别为燃料极 H_2O 电解和 CO_2 电解以及氧电极的交换电流密度,单位为 A/m^2;$S_{TPB,fuel}$ 为三相界面密度,单位为 m^2/m^3,可通过二元随机填充球模型和渝渗理论估算[130];η_{fuel} 和 η_{oxy} 分别为燃料极和氧电极的局部极化电压;c_i^{TPB} 和 c_i^{bulk} 分别为

气相组分 i 在电极表面和三相界面处的浓度,单位为 mol/m^3。H_2O 电解和 CO_2 电解的交换电流密度 i_{0,fuel,H_2O} 和 i_{0,fuel,CO_2} 采用第 2 章中的机理研究结论,根据式(2-28)和式(2-15),由于多孔电极中能够提供丰富的 CO_2 吸附位点,因此认为 CO_2 电化学还原替代 CO 电化学还原成为速率控制步骤,有如下交换电流密度表达式:

$$i_{0,\mathrm{fuel},H_2O} = \gamma_{\mathrm{fuel},H_2O}\, p_{H_2}^{0.15}\, p_{H_2O}^{0.85} \exp\left(-\frac{E_{\mathrm{act},H_2O}}{RT}\right) \tag{3-10}$$

$$i_{0,\mathrm{fuel},CO_2} = \gamma_{\mathrm{fuel},CO_2}\, p_{CO}^{0.56}\, p_{CO_2}^{0.44} \exp\left(-\frac{E_{\mathrm{act},CO_2}}{RT}\right) \tag{3-11}$$

其中,E_{act,H_2O} 和 E_{act,CO_2} 为 H_2O 电解和 CO_2 电解的活化能,根据第 2 章的实验数据拟合有 E_{act,H_2O} 为 93.35 kJ/mol,E_{act,CO_2} 为 160.54 kJ/mol。氧电极的交换电流密度表达式如下[131]:

$$i_{0,\mathrm{oxy}} = \frac{\gamma_{\mathrm{oxy}} RT}{4F}\, p_{O_2}^{0.25} \exp\left(-\frac{E_{\mathrm{act},\mathrm{oxy}}}{RT}\right) \tag{3-12}$$

η_{fuel} 和 η_{oxy} 可分别由局部的电子电势 φ_{el} 和离子电势 φ_{ion} 计算得到[132]:

$$\eta_{\mathrm{fuel}} = \varphi_{\mathrm{el},\mathrm{fuel}} - \varphi_{\mathrm{ion},\mathrm{fuel}} - V_{\mathrm{ref},\mathrm{fuel}} \tag{3-13}$$

$$\eta_{\mathrm{oxy}} = \varphi_{\mathrm{el},\mathrm{oxy}} - \varphi_{\mathrm{ion},\mathrm{oxy}} - V_{\mathrm{ref},\mathrm{oxy}} \tag{3-14}$$

其中,$V_{\mathrm{ref},\mathrm{fuel}}$ 和 $V_{\mathrm{ref},\mathrm{oxy}}$ 分别为燃料极和氧电极的参比电势,满足 $V_{\mathrm{ref},\mathrm{oxy}} - V_{\mathrm{ref},\mathrm{fuel}} = V_{\mathrm{OCV}}$。本模型设定 $V_{\mathrm{ref},\mathrm{fuel}} = 0$,因此 $V_{\mathrm{ref},\mathrm{oxy}} = V_{\mathrm{OCV}}$。电子电势 φ_{el} 和离子电势 φ_{ion} 可由如下电荷守恒方程求解而来:

$$C_{\mathrm{dl},\mathrm{fuel}} S_{\mathrm{TPB},\mathrm{fuel}} \frac{\partial(\varphi_{\mathrm{ion},\mathrm{fuel}} - \varphi_{\mathrm{el},\mathrm{fuel}})}{\partial t} + \nabla \cdot (-\sigma_{\mathrm{ion},\mathrm{fuel}}^{\mathrm{eff}} \nabla\varphi_{\mathrm{ion},\mathrm{fuel}})$$
$$= Q_{\mathrm{ion},\mathrm{fuel}} = i_{\mathrm{fuel}} \tag{3-15}$$

$$C_{\mathrm{dl},\mathrm{fuel}} S_{\mathrm{TPB},\mathrm{fuel}} \frac{\partial(\varphi_{\mathrm{el},\mathrm{fuel}} - \varphi_{\mathrm{ion},\mathrm{fuel}})}{\partial t} + \nabla \cdot (-\sigma_{\mathrm{el},\mathrm{fuel}}^{\mathrm{eff}} \nabla\varphi_{\mathrm{el},\mathrm{fuel}})$$
$$= Q_{\mathrm{el},\mathrm{fuel}} = -i_{\mathrm{fuel}} \tag{3-16}$$

$$C_{\mathrm{dl},\mathrm{oxy}} S_{\mathrm{TPB},\mathrm{oxy}} \frac{\partial(\varphi_{\mathrm{ion},\mathrm{oxy}} - \varphi_{\mathrm{el},\mathrm{oxy}})}{\partial t} + \nabla \cdot (-\sigma_{\mathrm{ion},\mathrm{oxy}}^{\mathrm{eff}} \nabla\varphi_{\mathrm{ion},\mathrm{oxy}})$$
$$= Q_{\mathrm{ion},\mathrm{oxy}} = i_{\mathrm{oxy}} \tag{3-17}$$

$$C_{\mathrm{dl},\mathrm{fuel}} S_{\mathrm{TPB},\mathrm{oxy}} \frac{\partial(\varphi_{\mathrm{el},\mathrm{oxy}} - \varphi_{\mathrm{ion},\mathrm{oxy}})}{\partial t} + \nabla \cdot (-\sigma_{\mathrm{el},\mathrm{oxy}}^{\mathrm{eff}} \nabla\varphi_{\mathrm{el},\mathrm{oxy}})$$
$$= Q_{\mathrm{el},\mathrm{oxy}} = -i_{\mathrm{oxy}} \tag{3-18}$$

其中,$C_{\text{dl,fuel}}$ 和 $C_{\text{dl,oxy}}$ 分别为燃料极和氧电极中电子导体和离子导体之间的单位面积双电层电容,单位为 F/m^2;σ^{eff} 为电极的考虑电极孔隙率 ε 的有效电导率,单位为 S/m,其关系式如下:

$$\sigma^{\text{eff}} = (1-\varepsilon)\sigma \tag{3-19}$$

电解质层仅发生氧离子的传输,其离子电荷守恒方程为

$$\nabla \cdot (-\sigma_{\text{ion,elec}} \nabla \varphi_{\text{ion,elec}}) = 0 \tag{3-20}$$

3.3.3 多相催化反应动力学和质量守恒方程

管式 SOEC 燃料极内还涉及多相催化反应,本模型主要考虑 Ni 基催化的可逆水气变换反应和甲烷化反应(methanation reaction,MR):

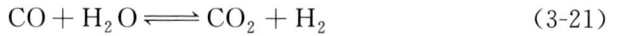

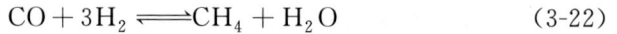

$$CO + H_2O \Longrightarrow CO_2 + H_2 \tag{3-21}$$

$$CO + 3H_2 \Longrightarrow CH_4 + H_2O \tag{3-22}$$

WGSR 反应速率 Q_{WGSR} 和 MR 反应速率 Q_{MR}(单位为 $mol/(m^3 \cdot s)$)采用文献[133]中的公式形式:

$$Q_{\text{WGSR}} = S_{\text{Ni}} k_{\text{f}}^{\text{WGSR}} \left(p_{H_2O} p_{CO} - \frac{p_{H_2} p_{CO_2}}{K_{\text{p}}^{\text{WGSR}}} \right) \tag{3-23}$$

$$k_{\text{f}}^{\text{WGSR}} = \gamma_{\text{WGSR}} 0.0171 \exp\left(\frac{-103\,191}{RT} \right) \tag{3-24}$$

$$K_{\text{p}}^{\text{WGSR}} = \exp(-0.2935Z^3 + 0.6351Z^2 + 4.1788Z + 0.3169) \tag{3-25}$$

$$Q_{\text{MR}} = S_{\text{Ni}} k_{\text{r}}^{\text{MR}} (K_{\text{p}}^{\text{MR}} p_{H_2}^3 p_{CO} - p_{CH_4} p_{H_2O}) \tag{3-26}$$

$$k_{\text{r}}^{\text{MR}} = \gamma_{\text{MR}} 2395 \exp\left(\frac{-231\,266}{RT} \right) \tag{3-27}$$

$$K_{\text{p}}^{\text{MR}} = 1.0267 \times 10^{10} \exp(0.2513Z^4 - 0.3665Z^3 -$$
$$0.5810Z^2 + 27.134Z - 3.277) \tag{3-28}$$

其中,S_{Ni} 为多相催化反应的催化剂 Ni 表面积,单位为 m^2/m^3,同样可通过二元随机填充球模型和渝渗理论进行估计[130];T 为局部温度,单位为 K;$K_{\text{p}}^{\text{WGSR}}$ 和 K_{p}^{MR} 分别为 WGSR 和 MR 的反应平衡常数,单位为 Pa^2,其中 Z 为 $1000/T-1$;$k_{\text{f}}^{\text{WGSR}}$ 和 k_{r}^{MR} 分别为 WGSR 正反应的反应速率常数和 MR 逆反应的反应速率常数,单位为 $mol/(m^3 \cdot Pa^2 \cdot s)$。由于受到不同材料结构和担载量的影响,文献中 Ni 基多相催化反应动力学变动很大[133]。本研究通过结合管式 SOEC 共电解 H_2O/CO_2 实验测得的出口气

体组分,对 WGSR 和 MR 的反应速率常数进行修正,因此 γ_{WGSR} 和 γ_{MR} 分别为 k_f^{WGSR} 和 k_r^{MR} 的修正系数。

管式 SOEC 多孔电极及流道中的质量扩散可通过扩展的 Fick 模型描述:

$$\frac{\partial(\varepsilon c_i)}{\partial t} + \nabla \cdot (-\widetilde{D}_i \nabla c_i + \boldsymbol{u} \cdot c_i) = Q_{\mathrm{Mass},i} \tag{3-29}$$

其中, c_i 为气相组分 i 的局部浓度,单位为 $\mathrm{mol/m^3}$; ε 为孔隙率,在流道中时 $\varepsilon=1$; $\boldsymbol{u}$ 为局部气体流速矢量,单位为 $\mathrm{m/s}$; $Q_{\mathrm{Mass},i}$ 为气体组分 i 的局部源项,单位为 $\mathrm{mol/(m^3 \cdot s)}$; $\widetilde{D}_i$ 为气相组分 i 的有效扩散系数,单位为 $\mathrm{m^2/s}$ 。针对不同的气相组分 i , $Q_{\mathrm{Mass},i}$ 的表达式如下:

$$\begin{cases} Q_{\mathrm{Mass,H_2}} = i_{\mathrm{fuel,H_2O}} + Q_{\mathrm{WGSR}} - 3Q_{\mathrm{MR}} \\ Q_{\mathrm{Mass,H_2O}} = -i_{\mathrm{fuel,H_2O}} - Q_{\mathrm{WGSR}} + Q_{\mathrm{MR}} \\ Q_{\mathrm{Mass,CO}} = i_{\mathrm{fuel,CO_2}} - Q_{\mathrm{WGSR}} - Q_{\mathrm{MR}} \\ Q_{\mathrm{Mass,CO_2}} = -i_{\mathrm{fuel,CO_2}} + Q_{\mathrm{WGSR}} \\ Q_{\mathrm{Mass,CH_4}} = Q_{\mathrm{MR}} \end{cases} \tag{3-30}$$

当多孔介质的孔径远大于分子平均自由程时,质量扩散以分子扩散为主导;当多孔介质的孔径远大于分子平均自由程分子扩散时,质量扩散以努森(Knudsen)扩散为主导。本模型在流道内仅考虑分子扩散;在多孔电极内,同时考虑了分子扩散和 Knudsen 扩散修正有效扩散系数 $\widetilde{D}_i$ 。具体表达式如下[134-136]:

$$\widetilde{D}_i = \begin{cases} \left(\dfrac{1}{D_{\mathrm{mol},i}^{\mathrm{eff}}} + \dfrac{1}{D_{\mathrm{Kn},i}^{\mathrm{eff}}} \right)^{-1}, & \text{多孔电极} \\ D_{\mathrm{mol},i}^{\mathrm{eff}}, & \text{流道} \end{cases} \tag{3-31}$$

$$D_{\mathrm{mol},i}^{\mathrm{eff}} = \left[\frac{1-\chi_i}{\displaystyle\sum_{\substack{j=1 \\ j \neq i}}^{n} (\chi_j / D_{ij}^{\mathrm{eff}})} \right] \tag{3-32}$$

$$D_{ij}^{\mathrm{eff}} = \frac{\varepsilon}{\tau} D_{ij} = \frac{0.000\,715 \varepsilon T^{1.75} (1/M_i + 1/M_j)^{1/2}}{\tau p \left[V_i^{1/3} + V_j^{1/3} \right]^2} \tag{3-33}$$

$$D_{i,\mathrm{Kn}}^{\mathrm{eff}} = \frac{\varepsilon}{\tau} D_{i,\mathrm{Kn}} = \frac{4\varepsilon \bar{r}}{3\tau} \sqrt{\frac{8RT}{\pi M_i}} \tag{3-34}$$

其中, χ_i 为气相组分 i 的摩尔分数; ε 、 τ 分别为多孔电极的孔隙率和曲折因子,在流道中,$\varepsilon = \tau = 1$。

3.3.4 动量守恒方程

本模型采用微可压黏性流体的纳维尔—斯托克斯(Navier-Stokes)方程描述流道内的流动方程[137]:

$$\frac{\partial \rho_g}{\partial t} + \nabla \cdot (\rho_g \boldsymbol{u}) = Q_{Mass} = \sum_i Q_{Mass,i} \tag{3-35}$$

$$\rho_g \frac{\partial \boldsymbol{u}}{\partial t} + \rho_g \boldsymbol{u} \cdot \nabla \boldsymbol{u} = -\nabla p + \nabla \cdot \left[\mu(\nabla \boldsymbol{u} + (\nabla \boldsymbol{u})^T) - \frac{2}{3}\mu \nabla \cdot \boldsymbol{u} \right] + Q_{Mom} \tag{3-36}$$

其中,μ 为黏度系数,单位为 kg/(m·s);ρ_g 为气相组分的密度,单位为 kg/m^3,可由理想气体状态方程求得;Q_{Mass} 为所有气相组分净生成速率的加和,单位为 kg/(m^3·s),在流道中 $Q_{Mass} = 0$;Q_{Mom} 为动量源项,在流道中 $Q_{Mom} = 0$,在多孔电极中额外考虑达西(Darcy)渗流引入的动量源项,$Q_{Mom} = -\varepsilon \mu \boldsymbol{u}/\kappa$,$\kappa$ 为渗透率,单位为 m^2。

3.3.5 能量守恒方程

管式 SOEC 共电解 H_2O/CO_2 是热、电、气相互转化的复杂化学/电化学反应体系,涉及了 H_2O/CO_2 电解反应吸热过程、不可逆极化放热过程、MR 反应放热过程、可逆 WGSR 的吸热和放热以及 SOEC 内部的热传导、气体流动带来的热对流和热辐射等复杂的热交换过程。本模型忽略了热辐射以简化问题,管式 SOEC 流道内的能量守恒方程表达式如下:

$$\frac{\partial(\rho_g c_{p,g} T)}{\partial t} + \nabla \cdot (-\lambda_g \nabla T + \rho_g c_{p,g} T \boldsymbol{u}) = 0 \tag{3-37}$$

其中,λ_g 为流体的导热系数,单位为 W/(m·K);$c_{p,g}$ 为流体的比热容,单位为 J/(kg·K)。管式 SOEC 固相区域(包括入口铜管、多孔燃料极和氧电极以及致密电解质)的能量守恒方程表达式如下:

$$\frac{\partial(\rho_s c_{p,s}^{eff} T)}{\partial t} + \nabla \cdot (-\lambda_s^{eff} \nabla T) = Q_{heat} \tag{3-38}$$

其中,λ_s^{eff} 为流体的有效导热系数,单位为 W/(m·K);$c_{p,s}^{eff}$ 为固体的有效比热容,单位为 J/(kg·K),通过孔隙率 ε 作如下修正[133]:

$$\begin{cases} \lambda_s^{eff} = \varepsilon \lambda_g + (1-\varepsilon)\lambda_s \\ c_{p,s}^{eff} = \varepsilon c_{p,g} + (1-\varepsilon)c_{p,s} \end{cases} \tag{3-39}$$

Q_{heat} 为管式 SOEC 固相区域的热源项,在不同固相区域的热源项均有差异:入口铜管无热源项;电解质内部为欧姆阻抗带来的欧姆极化放热;多孔电极内部涉及包括活化极化、欧姆极化和浓差极化等导致的不可逆极化放热 Q_{ir},以及可逆多相催化化学反应和电化学反应引起的可逆化学/电化学反应热效应 Q_{re}。各固相区域源项如式(3-40)所示:

$$Q_{\text{heat}} = \begin{cases} Q_{\text{ohm}}, & \text{电解质} \\ Q_{\text{re}} + Q_{\text{ir}}, & \text{多孔电极} \\ 0, & \text{入口铜管} \end{cases} \tag{3-40}$$

电解池层的欧姆极化放热可由欧姆定律计算:

$$Q_{\text{ohm}} = \frac{i_{\text{ion,elec}}^2}{\sigma_{\text{ion,elec}}} \tag{3-41}$$

多孔电极中,不可逆极化放热 Q_{ir} 需与电荷守恒方程耦合,其表达式如下:

$$Q_{\text{ir}} = \begin{cases} i_{\text{fuel}} \eta_{\text{fuel}}, & \text{燃料极} \\ i_{\text{oxy}} \eta_{\text{oxy}}, & \text{氧电极} \end{cases} \tag{3-42}$$

可逆化学/电化学反应热效应 Q_{re} 表达式如下:

$$Q_{\text{rev}} = \begin{cases} \dfrac{i_{\text{fuel},H_2O} T \Delta S_{H_2O} + i_{\text{fuel},CO_2} T \Delta S_{CO_2}}{2F} + \\ Q_{\text{WGSR}} \Delta H_{\text{WGSR}} + Q_{\text{MR}} \Delta H_{\text{MR}}, & \text{燃料极} \\ \dfrac{-i_{\text{oxy}} T \Delta S_{O_2}}{2F}, & \text{氧气极} \end{cases} \tag{3-43}$$

其中,ΔS_{H_2O} 和 ΔS_{CO_2} 是 H_2O 电解反应和 CO_2 电解反应(见式(3-3)和式(3-4))的熵变;ΔS_{O_2} 是氧电极 O_2 生成(见式(3-5))的熵变;ΔH_{WGSR} 和 ΔH_{MR} 是水气变换和甲烷化反应(见式(3-21)和式(3-22))的焓变。

3.3.6　方程求解域和边界条件

该二维轴对称管式 SOEC 模型的各控制方程求解域和边界条件设定如下。

离子电荷守恒方程:该方程仅在电极和电解质内部,即正极—电解质—负极结构处(positive electrode-electrolyte-negative electrode,PEN)求解。PEN 的外边界均设置为绝缘,电极和电解质交界均设置为连续。

电子电荷守恒方程:该方程也仅在 PEN 中的燃料极和空气极求解。燃料极与燃料极流道交界面设置为给定电势,$V_{\text{cell,fuel}}$ 为 0;氧电极与氧电极流道交界面也设置为给定电势，$V_{cell,oxy}$ 等于 V_{cell}，其余边界均设置为绝缘。

质量守恒方程：该方程在流道和多孔电极中求解。燃料极和氧电极入口均设置为给定入口浓度，燃料极和氧电极出口边界设定对流通量，电极与流道交界面设置为连续，其他边界均设置为绝缘。

动量守恒方程：该方程在流道和多孔电极中求解。燃料极和氧电极入口均设置为给定入口流速，燃料极和氧电极出口边界设置为给定出口压力，电极与流道交界面设置为连续，其他边界均设置为壁面。

能量守恒方程：该方程在所有求解域求解。燃料极和氧电极入口均设置为给定入口气体温度，燃料极和氧电极出口边界设置为对流通量，所有内边界设置为连续，其他外边界均设置为绝热或给定电炉温度。

3.3.7　模型参数、校准和验证

管式 SOEC 模型中多孔电极微观结构参数、管式单元物性参数与模型调节参数如表 3.3 所示。模型的电极微观结构参数和管式单元物性参数均来源于文献中提供的参考值；模型的调节参数包括管式 SOEC 共电解 H_2O/CO_2 两电极的曲折因子、电荷转移系数、交换电流密度指前因子以及燃料极 WGSR 和 MR 反应速率常数的修正系数。本模型以 1 号管式 SOEC 测得的电化学性能和出口产物气组分数据为基础，对调节参数进行校准和验证。

表 3.3　管式 SOEC 模型的电极微观结构参数、管式单元物性参数与模型调节参数

微观电极结构参数[78]	参　数　值
燃料极和氧电极孔隙率 $\varepsilon_{fuel}/\varepsilon_{oxy}$	0.36/0.36
燃料极平均孔径 $\bar{r}_{fuel}^{por}$ 和颗粒粒径 $\bar{r}_{fuel}^{par}$	0.193/0.193 $/\mu m$
氧电极平均孔径 $\bar{r}_{oxy}^{por}$ 和颗粒粒径 $\bar{r}_{oxy}^{par}$	0.193/0.193 $/\mu m$
燃料极和氧电极的三相界面密度 $S_{TPB,fuel}/S_{TPB,oxy}$	$2.14\times10^5/2.14\times10^5/(m^2/m^3)$
燃料极的 Ni 表面活性面积密度 S_{Ni}	$3.82\times10^6/(m^2/m^3)$
管式单元物性参数	参　数　值
YSZ 离子电导 $\sigma_{ion,YSZ}$[78]	$3.34\times10^4\times\exp(-10\,300/T^d)/(S/m)$
ScSZ 离子电导 $\sigma_{ion,ScSZ}$[78]	$6.92\times10^4\times\exp(-9681/T)/(S/m)$
LSM 电子电导 $\sigma_{el,LSM}$[78]	$4.2\times10^7/T\times\exp(-1150/T)/(S/m)$
Ni 电子电导 $\sigma_{el,Ni}$[78]	$3.27\times10^6-1065.3T/(S/m)$

续表

管式单元物性参数	参　数　值
电解质的等效离子电导 $\sigma_{ion,elec}$ [a]	$-3\times10^{-5}T^2+0.059\,96T-29.253/(S/m)$
燃料极导热系数 λ_{fuel} [138]	$6.23/(W/(m\cdot K))$
氧电极导热系数 λ_{oxy} [138]	$9.6/(W/(m\cdot K))$
电解质导热系数 λ_{elec} [138]	$2.7/(W/(m\cdot K))$
入口铜管导热系数 λ_{fuel} [138]	$27.5/(W/(m\cdot K))$
气体组分导热系数 λ_g [b]	$\sum_i x_i\lambda_i$
燃料极密度 ρ_{fuel} [138]	$6870/(kg/m^3)$
氧电极密度 ρ_{oxy} [138]	$6570/(kg/m^3)$
电解质密度 ρ_{elec} [138]	$2000/(kg/m^3)$
入口铜管密度 ρ_{fuel} [138]	$6500/(kg/m^3)$
气体组分密度 ρ_g	$\sum_i \dfrac{x_ipM_i}{RT}$
燃料极比热容 $c_{p,fuel}$ [138]	$420/(J/(kg\cdot K))$
氧电极比热容 $c_{p,oxy}$ [138]	$390/(J/(kg\cdot K))$
电解质比热容 $c_{p,elec}$ [138]	$300/(J/(kg\cdot K))$
入口铜管比热容 $c_{p,fuel}$ [138]	$200/(J/(kg\cdot K))$
气体组分比热容 $c_{p,g}$ [b]	$\sum_i x_iC_{p,i}M_i$
水气变换反应焓变 ΔH_{WGSR}	$20\,600/(J/mol)$
甲烷化反应焓变 ΔH_{MR}	$-41\,000/(J/mol)$
燃料极 H_2O 电解和 CO_2 电解活化能 $E_{act,H_2O}/E_{act,CO_2}$ [c]	$93\,350/160\,540/(J/mol)$
氧电极活化能 $E_{act,oxy}$ [139]	$130\,000/(J/mol)$
燃料极和氧电极的渗透率 $\kappa_{fuel}/\kappa_{oxy}$ [138]	$5.788\times10^{-14}/5.788\times10^{-14}/m^2$
模型调节参数	参　数　值
燃料极和氧电极的电荷转移系数 $\alpha_{fuel}/\alpha_{oxy}$	$0.48/0.48$
燃料极和氧电极的曲折因子 τ_{fuel}/τ_{oxy}	$5.0/3.0$

续表

模型调节参数	参　数　值
燃料极 H_2O 电解和 CO_2 电解的交换电流密度指前因子 $\gamma_{\text{fuel},H_2O}/\gamma_{\text{fuel},CO_2}$	$2.19\times10^6/4.00\times10^9/(A/(m^2\cdot Pa))$
氧电极交换电流密度指前因子 γ_{oxy}	$2.17\times10^7/(A/(m^2\cdot V\cdot Pa^{0.25}))$
WGSR 和 MR 反应速率常数修正系数 $\gamma_{\text{WGSR}}/\gamma_{\text{MR}}$	$10/10^5$

a EIS 测试拟合。

b 物性参数来源于文献[134]。

c 图案电极实验拟合数据。

d T 为温度,单位为 K。

　　在通过表 3.3 列出的调节参数值对模型进行校准后,模型计算结果与 1 号管式 SOEC 测得的电化学性能及出口组分数据如表 3.4 所示。

表 3.4　管式 SOEC 模型与 1 号管式 SOEC 实验结果对比[46]

操作工况	工作电压/V	出口气体组分/%							
		H_2		CO		CH_4		CO_2	
		实验	模拟	实验	模拟	实验	模拟	实验	模拟
650℃,加 H_2	OCV/1.5	24.62	42.45	7.31	11.37	0.22	0.93	67.84	45.25
		35.14	47.03	18.93	13.57	2.69	2.42	43.24	36.98
600℃,加 H_2	OCV/1.5	28.95	40.18	9.94	8.36	2.85	2.82	58.26	48.64
		30.96	42.10	11.51	9.12	5.08	4.49	52.45	44.30
600℃,不加 H_2	OCV/1.5	0.92	0.37	0.10	0.12	0.00	0.00	98.98	99.50
		7.45	15.07	4.28	5.28	0.03	0.07	88.23	79.58
550℃,加 H_2	OCV/1.5	7.33	36.13	7.23	4.61	8.77	5.78	76.68	53.48
		19.43	36.81	6.85	4.75	9.94	7.05	63.78	51.39

操作工况	工作电压/V	平均工作电流/A		CO_2 转化率/%		CH_4 生成率/%	
		实验	模拟	实验	模拟	实验	模拟
650℃,加 H_2	OCV/1.5	0.00	0.00	10.0	21.4	0.30	1.62
		−1.27	−1.30	33.3	30.2	4.14	4.58
600℃,加 H_2	OCV/1.5	0.00	0.00	18.0	18.7	4.01	4.70
		−0.79	−0.77	24.0	23.5	7.36	7.73
600℃,不加 H_2	OCV/1.5	0.00	0.00	0.1	0.1	0.00	0.00
		−0.97	−0.96	4.7	6.3	0.03	0.08
550℃,加 H_2	OCV/1.5	0.00	0.00	17.3	16.3	9.46	9.05
		−0.41	−0.41	20.8	18.7	12.34	11.16

　　为了与气相色谱测试结果对应,本模型出口气体组分为排除了 H_2O 和 Ar 后的折算出口组分。图 3.4 对比了在入口组分为 20％ H_2,20％ H_2O,20％ CO_2 和 40％Ar 时管式 SOEC 在 1.5 V 下的工作电流以及开路电压和 1.5 V 下的出口 CH_4 生成率 φ_{CH_4}。

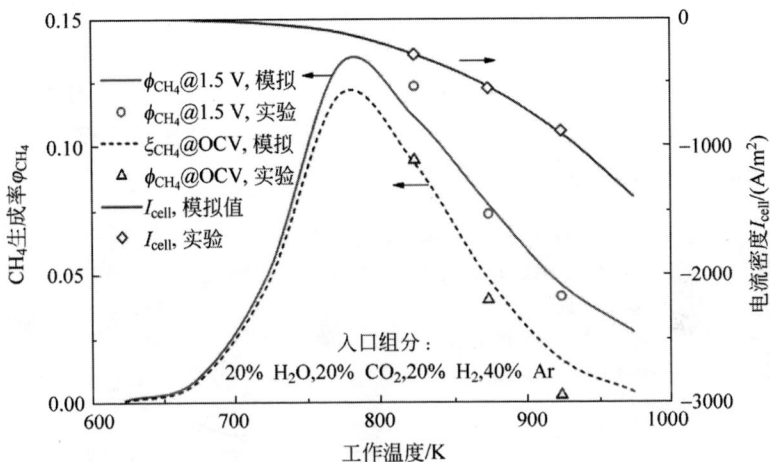

图 3.4　不同工作温度下的管式 SOEC 平均电流密度与
CH_4 生成率模拟值和实验值

　　由表 3.4 和图 3.4 可知,本模型能够较好地预测管式 SOEC 的电化学性能与主要的出口产物组分,尤其是在 $550\sim600℃$ 下对 CO 和 CH_4 的产物转化率预测更为准确。因此,本模型能够预测管式 SOEC 共电解 H_2O/CO_2 的实验结果,并反映管式 SOEC 内部的反应传递耦合规律。模型显示,出口 CH_4 生成率 φ_{CH_4} 在 500℃ 下达到峰值,之后受反应动力学限制,CH_4 生成率 φ_{CH_4} 难以进一步提升。

3.3.8　管式 SOEC 内部的基本分布情况

　　为强化电化学/化学反应过程耦合,这里选取工作温度为 650℃,一方面提升管式 SOEC 的电化学性能;另一方面降低在无电化学反应作用下(开路电压)CH_4 的生成,能够更加直观反映出电化学反应对 CH_4 生成的促进作用。

　　图 3.5 分别显示了在入口组分为 20％ H_2,20％ H_2O,20％ CO_2,40％ Ar、工作温度为 650℃ 时不同工作电压下管式 SOEC 的平均电流密度、干燥处口气中 CH_4 体积分数 χ_{CH_4} 以及 CH_4 生成率 φ_{CH_4} 的变化情况。表 3.4

中相同入口组分下开路电压和 1.5 V 工作电压的实验数据也在图中以空心点的形式标记出来。在开路电压下,模型对 CH_4 生成率及出口体积分数的估计略高于实验测试值;但在 1.5 V 工作电压下和实验值吻合良好。在工作电压低于 1.3 V 时,管式 SOEC 的平均电流密度 I_{cell} 大于 -160 A/m²,χ_{CH_4} 和 φ_{CH_4},均低于 2%。但随着工作电压升至 1.3 V 以上,管式 SOEC 极化突破活化控制区,电化学性能显著提升。在工作电压为 1.5 V 时,管式 SOEC 的平均电流密度可达 -800 A/m²,电化学性能较工作电压为 1.3 V 时提升了 4 倍;χ_{CH_4} 提升至 2.42%,φ_{CH_4} 提升至 4.58%。然而,当前工况下的 CH_4 生成率仍较低,不足以满足实际应用需求。

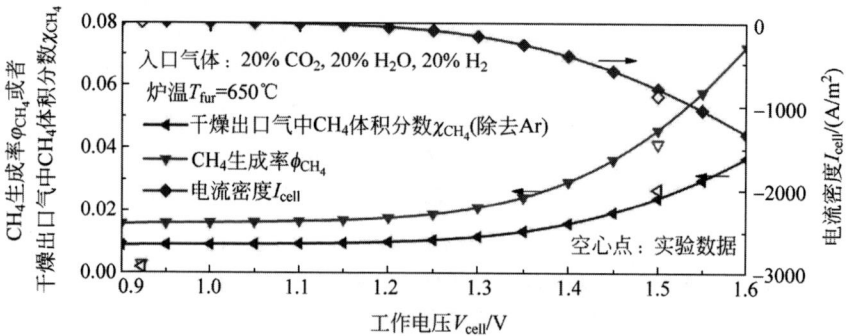

图 3.5　650℃ 下工作电压对管式 SOEC 平均电流密度、干燥出口气的 CH_4 体积分数以及出口气的 CH_4 生成率的影响

图 3.6 分别显示了在入口组分为 20% H_2,20% H_2O,20% CO_2 和 40% Ar,工作温度为 650℃ 时管式 SOEC 在 1.5 V 下的内部温度场、电流密度场、CH_4 浓度场以及 WGSR 和 MR 反应速率分布情况。图 3.6(a) 为管式 SOEC 整管的温度场分布,r 轴 0 处代表管式 SOEC 轴心,管式 SOEC 轴对称截面图沿 r 轴方向从小到大分别为入口铜管流道、入口铜管、燃料极流道、燃料极、电解质、氧电极及氧电极流道;z 轴轴向也是气体流动方向,下方(z 小于 0)圆弧状区域为管底盲端。模型考虑到入口气体在常温下通入电炉,进入管式 SOEC 时并未被完全预热,入口气体温度仅达到 500℃。燃料极入口气体通入入口铜管流道中时被迅速加热,氧电极入口空气也从管底通入,被电炉和管式 SOEC 迅速加热。由于两极入口气体的冷却作用,管式 SOEC 的两端形成了两个低温区域;管式 SOEC 中部的电解区在 1.5 V 工作电压下剧烈地极化放热形成高温区,其中最高温度可达 669℃,高于炉温 650℃。由于管式 SOEC 的氧电极仅覆盖了管子轴向 0.07 m 长

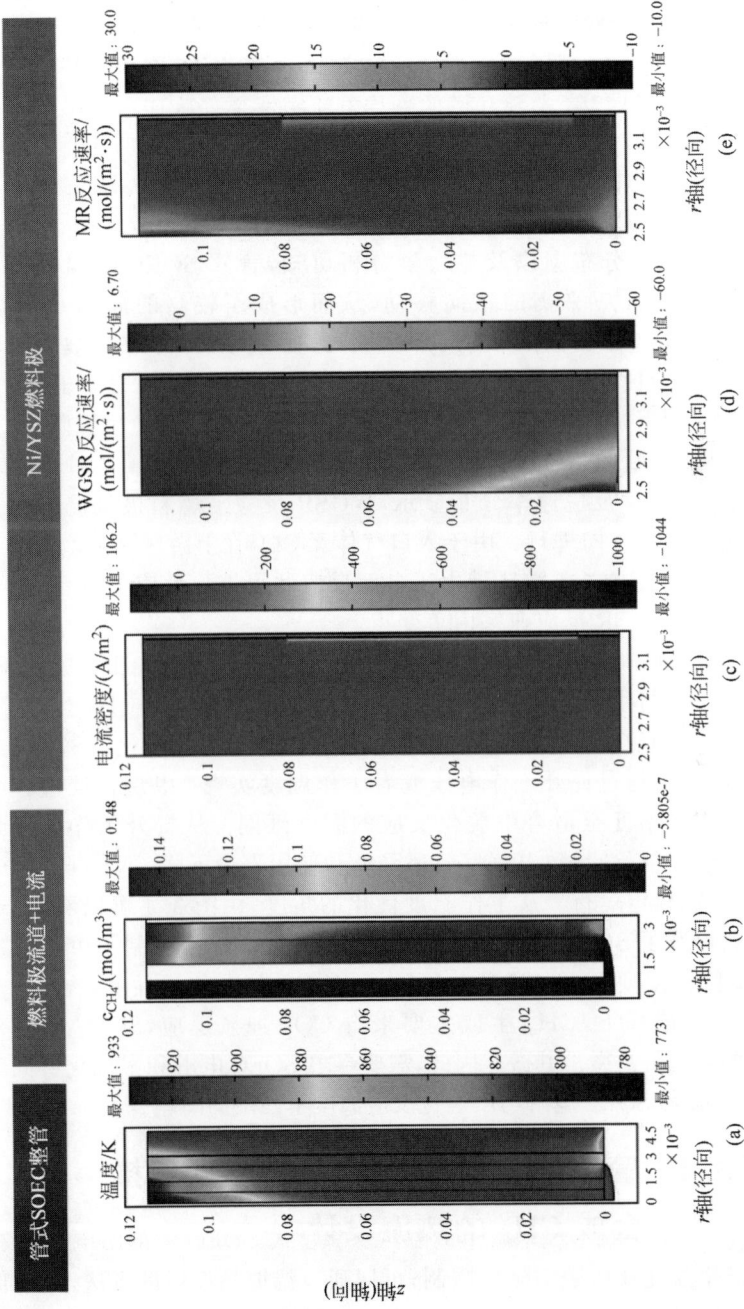

图 3.6　管式 SOEC 内部的温度、离子电流密度、CH_4 浓度以及 WGSR 和 MR 反应速率分布（见文前彩图）

的区域(z 为 $0.01 \sim 0.08$ m),因此图 3.6(c)显示管式 SOEC 燃料极在靠近燃料极—电解质交界处(r 接近 3.27 mm)及电解质层(r 为 $3.27 \sim 3.28$ mm)处 z 为 $0.01 \sim 0.08$ m 的区域内离子电流密度迅速升高,在轴向其他区域内离子电流密度接近 0。

图 3.6(b)显示在燃料极气体进入燃料极流道后,局部的 CH_4 浓度随着燃料极气流逐渐增大,尤其是在管式 SOEC 两端的低温区以及电解区末端近电解质的局部区域形成了局部较高的 CH_4 浓度。结合图 3.6(e)的甲烷化反应速率分布图以及热力学分析可知,管式 SOEC 两端的低温区促进了甲烷化反应平衡的正向移动,从而形成了较高的局部 CH_4 浓度;而在电解区末端近电解质的局部区域内,更多的 H_2O/CO_2 被电解转化为 H_2/CO,同样促进甲烷化反应的正向移动,局部 CH_4 浓度提升,但当从电解区过渡到下游区时,因再无电解作用导致甲烷化反应速率骤降,加上燃料极的 CH_4 不断向燃料极流道扩散,形成了该区域局部的高 CH_4 浓度。图 3.6(e)的 WGSR 反应速率分布显示,WGSR 反应沿燃料极气流方向逐渐由逆向进行转为正向进行。由于入口气体无 CO,在上游区域 H_2 和 CO_2 首先迅速反应生成 CO,下游区域由于电解反应和甲烷化反应的进行,促进反应正向移动,WGSR 反应速率由负变正。

由以上分析可知,管式 SOEC 共电解 H_2O/CO_2 直接合成 CH_4 是 SOEC 电化学还原反应与甲烷化反应耦合的反应过程。为提升常压 CH_4 生成率,可通过促进 SOEC 电解速率或者甲烷化反应速率两方面来强化。SOEC 电解速率的提升,可通过提升工作电压或者工作温度实现;甲烷化反应速率可通过降低工作温度至适合甲烷化反应的温度区间。从提升工作电压角度,高极化电压运行会导致电制气效率降低和使用寿命下降,不利于 SOEC 电制气的高效、稳定运行。从工作温度优化的角度,由图 3.4 可以看到,升高温度虽然提升了 SOEC 的电化学性能,但从热力学层面限制了甲烷化反应的发生;降低温度也不可避免地牺牲了 SOEC 的电化学性能,在 500℃ 的峰值 CH_4 生成率下,CH_4 生成主要来自 CO_2 加氢反应,SOEC 电解对 CH_4 生成的影响更是微乎其微。因此,需要寻求 SOEC 电解和甲烷化协同强化的方法,以缓解 SOEC 电解与甲烷化反应温度不匹配的问题。

3.4　管式 SOEC 共电解 H_2O/CO_2 直接合成 CH_4 的热流设计

为打破甲烷化反应热力学的限制,可以通过温度场设计的方法,在确保 SOEC 电解区温度的同时,在下游区形成适合甲烷化反应的温度分布。

3.4.1 流动模式对管式 SOEC 温度分布和 CH_4 生成的影响

如图 3.6 所示,本研究采用的盲管式结构中,燃料极入口的冷气流(未被完全预热的入口气体)通过入口铜管的快速导热,可降低盲管式 SOEC 下游区(近管口处)的局部温度,在未对 SOEC 电解区造成显著干扰的条件下,能够促进下游甲烷化反应向右移动。在图 3.6 分析的管式 SOEC 工况下,管式 SOEC 的燃料极和空气极入口分别布置于管式 SOEC 的两端,管式 SOEC 燃料极入口气体从入口铜管流入,氧电极入口气体从管底向上流入。因此,管式 SOEC 膜电极表面两极气流向同一方向流动,称为顺流模式。顺流模式的具体结构如图 3.7(a)左图所示。在顺流模式下,由于入口气体温度未完全预热,导致在管式 SOEC 两端形成了两个低温区。由于入

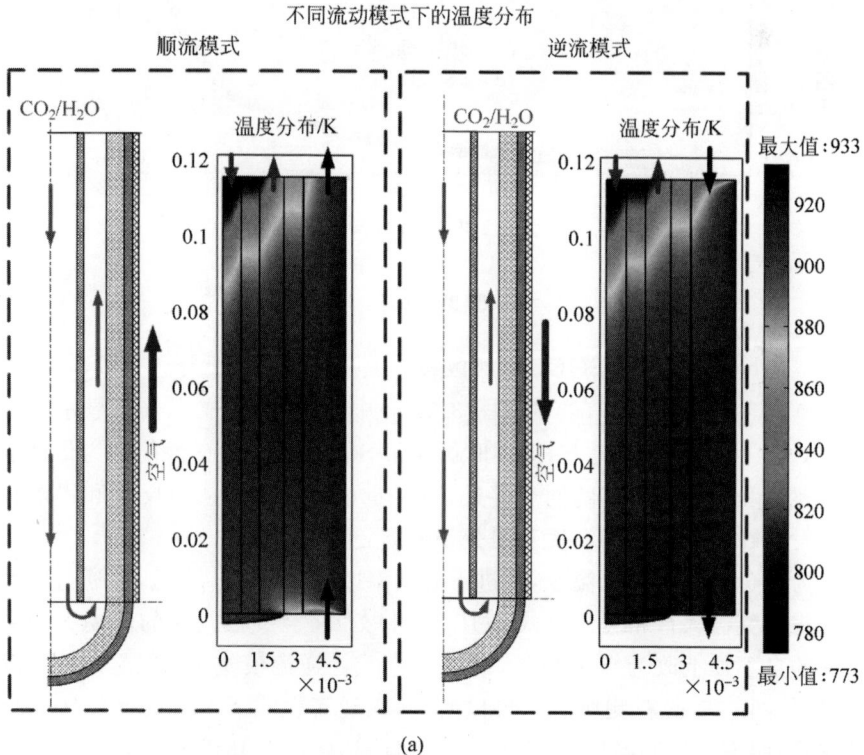

图 3.7 顺流模式和逆流模式的温度分布(a)与不同流动模式下的燃料极/电解质交界面温度、电解质内部的离子电流密度,以及流道中心的局部 CH_4 生成率沿燃料极流道的分布(b)(见文前彩图)

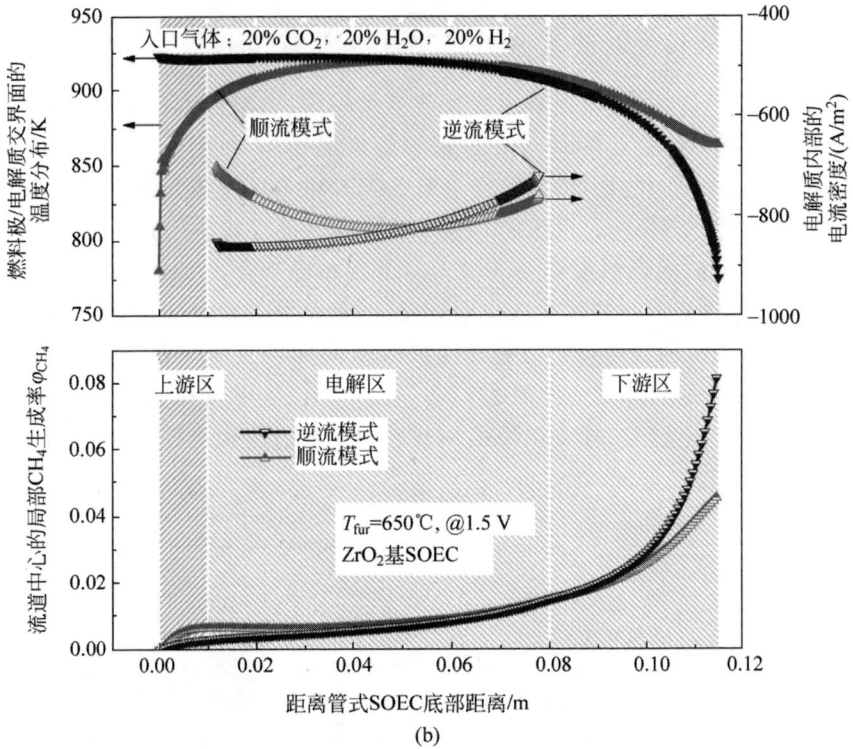

图 3.7（续）

口空气的冷却，在管式 SOEC 电解区靠近上游区处温度低于 630℃，较设定
的 650℃炉温低了 20℃，虽然由图 3.7(b)中的 CH₄ 生成率分布显示在上
游区 CH₄ 生成率有所提升，但同时影响了 SOEC 的电化学性能。为保证电
化学还原和甲烷化反应的同步促进，应尽量设计电化学还原反应和甲烷化
反应发生在各自适宜的温度和组分条件下。

　　为避免出现上游低温区，促进下游低温区温度进一步降低，可通过流动
设计将空气极入口布置于管式 SOEC 管口处，将空气极气流的流动方向由
原来的自下往上改为自上往下，即逆流模式。逆流模式下，管式 SOEC 温
度场，如图 3.7(a)右侧所示。可以看到，在逆流模式下上游的低温区完全
被移除，而下游的低温区温度进一步降低，并且在 SOEC 电解区的温度整
体高于顺流模式，从而形成梯度化温度分布。图 3.7(b)给出了管式 SOEC
燃料极/电解质交界面温度、电解质内部的离子电流密度以及流道中心的局
部 CH₄ 生成率沿燃料极流道的分布。逆流模式下，空气极气流在下游区被

充分预热,在上游区和电解区的前半段气流预热完全,温度可维持在 650℃以上,较顺流模式高 20℃以上,因此逆流模式下电解区前段电解质内部的离子电流密度较顺流模式高 20％以上。在 z 为 0.01～0.05 m 处,逆流模式下电解质内部的离子电流密度始终高于顺流模式;但在 z 为 0.05～0.08 m 处,由于反应物消耗以及温度的逐渐降低,逆流模式下的离子电流密度略低于顺流模式。总体来看,逆流模式的总电流可达 -1.34 A,较顺流模式(-1.30 A)下的电化学性能提升了 3％。在逆流模式下,电解区前段和中段的快速电化学反应,为电解区后段及下游区积累了更多的 H_2 和CO,为甲烷化反应提供了更为充足的反应物;更重要的是,在双入口共同的冷却作用下,逆流模式下游区出口温度为 502℃,较顺流模式低了近90℃,甲烷化反应仍处于热力学控制区,从而在逆流模式下游区 CH_4 含量迅速升至 8％以上,CH_4 产率高出顺流模式 80％以上。热流设计可以借助流动传热过程同步强化电化学/化学反应,从而提升 CH_4 定向合成产率。

3.4.2　热流设计的实验验证

　　基于上述模型分析,本研究根据图 3.7,通过改变外侧空气极的流向来改变管式 SOEC 的流动模式。研究选取表 3.2 中 1 号管式 SOEC 在工作温度 650℃,燃料极入口组分 20％H_2、20％ H_2O、20％ CO_2、40％ Ar,工作电流 -1.27 A 下的出口气体组分数据作为顺流模式下的数据,并与逆流模式进行对比。逆流模式下,实验采用同样规格和制备工艺的 2 号管式SOEC 工作在相同工况下,测试其出口产物组分。表 3.5 给出了工作温度650℃、常压、平均放电电流 -1.27 A 时管式 SOEC 分别在顺流和逆流模式下的出口产物组分、CO_2 转化率及 CH_4 生成率。由出口组分比例可以看到,逆流模式下出口 H_2 体积分数增多,CO 体积分数降低,CO_2 转化率降低了 7.4％,但 CH_4 体积分数却提升了 0.9％,CH_4 生成率提升了 2.1％,CH_4 产率提升了 51％。

表 3.5　650℃、常压下管式 SOEC 顺流和逆流模式下的产物生成特性对比

模式	工作温度/℃	入口气体组分/(mL/min)				放电电流/A	产物气体组分/%				CO_2 转化率/%	CH_4 生成率/%
		H_2O	H_2	CO_2	Ar		H_2	CO	CH_4	CO_2		
顺流	650	20	20	20	40	-1.27	35.1	18.9	2.7	43.2	33.3	4.1
逆流							42.0	11.4	3.6	42.9	25.9	6.2

　　研究分别测试了在顺流模式和逆流模式下管式 SOEC 单元沿轴向的温度分布,如图 3.8 所示。实验测得的温度场分布规律与图 3.7(b)中模型预测的温度场分布一致。由于燃料极和氧电极入口均通入常温气体,燃料极入口流量为 100 mL/min,氧电极入口流量为 200 mL/min,入口气流在通入管式单元反应区时未被完全预热,入口气流对管式单元起到了一定的冷却作用。根据 3.4.1 节的分析,逆流模式较顺流模式可以更好地保证管式单元电解区更加接近设定的工作温度(炉温),同时在下游区受到燃料极和氧电极两股入口气流的冷却作用形成更低的温度场,从而同步促进电解反应和甲烷化反应的发生,提升 CH_4 产率达到 51%。

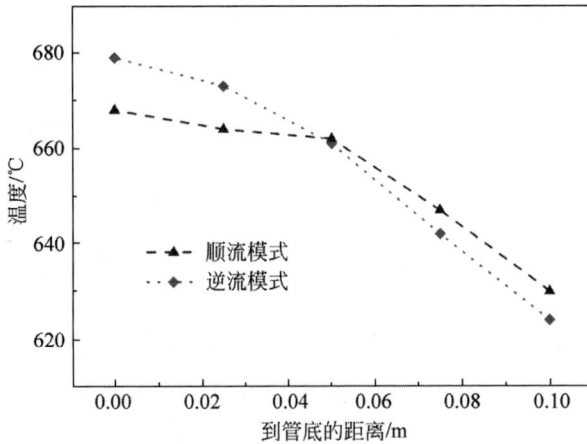

图 3.8　顺流模式和逆流模式下管式单元沿轴向温度分布测量值

3.4.3　入口气流温度对 CH_4 生成的影响

　　图 3.9 在采用热流设计方法得到实验验证的基础上,进一步分析了在工作温度为 650℃ 和逆流模式下不同入口气体温度 T_{in} 对管式 SOEC 温度分布及局部 CH_4 生成率 φ_{CH_4} 的影响。

　　由图 3.9 可以看到,当入口温度高于 550℃ 时,上游区和电解区前段几乎不会受到入口冷气流的影响,管式 SOEC 温度分布及局部 CH_4 生成率 φ_{CH_4} 基本相同,电解区前段的电流密度可基本保持高于 -850 A/m^2;当入口温度低至 500℃ 以下时,入口冷气流的影响逐渐延伸至电解区前段,电解区温度整体降低,从而导致电流密度显著降低。在电解区后端及下游区不同入口气流温度的影响变得更为明显,当 T_{in} 为 400℃ 时,在 z 为 0.08 m

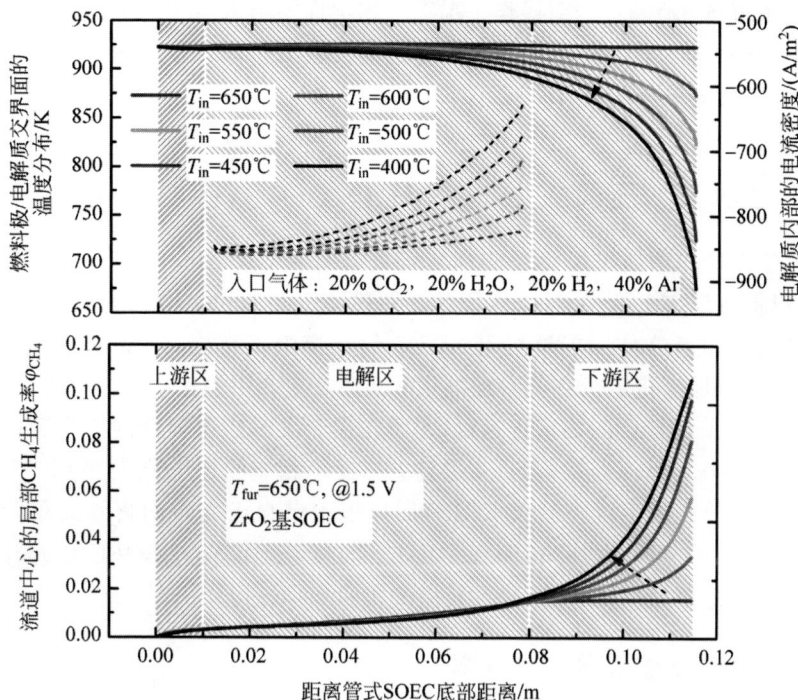

图 3.9　逆流模式、不同入口温度下的燃料极/电解质交界面温度、电解质内部的离子电流密度，以及流道中心的局部 CH_4 生成率沿燃料极流道的分布（见文前彩图）

处的温度分布较 T_{in} 为 650 ℃时低 33 ℃。但由于在电解区燃料极内的电解产物尚未完全扩散至燃料极表面和流道中，T_{in} 为 400 ℃时，在 z 为 0.08 m 处的 φ_{CH_4} 仅为 1.65%，较 T_{in} 为 650 ℃时仅高出 0.16%。但在下游区，在入口气体的冷却作用影响下，温度场进一步降低，同时电解区的电解产物逐渐扩散至燃料极表面和流道中，CH_4 含量突增。T_{in} 为 650 ℃时，由于不存在入口气体冷却作用，下游区 φ_{CH_4} 基本不变，出口 φ_{CH_4} 仅为 1.56%；随 T_{in} 降低，下游区 φ_{CH_4} 显著提升。当 T_{in} 为 500 ℃时，出口 φ_{CH_4} 可达 8.1%，CH_4 产率较完全预热时可提升近 4.2 倍；继续降低 T_{in}，出口 φ_{CH_4} 提升速率有所减缓，T_{in} 为 400 ℃时，出口 φ_{CH_4} 升至 10.6%。通过热流设计实现温度梯度化设计，可以显著缓解电化学还原和甲烷化反应的温度不匹配问题，但同时可能带来热应力增大的问题。因此可选取入口气体温度为 150 ℃，同时兼顾 CH_4 生成率和管式 SOEC 的热应力，该工况下 CH_4 出口生成率可达 8.1%。当前操作工况下电化学性能与入口气体流量未匹配优化,导致在 650℃下 CH_4 出口生成率仍未突破 10%。后续通过操作工况设计优化,有望进一步提升 CH_4 生成率。

3.5　加压管式共电解 H_2O/CO_2 直接合成 CH_4

工业应用中的甲烷化反应通常需要在 2~2.5 MPa 的工作压力下进行,以促进反应平衡向 CH_4 生成的方向移动[21];此外,第 2 章研究结论表明增大气相组分分压能够提升 SOEC 的交换电流密度,降低电极极化阻抗。因此,加压化运行有望实现电化学还原反应和甲烷化反应的同步增强。为实现管式 SOEC 的加压化运行,本研究在 3.4 节热流设计的指导下优化了管式 SOEC 反应器结构,自主设计并搭建了相应的加压管式 SOEC 反应器及其实验测试系统。管式 SOEC 同样采用燃料极支撑的盲管式单元结构,由中国矿业大学(徐州)制备[129]。下面对基于该管式 SOEC 单元开发的加压反应器、实验测试系统及相应的实验步骤进行介绍。

3.5.1　加压管式单元反应器

加压管式 SOEC 反应器的结构如图 3.10 所示。加压管式反应器的内部结构基本沿袭前期实验中常压反应器的基本设计[46],分为两个腔室:内侧燃料极腔室和外侧氧电极腔室,两腔室通过中间的空心不锈钢管隔开。空心不锈钢管下方扩有一个直径为 8 mm 的孔,管式 SOEC 管口部分插入不锈钢管孔中,管式 SOEC 与孔间隙处采用陶瓷胶密封(Ceramabond 552,Aremco Products,美国)。该加压反应器设计与常压反应器的不同之处在于,氧电极入口管伸直到管式单元管口附近,氧电极气流从管式单元上方流入,下方流出,以实现管式单元的逆流化设计,为管式单元提供更适合于 CH_4 合成的温度场。

反应釜端盖中心采用铜管插入燃料极腔室,一直通至管式 SOEC 管底。铜管外径为 3 mm,既作为燃料极入口管道,又为燃料极的集流导管。铜管插入管式 SOEC 部分的外壁包裹了数层厚度为 0.3 mm 的泡沫镍毡,保证铜管插入部分与管式 SOEC 内部充分集流并且连接紧密。管式 SOEC 外侧包裹 1~2 层银网(凯安金属丝网有限公司,中国),并引出两根银丝,利用绝缘电极引出端盖,从而将电信号传导至反应釜外侧。同银网接触的管式 SOEC 外壁滴入少量钯浆(MC-Pd100,有研亿金新材料公司,中国)并烘

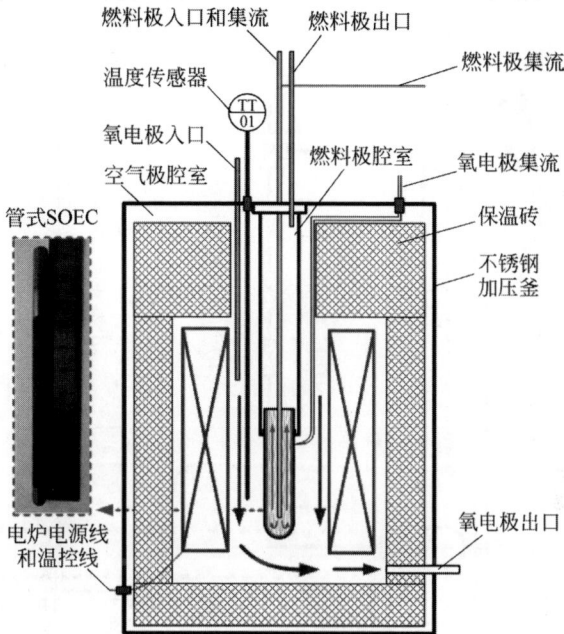

图 3.10　加压管式 SOEC 反应器的结构

干,以提高集流质量,降低氧电极的接触电阻。

在加压反应釜端盖表面分别布置了燃料极入口管(铜管)、燃料极出口管、氧电极入口管、铠装热电偶连接口以及绝缘电极;在反应釜的外壁下方,布置一个氧电极出口管。燃料极出口、氧电极入口管和出口管均为 304 不锈钢材质,与反应釜焊接密封。燃料极入口铜管和铠装热电偶与端盖均通过螺纹卡套连接,铠装热电偶插入氧电极腔室保证其测温端伸至管式 SOEC 中部。燃料极入口、出口以及氧电极入口均通过法兰保证与外部管路绝缘。管式 SOEC 通过内置电阻丝加热,电阻丝的电源线和温度控制线均通过反应釜外壁下方的孔配合插头引出。空气极腔室内电阻丝外侧布满保温砖,以保证管式 SOEC 周围保温良好,同时降低反应釜外壁温度。

3.5.2　加压管式单元实验测试系统

加压管式 SOEC 实验测试系统如图 3.11 所示,实验测试系统分为 4 个子系统,分别为配气系统、反应系统、电化学测试系统以及压力调节与气体收集系统。

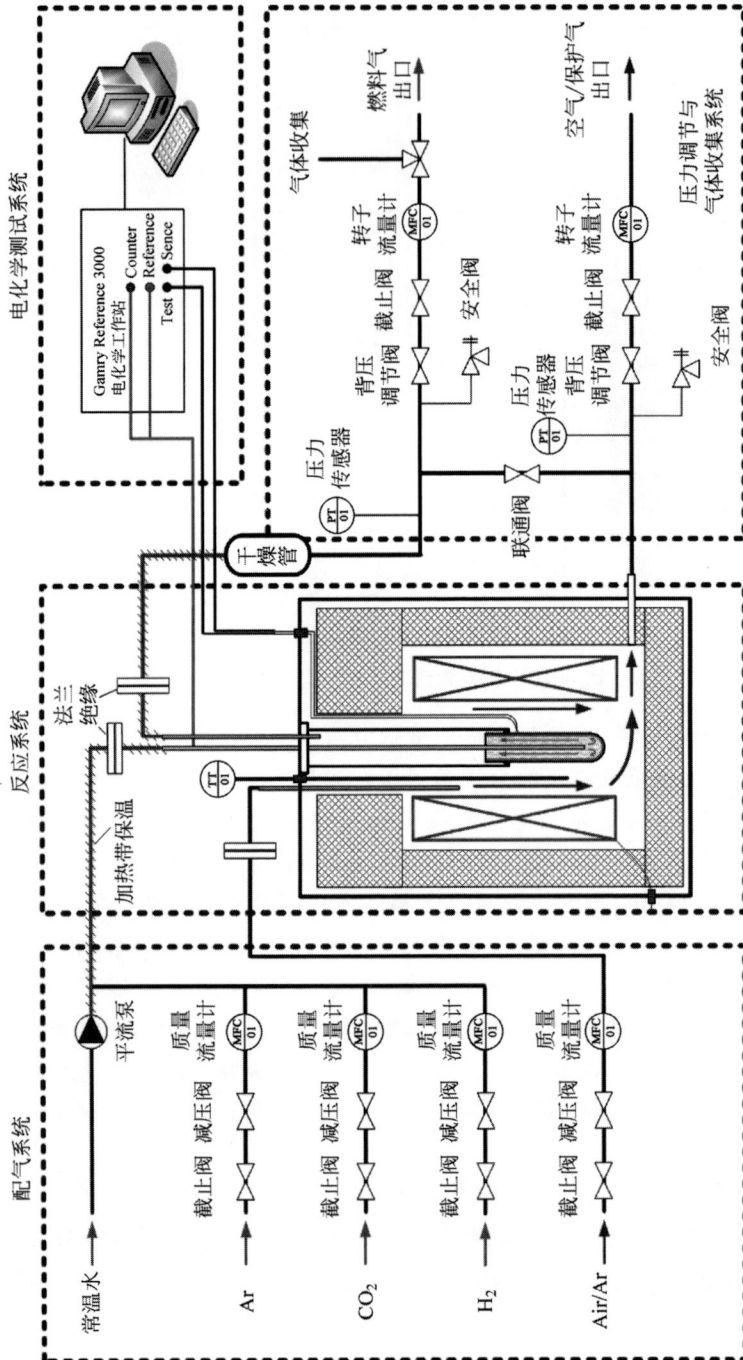

图 3.11　加压管式 SOEC 实验测试系统

配气系统通过调节不同组分的入口流量,充分混合至稳定后,得到所需的目标入口气体组分。其中,入口 H_2O 通过平流泵(LabAlliance Series Ⅱ,美国)通入常温去离子水,并在平流泵出口至燃料极入口的管路段缠上 180℃的加热带,加热入口去离子水致其蒸发。为保证充分蒸发,平流泵出口管路段盘成数圈,并缠上加热带,使水在管路受热充分。反应系统已在3.5.1 节中详细介绍,此处不再赘述。

电化学测试系统将管式 SOEC 引出加压反应釜的导线和导管与电化学工作站(Gamry Reference 3000,美国)连接,利用电化学工作站向管式 SOEC 两极施加电信号,可测试管式 SOEC 的极化曲线、EIS 曲线以及恒压/恒流放电曲线等电化学性能曲线。本实验采用三电极法连接管式 SOEC 与电化学工作站,其中燃料极集流仅引出一根铜管,属单电极测试;氧电极通过两根银丝引至绝缘电极的两根铜棒上,属于两电极测试,可扣除管式 SOEC 至电化学工作站中间的导线阻抗。压力调节与气体收集系统主要用于处理管式 SOEC 出口气体,具有两个功能:反应釜压力调节以及出口气体产物组分收集检测。为保证背压调节阀正常工作,燃料极出口气体需先通过干燥管除水后,再通入背压调节阀。通过调节两背压调节阀,观察连接两极腔室出口管路的压力传感器(YS120,上海自动化仪器有限公司,精度:$\pm 0.1\%$),保证氧电极腔室工作压力略高于燃料极腔室,并且两腔室压力差不超过 0.01 MPa。两极出口气体通过背压调节阀后降至常压,然后经过转子流量计观测出口流量并被排至外界。在转子流量计后端设置一个带阀三通球阀,可通过切换三通球阀采集燃料极出口气体,并利用气相色谱仪(AutoSystem XL,Perkin Elmer,美国)测试其出口组分。

3.5.3　实验步骤及内容

本实验包括不同工作压力、工作温度和入口气体组分的管式 SOEC 共电解 CO_2/H_2O 电化学性能测试,以及产物生成特性检测,实验的工况表如表 3.6 所示。

在将加压管式单元实验测试平台安装完毕后,开启两极出口的联通阀,以 200 mL/min 的流速通入 Ar 作为保护气,将反应器以 2℃/min 的加热速率升至 90℃并停留 1 h,然后再以同样的升温速率将反应器升至 150℃并保温。反应器在 150℃下停留 1 h 后,再以 2℃/min 的升温速率将反应器温度提升至初始工作温度(650~800℃)。在反应器温度稳定后,将燃料极入口气体切换为 100 mL/min 的 H_2 进行还原,同时氧电极入口气体切换

表 3.6　3 号管式 SOEC 加压实验工况

工况编号	温度/℃	压力/MPa	燃料极组分/(mL/min)			测试内容
			H_2O	H_2	CO_2	
1	650	0.1	20	10	10	IV,EIS,恒流放电,色谱检测产物组分
2			20	80	20	IV,EIS
3	650	0.2	20	80	20	IV,EIS,色谱检测产物组分
4	650	0.3	20	80	20	IV,EIS,色谱检测产物组分
5	650	0.4	20	10	10	IV,EIS,恒流放电,色谱检测产物组分
6			20	80	20	IV,EIS,恒流放电,色谱检测产物组分

为 200 mL/min 的空气。在管式单元还原 2 h 以后,对管式单元在 SOFC 模式下进行极化曲线(IV)和电化学阻抗谱 EIS 测试,确保两次测试电化学性能基本一致(代表还原充分)后,开始进行实验测试。实验测试中,IV 曲线采用线性扫描模式,扫描速率选取 5 mV/s 以保证在接近准稳态下测试管式单元的极化曲线;EIS 在开路电压下测试,扫描幅值为 20 mV,扫描的频率范围为 100 kHz~0.1 Hz;气体收集过程中,将管式 SOEC 工作在恒流放电模式下,由于加压管式单元反应器燃料极出口接入了一个容积为 1 L 的耐压干燥管,需要稳定至少 30 min 后方可收集燃料极出口气体产物,并多次采样确保数据稳定。实验采用 0.5 L 的气样袋采集至少 250 mL 气体,随后通入色谱进行组分分析。为了避免 Ar 作为载气时导致 $H_2O/CO_2/H_2$ 等气体的分压降低,影响管式 SOEC 电化学性能和 CH_4 生成,在 3 号管式单元中,Ar 不通入燃料极内部,而是在管式单元反应器燃料极出口和干燥管之间通入 100 mL/min 的 Ar,将产物气携带出来,便于背压控制。

3.5.4　工作压力对电化学性能的影响

图 3.12 为采用 3 号管式单元在工作压力为 0.1~0.4 MPa,工作温度为 650℃,入口组分为 20% H_2O、20% CO_2 和 80% H_2 下的 H_2O/CO_2 共电解 IV 曲线和 EIS,对应表 3.6 中的工况 2、工况 3、工况 4 和工况 6。如图 3.12 可以看到,随着工作压力的增大,管式单元的开路电压有略微上升的趋势,这与热力学上平衡电势随工作压力的变化趋势一致。因此,在低电

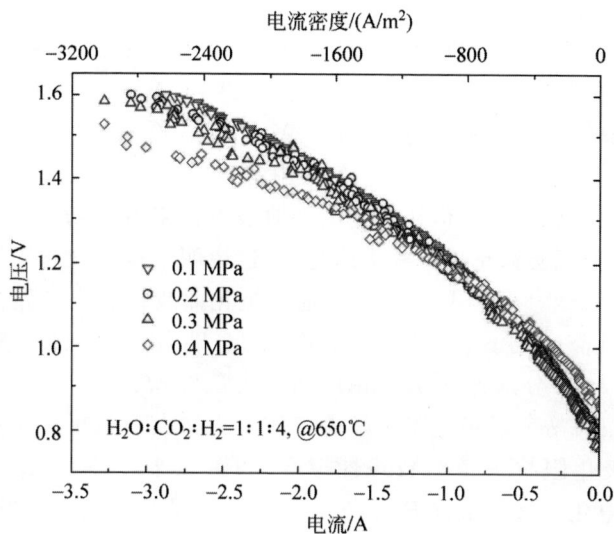

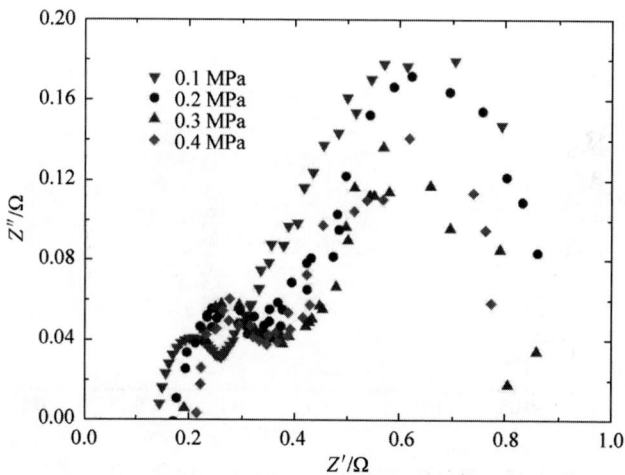

图 3.12　3 号管式 SOEC 在不同工作压力下的极化曲线(a)和电化学阻抗谱(b)

流下，加压条件下电化学性能不如常压。但随着工作电压的增大，加压对管式 SOEC 电化学反应动力学的促进作用逐渐凸显。如图 3.12(a)所示，在 1.5 V 时，管式 SOEC 在工作压力为 0.4 MPa、0.3 MPa、0.2 MPa 和 0.1 MPa 下的总电流分别为 -3.13 A、-2.48 A、-2.26 A 和 -2.21 A，对应的电流密度分别为 -2850 A/m^2、-2250 A/m^2、-2060 A/m^2 和 -2010 A/m^2，单管功率分别为 -4.7 W、-3.7 W、-3.4 和 -3.3 W。

根据图 3.12(b)的 EIS 曲线，实验由常压逐渐升至 0.4 MPa，欧姆阻抗随着时间推移略微增大，但从奈奎斯特曲线整体来看，随着工作压力增大，阻抗谱的低频段圆弧呈现出减小的趋势，这说明电极的极化阻抗随着工作压力增大而降低。根据式(2-6)可以通过极化曲线计算出开路电压下的总极化阻抗，从高到低 4 个工作压力的总电阻分别为 0.46 Ω、0.48 Ω、0.50 Ω 和 0.52 Ω，ASR 分别为 0.507 mΩ·m^2、0.532 mΩ·m^2、0.547 mΩ·m^2 和 0.567 mΩ·m^2，总极化阻抗随着工作压力增大而减小。对不同工作压力下的总极化阻抗进行对数线性拟合，如图 3.13 所示。管式 SOEC 在 OCV 下的电化学极化阻抗 R_{pol} 与工作压力 p 呈负相关，R_{pol} 近似与工作压力的 0.076 次方成反比。

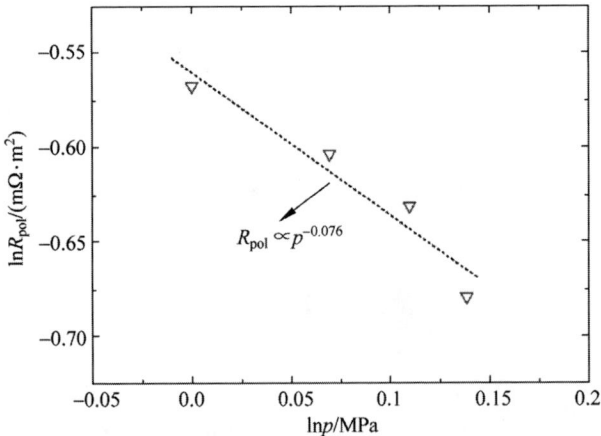

图 3.13　极化阻抗与工作压力关系的对数线性拟合

3.5.5　工作压力对 CH$_4$ 生成特性的影响

本研究还对不同工作压力、不同入口气体组分和不同工作电流下的管式 SOEC 单元燃料极出口气体产物进行了收集和测试，测试结果如表 3.7 所示。

表 3.7　650℃下的管式 SOEC 的出口气体产物组分及 CH_4 生成率

工况编号	压力/MPa	入口气体组分/(mL/min)			放电电流/A	产物气体组分/%				CO_2转化率/%	CH_4生成率/%
		H_2O	H_2	CO_2		H_2	CO	CH_4	CO_2		
1	0.1				0	36.0	4.5	2.8	56.7	11.4	4.3
					−1	33.6	6.2	4.0	56.2	15.4	6.0
		20	10	10	−2	34.4	5.9	7.0	52.7	19.7	10.6
5	0.4				0	23.7	0.9	12.6	62.8	17.7	16.5
					−1	28.9	0.1	18.5	52.5	26.2	26.0
					−2	27.3	4.4	28.7	39.6	45.5	39.5
3	0.2				0	48.0	2.4	17.8	31.8	38.8	34.2
4	0.3	20	80	20	0	64.3	1.9	13.2	20.5	42.4	47.1
6	0.4				0	64.6	1.5	18.2	15.7	55.6	51.4
					−2	65.4	1.6	20.4	12.6	63.5	59.0

　　从表 3-7 中的工况 3、工况 4 和工况 6 的出口产物组分可以看到,当入口通入高体积分数的 H_2 时,能够显著提升 CO_2 转化率和 CH_4 生成率。当不加电时,管式 SOEC 在 0.2 MPa 下就能实现近 40% 的 CO_2 转化和 34% 的 CH_4 生成,选择性可达 88%;当工作压力升至 0.4 MPa 时,CO_2 转化率提升至 55% 以上,CH_4 生成率提升至 51% 以上,CH_4 选择性超过 92%。由于高 H_2 体积分数时通过化学过程已将超过一半的 CO_2 转化为 CH_4,当在 0.4 MPa 下施加 −2 A 的工作电流后,CO_2 转化率和 CH_4 生成率仅提升了不足 8%,CH_4 选择性提升不到 1%。

　　为促进电化学/化学反应的协同,本研究将入口 H_2 流量降至 10 mL/min,用于保证 SOEC 燃料极的还原性气氛。当不加电时,管式 SOEC 在常压下 CO_2 转化率刚超过 10%,CH_4 选择性不足 40%,CH_4 生成率仅为 4.3%;在 0.4 MPa 下 CO_2 转化率虽仅提升了 6.3%,但 CH_4 选择性却突破了 93%,CH_4 生成率为 16.4%,较常压下提升了 2.8 倍,但由于高 H_2O 体积分数和低 H_2 体积分数,当前工况下 CO_2 转化率仍未突破 20%。在加电后,电化学/化学反应的协同十分显著。仅施加 −1 A 电流时,常压下 CH_4 生成率提升了近 50%,0.4 MPa 下 CH_4 生成率提升了 9.5%,CH_4 产率提升了 57%;当工作电流加大至 −2 A 后,常压下 CH_4 生成率较不加电时提升了近 150%,0.4 MPa 下 CO_2 转化率提升至 45.5%,CH_4 生成率较不加电时提升了 13.5%,达到 39.5%,CH_4 产率提升了近 140%。在加压操作和电化学还原的协同促进下,管式 SOEC 将 CO_2 转化率提升至原来的 4 倍,CH_4 选择性提升至 86％以上,CH_4 产率提升至原来的 9.2 倍,提升了近一个数量级。

3.6　中温管式 SOEC 共电解 H_2O/CO_2 直接合成 CH_4

本研究中的实验测试和模拟的管式 SOEC 均采用目前研究和应用最广泛的离子导体材料——稳定 ZrO_2 基陶瓷材料(如 YSZ 和 ScSZ 等),作为电解质及电极的离子导体。稳定 ZrO_2 基陶瓷材料适宜的工作温度为 $700 \sim 850$℃[140]。然而,热力学上甲烷化反应在标准状况下的自发温度低于 620℃,通常工作在 $200 \sim 550$℃[21]。此外,Jensen 等[13]从热力学平衡角度建议为避免反应体系中产生积碳,管式 SOEC 反应的工作温度应不高于650℃。因此,采用适用于中温的 SOEC 电解质材料体系,如锶和镁掺杂的镓酸镧(LSGM),有望降低 SOEC 的操作温度,促进 SOEC 电解和甲烷化反应的匹配互作。600℃下,LSGM 基 SOEC 的离子电导率较相同温度下YSZ 的离子电导率高一个数量级[141]。600℃下的 LSGM 基 SOEC 可提供与 750℃下稳定 ZrO_2 基 SOEC 相当的电化学性能[35,142],进一步缓解了SOEC 电解和甲烷化反应之间的温度不匹配问题。本研究采用上述的管式SOEC 多物理场模型分析和预测 LSGM 基材料的管式 SOEC 共电解H_2O/CO_2 直接合成 CH_4 的潜力。

3.6.1　中温管式 SOEC 模型的实验验证

中温 LSGM 材料体系的管式 SOEC 模型采用文献[142]中的实验数据进行校准和验证。与表 3.3 所示的模型参数相比,本模型采用了不同的燃料极电极微观结构参数、物性参数以及调节参数,如表 3.8 所示。

表 3.8　LSGM 基管式 SOEC 模型的电极微观结构参数、物性参数与模型调节参数

文献中的参数	参　数　值
燃料极和氧电极孔隙率 $\varepsilon_{fuel}/\varepsilon_{oxy}$[142]	0.26/0.30
LSGM 离子电导 $\sigma_{ion,LSGM}$[142]	$5.17 \times 10^8 \times \exp(-93\,800/T)/(S/m)$
电解质的等效离子电导 $\sigma_{ion,elec}$[142]	$5.17 \times 10^8 \times \exp(-93\,800/T)/(S/m)$
燃料极活化能 $E_{act,fuel}$[142]	$60\,000/(J/mol)$
氧电极活化能 $E_{act,oxy}$[142]	$162\,000/(J/mol)$

续表

模型调节参数	参　数　值
燃料极和氧电极的电荷转移系数 $\alpha_{fuel}/\alpha_{oxy}$	0.5/0.5
燃料极和氧电极的曲折因子 τ_{fuel}/τ_{oxy}	5.0/3.0
燃料极 H_2O 电解和 CO_2 电解的交换电流密度指前因子 $\gamma_{fuel,H_2O}/\gamma_{fuel,CO_2}$	$2.22\times10^{13}/5.55\times10^{12}/[A/(m^2\cdot Pa)]$
氧电极交换电流密度指前因子 γ_{oxy}	$2.62\times10^8/[A/(m^2\cdot V\cdot Pa^{0.25})]$

模型计算了不同温度、不同入口组分下的极化曲线,并与实验测试值进行对比,如图 3.14 所示。模型能够很好地预测 LSGM 基 SOEC 的电化学性能,结合前期稳定 ZrO_2 基 SOEC 校准的 WGSR 和 MR 动力学数据,研究 LSGM 基 SOEC 共电解 H_2O/CO_2 直接合成 CH_4 的反应传递耦合特性。

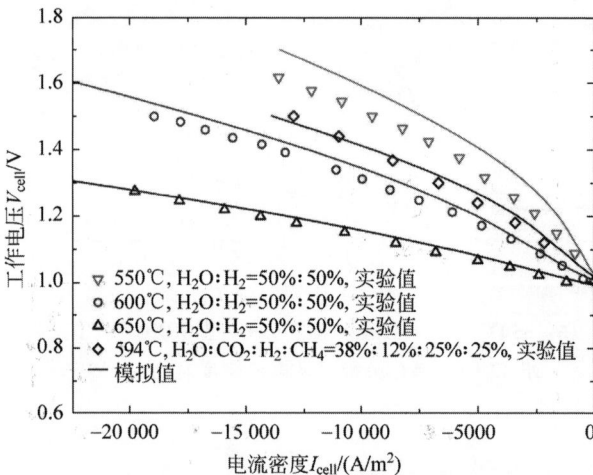

图 3.14　LSGM 基 SOEC 模型与文献[142]实验的对比验证

3.6.2　LSGM 和 ZrO_2 材料体系管式 SOEC 对比

图 3.15 对比了 550℃、常压下 LSGM 基材料体系和稳定 ZrO_2 基材料体系的管式 SOEC 电化学性能和 CH_4 生成特性。在平均电流密度为 -2800 A/m^2 下,LSGM 基 SOEC 仅需要 1.25 V 的工作电压,但稳定 ZrO_2 基 SOEC 则需要高达 2 V 的工作电压。这意味着,在 550℃ 和

-2800 A/m^2 下,稳定 ZrO$_2$ 基 SOEC 较 LSGM 基 SOEC 需要额外消耗 60% 的电能,并且额外释放 1.63 倍的热量。稳定 ZrO$_2$ 基 SOEC 额外释放的热量会导致管式 SOEC 的温度升高,这不仅不利于 SOEC 的热管理,还导致甲烷化反应平衡逆向移动,减少了 CH$_4$ 的生成。同样在 550℃ 和 -2800 A/m^2 下,LSGM 基管式 SOEC 的 CH$_4$ 生成率 φ_{CH_4} 可达 39.6%,而稳定 ZrO$_2$ 基管式 SOEC 仅为 35.5%。相应地,干燥出口气中的 CH$_4$ 体积分数 χ_{CH_4} 可达 25.4%,较稳定 ZrO$_2$ 基管式 SOEC 高 2.4%。LSGM 基 SOEC 可在中温、低极化下获取适宜的电化学性能,能够使 SOEC 一步甲烷化技术更加高效、安全地运行。

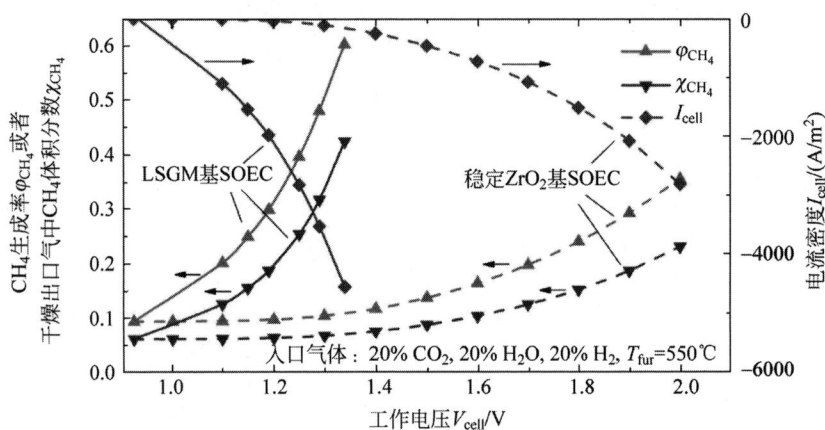

图 3.15　550℃ 下 LSGM 基和稳定 ZrO$_2$ 基 SOEC 的 CH$_4$ 生成率、出口 CH$_4$ 摩尔分数以及电流密度对比

3.6.3　中温管式 SOEC 的热中性运行

本研究前期基于入口气体组分为 20% H$_2$O、20% CO$_2$、20% H$_2$ 和 40% Ar 的实验工况开展的研究发现,由于入口通入 20% H$_2$ 使在中温开路电压下,甲烷化反应就能够发生并放出大量热量,因此导致管式 SOEC 可能始终处于放热状态,不利于管式 SOEC 的热管理。此外,通入 40% 平衡气降低各气相组分分压不利于甲烷化反应正向进行,同时为了避免积碳需要更高的入口水分压[21]。为避免上述问题,本研究后续采用 75% H$_2$O、20% CO$_2$ 和 5% H$_2$ 的入口组分开展分析。SOEC 内部的热效应涉及电解反应的吸热过程、不可逆极化和甲烷化反应的放热过程以及逆

向 WGSR 反应的微吸热过程。通常情况下,随着 SOEC 工作电压的升高,SOEC 热效应由电解反应控制,逐渐转变为由极化放热与甲烷化反应控制,因此 SOEC 逐渐从吸热转变为放热。同时也存在一个工作电压,使 SOEC 的吸热量和放热量相等,称为热中性电压(thermal neutral voltage,TNV)。热中性电压下,由于不可逆极化损失与甲烷化反应释放的热量可被电解反应充分利用,从而实现了 SOEC 的自维持运行以及近 100% 的电/热制气效率,因此 SOEC 通常在热中性电压下操作[31,143]。图 3.16 为不同工作温度下 LSGM 基 SOEC 在热中性电压下的极化电压、CH_4 生成率以及电流密度。在不同工作温度下,管式 SOEC 的极化电压介于 $0.25\sim0.27$ V,变化范围不大。但开路电压随着温度降低而升高,对应的热中性电压也随着温度降低从 1.32 V 升至 1.37 V。随着工作温度的降低,电解反应所需的热量也随之降低,整体的热中性极化电压也随之降低;但由于 650℃ 下电化学反应速率加快,导致 φ_{CH_4} 迅速升高带来的额外放热胜过温度升高所增加的电解吸热量,因此 650℃ 下热中性电压反而低于 600℃。从电流密度和 φ_{CH_4} 随温度的变化可知,由于入口 H_2 含量显著降低和入口 H_2O 含量显著升高,CH_4 生成主要取决于电解反应速率。对比图 3.15 和图 3.16 发现,同样在 550℃ 和 1.35 V 工作电压下,由于 LSGM 基管式 SOEC 入口 H_2O 含量的剧增,导致 φ_{CH_4} 从 60% 降至 10%。为提升 H_2O 电解转化率,仍需要较高的工作温度。当前工况下,650℃ 的工作温度可实现的最高 φ_{CH_4} 达 23.9%。但甲烷化反应在很大程度上受热力学限制。

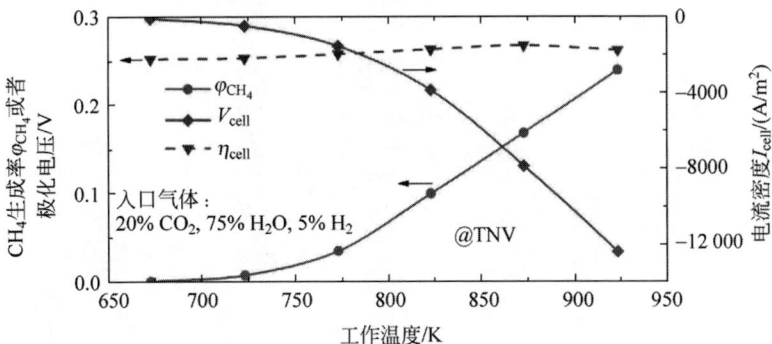

图 3.16　不同工作温度下 LSGM 基 SOEC 在热中性电压下的极化电压、CH_4 生成率以及电流密度

3.6.4　中温管式 SOEC 热流设计优化

基于前面的研究结果,可以将热流设计应用于中温管式 SOEC,协同促进高电化学性能的中温管式 SOEC 中的甲烷化反应过程。图 3.17 分析了在工作温度为 650℃和逆流模式下不同入口气体温度 T_{in} 对管式 SOEC 温度分布及局部 CH_4 生成率 φ_{CH_4} 的影响。可以看到,上游区和电解区前段几乎不会受到入口冷气流的影响,管式 SOEC 温度分布及局部 CH_4 生成率 φ_{CH_4} 基本相同。在 z 为 0.06 m 处,入口气体中 58% 的 H_2O 和 CO_2 被电解转化为 H_2 或者 CO,为电解区后端及下游区的甲烷化反应积累了反应物。电解区后端及下游区受不同入口气流温度的影响逐渐变得显著,当 T_{in} 为 450℃时,在 z 为 0.08 m 处的温度分布较 T_{in} 为 550℃时低 16℃,T_{in} 为 450℃时,在 z 为 0.08 m 处 φ_{CH_4} 已达 93%。不仅为充分的甲烷化反应,同时也为电解反应提供了更多的 H_2O 作为反应物,从而促进电解区后端的电化学反应。在下游区,入口气体的冷却作用更加显著。T_{in} 为

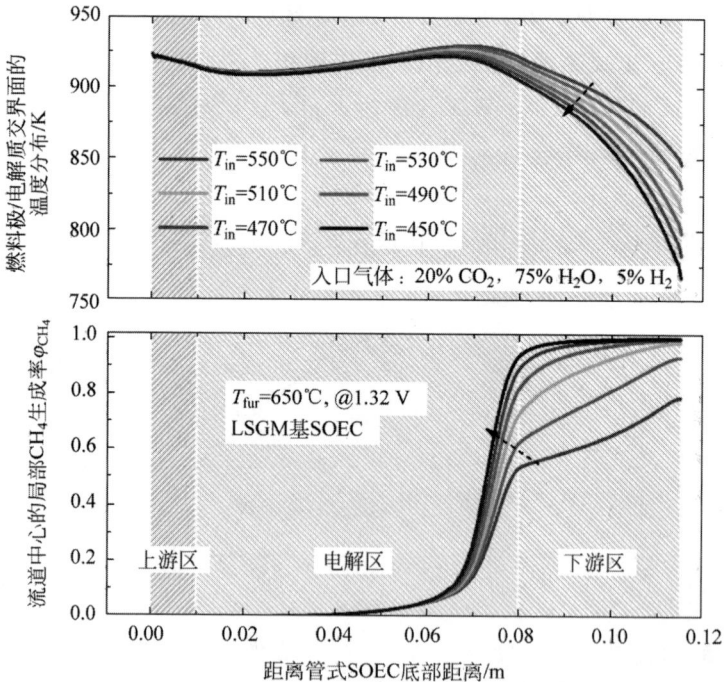

图 3.17　不同入口气体温度下逆流模式管式 SOEC 的燃料极/电解质交界面温度和流道中心的局部 CH_4 生成率沿燃料极流道的分布(见文前彩图)

450℃的工况下管式 SOEC 出口处温度降至 493℃，较 T_{in} 为 550℃的工况下低了近 80℃。在 T_{in} 大于 510℃的工况下，下游区内 φ_{CH_4} 显著提升；然而在 T_{in} 不大于 490℃的工况下，由于 CO_2 几乎完全转化，φ_{CH_4} 提升明显减缓，管式 SOEC 出口超过 99.7% 的 CO_2 已转化为 CH_4，其余 0.3% 以 CO 或者 CO_2 形式存在。为兼顾 CH_4 生成率和管式 SOEC 的热应力，本工况下入口气体的优化温度为 490℃，该工况下 H_2O 转化率可达 97%，CO_2 转化为 CH_4 的转化率可达 99.7%。

3.6.5　中温管式 SOEC 的加压化运行

模拟分析显示利用 LSGM 基 SOEC 通过流动优化可实现在 650℃、1.32 V 下 98.6% 的 CH_4 生成率，根据电制气效率 η_{el} 的公式：

$$\eta_{el} = \frac{V_{cell} - V_{OCV}}{V_{OCV}} = \frac{\eta_{cell}}{V_{OCV}} \tag{3-44}$$

在该工作电压下，极化电压为 0.26 V，电制气效率 η_{el} 不足 77%。3.5.4 节的加压管式 SOEC 实验显示，加压化运行不仅能够促使甲烷化反应的平衡正向移动，还对电化学性能有一定的提升作用，可同步促进管式 SOEC 共电解 H_2O/CO_2 及甲烷化反应的进行。因此，加压运行下通过促进甲烷化反应放热，强化电解和甲烷化反应的热耦合，可以降低管式 SOEC 的热中性电压，运行管式 SOEC 在低极化电压下实现高效直接甲烷化。图 3.18(a) 给出了在工作温度为 650℃下，不同热中性极化电压对应的电制气效率 η_{el} 及其所需的工作压力和对应的 CH_4 生成率 φ_{CH_4}。为实现 90% 以上的电制气效率 η_{el}，要求热中性极化电压不超过 0.1 V，所需的工作压力高于 1.7 MPa。但是在极化电压为 0.06～0.1 V 时，由于 H_2O/CO_2 共电解所需热量始终高于不可逆极化与甲烷化反应的放热值，管式 SOEC 始终处于吸热状态。在极化电压低于 0.06 V 时，管式 SOEC 电解吸热显著降低，管式 SOEC 可再次达到热中性状态，所需的工作压力需要在 2.9 MPa 以上，对应的 η_{el} 可达 94.5% 以上。然而，随着极化电压从 0.06 V 继续降至 0.02 V，不仅所需的工作压力从 2.9 MPa 呈指数上升至 7.8 MPa，CH_4 生成率 φ_{CH_4} 也从 98.7% 迅速降至 41.0%。综合考虑电制气效率、工作压力以及 CH_4 生成率，LSGM 基管式 SOEC 在 650℃下的热中性极化电压优化值为 0.06 V。

图 3.18(b) 给出工作温度为 650℃、极化电压 η_{cell} 为 0.06 V 时 LSGM 基管式 SOEC 在不同工作压力下的 CH_4 生成率 φ_{CH_4}、SOEC 净放热量

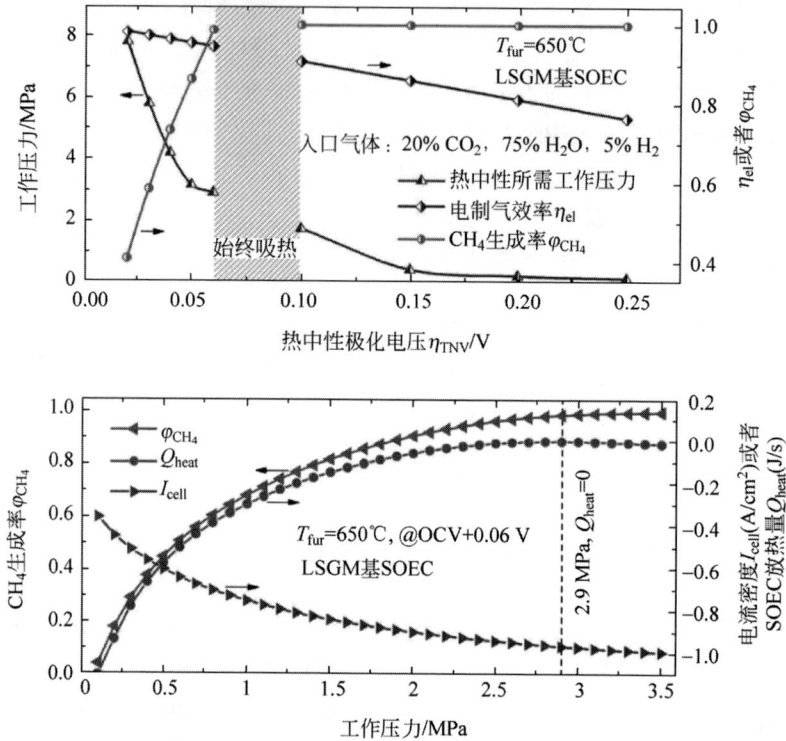

图 3.18 **不同热中性极化电压所需的工作压力及相应的电制气效率和**
CH$_4$ 生成率(a)与极化电压为 0.06 V 时工作压力对 CH$_4$ 生成率、
SOEC 净放热量及平均电流密度的影响(b)

Q_{heat} 及平均电流密度 I_{cell}。在常压下,管式 SOEC 在 η_{cell} 为 0.06 V 下需
要外界额外输入 1.1 J/s 的热量,I_{cell} 仅为 -3600 A/m^2,φ_{CH_4} 仅为 4.3%。
当工作电压升至 1.3 MPa 时,I_{cell} 升至 -0.81 A/m^2,CH$_4$ 生成率 φ_{CH_4} 可
提升至 76.8%,管式 SOEC 所需热量降至 0.2 J/s。随着工作电压进一步
提升,φ_{CH_4} 的提升也逐渐减缓。在 2.9 MPa 下,管式 SOEC 恰好达到热中
性状态,随着工作压力继续升高,由于 φ_{CH_4} 已达到 98.7%,接近 1,管式
SOEC 无法再通过甲烷化反应提供更多热量,管式 SOEC 又恢复至吸热状
态。LSGM 基管式 SOEC 在工作温度为 650℃、工作压力为 2.9 MPa、极化
电压为 0.06 V 下可达到热中性,电制气效率可达 94.5%,CH$_4$ 生成率可达
98.7%。

3.7　本章小结

本章采用管式单元构型提升 SOEC 反应面积和停留时间,开展 $H_2O/$ CO_2 共电解定向合成 CH_4 机制的实验和数值模拟研究。在实验方面,自主设计并搭建加压管式 SOEC 实验测试系统,采用 Ni-YSZ/Ni-ScSZ/ScSZ/ LSM-ScSZ 的燃料极支撑型盲管式 SOEC 测试了工作压力 $0.1 \sim 0.4$ MPa 下的管式 SOEC 电化学性能与产物组分的影响规律。在数值模拟方面,开发了多物理场耦合的二维轴对称管式 SOEC 热电模型,耦合管式 SOEC 内部的质量传递、动量传递、能量传递以及化学—电化学动力学等反应传递过程,经过实验有效验证了通过流动传热设计可以优化管式 SOEC 的温度场,采用中温 LSGM 材料体系能够促进 SOEC 工作温度与甲烷化反应的温度匹配,强化管式单元的 CH_4 生成特性。本研究明确了管式 SOEC H_2O/CO_2 共电解直接合成 CH_4 的反应传递强化原理,为 H_2O/CO_2 共电解一步甲烷化储能技术提供了实验数据基础和理论依据。针对上述研究,总结管式 SOEC 共电解 H_2O/CO_2 的 CH_4 定向转化机制如图 3.19 所示。

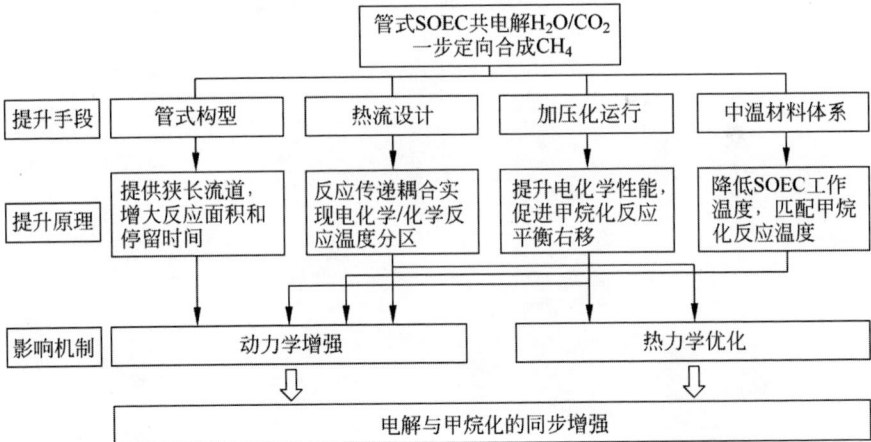

图 3.19　管式 SOEC 共电解 H_2O/CO_2 的 CH_4 定向转化机制

(1) 热流设计。基于管式单元构型,通过逆流模式的流动设计,向 SOEC 通入未完全预热的入口气体,形成管式 SOEC 燃料极上游电解区高温、下游区低温的梯度化温度分布场,实现 SOEC 的电化学反应和甲烷化反应的温度分区化进行,同时通过热传导和热对流实现电解和甲烷化的热耦合。实验测试结果表明,常压、650℃下通过热流设计可使管式 SOEC 的 CH_4 产率提升 50% 以上。

(2) 加压运行。实现管式 SOEC 在 0.4 MPa 下的稳定运行,在热力学上促进了甲烷化反应平衡正向移动,在动力学上提升了管式 SOEC 的电化学性能。在 650℃、工作压力 0.4 MPa 下,通入含 67% H_2 入口气体时,可获得 50% 以上的 CH_4 生成率;降低燃料极 H_2 体积分数,通入 50% H_2O,25% CO_2 和 25% H_2 的入口气体时,开路电压下出口 CH_4 生成率降为 16.5%,通过施加 -2 A 的工作电流,将出口 CH_4 生成率提升至 39.5%,较常压运行下的 CH_4 生成率提升了 273%。此外,加压运行可通过促进甲烷化放热和降低管式 SOEC 热中性电压来实现低极化电压下高效、稳定的电制气过程。

(3) 材料改进。采用中温 LSGM 材料体系,可在 650℃ 下实现与稳定 ZrO_2 基材料在 750℃ 下相当的电化学性能,从而可进一步缓解 H_2O/CO_2 共电解和甲烷化反应的温度失配问题。模型分析显示,结合热流设计和加压工况优化,LSGM 基管式 SOEC 可以在入口气体为 75% H_2O、20% CO_2、5% H_2,工作温度为 650℃,工作压力为 2.9 MPa 和极化电压为 0.06 V 下实现热中性,电制气效率有望达到 94.5%,CH_4 生成率有望达到 98.7%。

第4章 管式单元共电解 H_2O/CO_2 动态特性研究

4.1 概　　述

当 SOEC 应用于可再生能源电力存储时,可再生能源的间歇性和波动性不可避免地要求 SOEC 在动态下长期工作。本章基于管式单元构型开展 SOEC 共电解 H_2O/CO_2 的动态特性研究,探索不同操作工况下电压阶跃对管式单元电化学动态特性的影响规律。在实验数据的基础上,利用第 3 章介绍的二维多物理场管式 SOEC 热电模型,研究工作电压、入口气体组分、流量以及温度等阶跃对管式 SOEC 内部物理场分布的影响规律,分离管式 SOEC 内部电荷传递、质量传递和能量传递等过程的响应时间,并提出通过不同动态传递过程的耦合操作提升时间平均效率(时均效率)的方法,为基于可再生能源储能的 SOEC 电制气系统集成管控提供部件级别的基础数据和稳定运行准则。

4.2　管式单元动态特性实验

4.2.1　实验介绍

动态特性实验采用与第 3 章管式单元稳态实验相同几何结构和材料的管式单元,该管式单元各层界面之间连接紧密,电极微观形貌良好,具有较好的机械强度和抗热震性。管式单元动态特性实验的具体实验测试反应器及测试系统已在第 3 章介绍,动态特性实验采用电化学工作站(Gamry Reference 3000,美国)向管式 SOEC 施加阶跃电压信号或者电流信号,并由电化学工作站采集响应电流和电压信号。在每次施加阶跃信号前,需使管式单元在阶跃前的工作条件下停留足够长时间,以保证其在阶跃前能够稳定运行。动态特性实验工况如表 4.1 所示,实验采用了管编号分别为 3 和 4 的管式单元进行动态实验测试,氧电极入口始终通入 200 mL/min 的空气。其中 4 号管式单元工作在常压、700～800℃下进行电压阶跃响应测试,用于工况 1～8 的实验测试,通过对比实验数据,分析 SOFC 模式和 SOEC 模式,以及 SOEC 模式下 H_2O 电解、CO_2 电解和 H_2O/CO_2 共电解在动态响应特性上的差异;3 号管式单元即第 3 章加压管式 SOEC 实验采用的管式单元,在本章中采用 3 号管式单元工作在工况 9,即在 0.4 MPa、650℃下进行循环电流阶跃的长期稳定性测试,在该工况下管式单元在 SOFC 模式和 SOEC 模式之间循环切换,循环电流分别为±0.5 A 和±0.25 A。

表 4.1　管式单元动态特性实验工况

管编号	工况	温度/压力/(℃/MPa)	燃料极组分/(mL/min)				氧电极组分/(mL/min)	阶跃模式 *	阶跃值/(V/A) *
			H_2O	H_2	CO_2	Ar	Air		
4	1	800/0.1	3	6		91	200	电压	0.8→0.6
	2								1.0→1.2
	3		3	6		91			1.0→1.2 1.4→1.6
	4		3	6	3	88			1.2→1.4
	5								1.1→1.2→1.1
	6		3	18	6	73			1.0↔1.2(循环)
	7				100				0.8→1.0
	8	700/0.1	3	18	6	73			1.1→1.2→1.1
3	9	650/0.4	20	40	20		200	电流	−0.5↔0.5 −0.25↔0.25 (循环)

* 电压指电压阶跃,单位为 V;电流指电流阶跃,单位为 A。

4.2.2　管式单元动态特性

为了更清晰地对比不同操作工况下的管式单元动态特性实验数据,动态特性实验中取所有电流响应值的绝对值,不对 SOEC 和 SOFC 的电流方向进行区分。为了对管式单元动态响应进行定量化分析,研究中定义管式 SOEC 的响应时间 τ 为

$$|I(\tau) - I_{\text{final}}| = 0.1 |I_{\text{final}} - I_{\text{initial}}| \tag{4-1}$$

其中，I_{initial} 和 I_{final} 分别为管式单元在阶跃前初始稳态下的输出电流和阶跃后达到新稳态下的输出电流，单位为 A；$I(\tau)$ 为阶跃后 τ，单位为 s 的输出电流，单位为 A。即满足"在阶跃发生后，输出电流与阶跃后的稳定电流之差不超过阶跃前后两个稳态电流之差的 10％"的最小时间。

4.2.2.1　SOEC 模式和 SOFC 模式的对比

图 4.1 显示在入口气体为 3％ H_2O、6％ H_2 和 91％ Ar，工作温度为 800℃时 4 号管式单元在 SOEC 模式（工况 2）和 SOFC 模式（工况 1）下电压阶跃的电流响应曲线。恒压操作稳定并维持 30 s 后，在工况 1 中处于 SOFC 模式下的管式单元工作电压从 0.8 V 阶跃至 0.6 V，在工况 2 中处于 SOEC 模式下的管式单元工作电压从 1.0 V 阶跃至 1.2 V。从图 4.1 中两条曲线可看出，在电压阶跃后，电流会先迅速增大，发生过冲，后逐渐恢复至新的稳态。一方面是由于输入的电压阶跃控制信号存在微小的过冲，另一方面是由于电荷传递和质量传递响应时间尺度的不同导致这一过冲被放大。这一现象将在后续模拟分析中详细解释。在两工况下管式单元在阶跃后的 0.1 s 内均达到过冲的峰值，之后在 2 s 内达到新稳态。由电流响应曲线计算可得：SOEC 模式下的响应时间 τ_{SOEC} 为 1.03 s，SOFC 模式下的响应时间 τ_{SOFC} 为 1.05 s。两者响应时间十分接近。

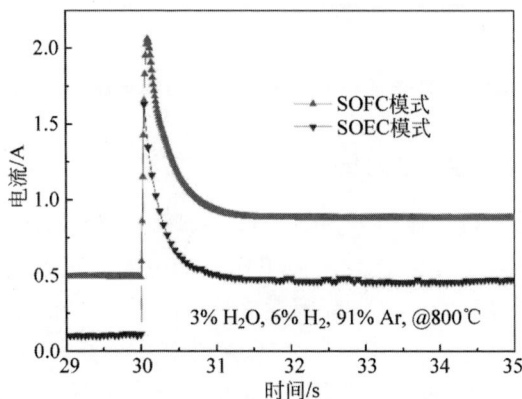

图 4.1　SOEC 模式和 SOFC 模式下电压阶跃的电流响应曲线

4.2.2.2　不同 SOEC 电解模式的对比

图 4.2 显示了在 800℃、SOEC 模式下 4 号管式单元在不同入口组分下

工作电压向上阶跃 0.2 V 的响应特性。图中 3 种不同的入口组分代表着不同的电解模式：H_2O 电解、CO_2 电解和 H_2O/CO_2 共电解。在恒压操作稳定并维持 30 s 后，在 H_2O 电解模式（工况 2）下管式单元电压从 1.0 V 阶跃至 1.2 V；在 CO_2 电解模式（工况 7）下管式单元电压从 0.8 V 阶跃至 1.0 V；在 H_2O/CO_2 共电解模式（工况 4）下管式单元电压从 1.2 V 阶跃至 1.4 V。由电流响应曲线计算可得：H_2O 电解模式下的响应时间 τ_{H_2O} 为 1.03 s，CO_2 电解模式下的响应时间 τ_{CO_2} 为 1.85 s，H_2O/CO_2 共电解模式下的响应时间 τ_{H_2O/CO_2} 为 1.08 s。CO_2 电解响应时间最慢，这可能是由 CO_2 扩散速率较慢导致的。

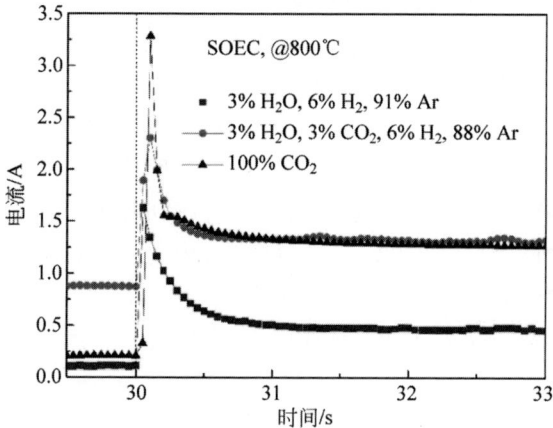

图 4.2　H_2O 电解、CO_2 电解和 H_2O/CO_2 共电解下电压阶跃的电流响应曲线

4.2.2.3　不同温度的对比

图 4.3 显示入口气体组分为 3% H_2O、18% CO_2、6% H_2 和 73% Ar 时 4 号管式单元在 SOEC 模式不同工作温度下的电压阶跃响应曲线。在恒压操作稳定并维持 30 s 后，分别在 800℃（工况 5）和 700℃（工况 8）下管式单元电压从 1.1 V 阶跃至 1.2 V，并稳定 90 s 后，再由 1.2 V 阶跃回 1.1 V。在通入 H_2O 的工况下，由于管路冷凝等问题，入口 H_2O 含量会有些许波动，因此电流响应曲线也有些许波动。在两个不同工作温度下，管式单元在电压阶跃后过冲量相近，并且在阶跃后恢复稳态的响应时间也十分接近。

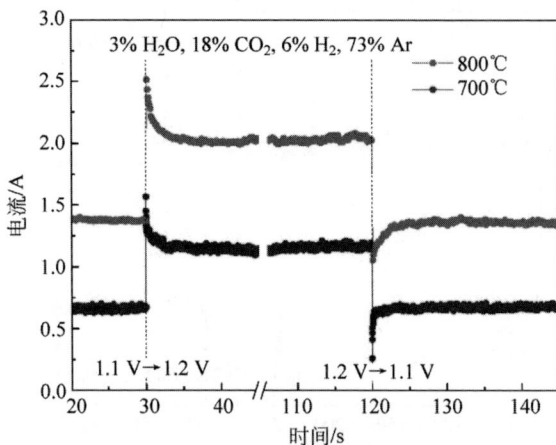

图 4.3　不同温度下电压阶跃的电流响应曲线

4.2.2.4　混合电压阶跃下的动态响应

图 4.4 显示了在 800℃下两种混合电压阶跃响应曲线：图 4.4(a)为在入口气体组分为 3% H_2O,18% CO_2,6% H_2 和 73% Ar 下 4 号管式单元电压在 1.0~1.2 V 循环阶跃(工况 6)的电流响应曲线。从更大的时间尺度来看,在每个循环阶跃周期稳定后,管式单元在 1.0 V 基本都能稳定在相同的电流下,并且每次向下阶跃的过冲量也基本接近；但在 1.2 V 稳定的电流值随着循环周期有略微下降的趋势,向上阶跃的过冲量也随着循环周期有略微下降。这可能是因为高电流下管式单元的浓差极化显著提升,在三相界面处反应物浓度显著降低,导致向上阶跃的过冲量和稳定后的电流均有所降低。

图 4.4(b)为在入口气体组分为 3% H_2O,6% H_2 和 91% Ar 下,4 号管式单元电压从 1.0 V 以每 30 s 向上阶跃 0.2 V 的梯度阶跃至 1.6 V 的电流响应曲线。在 30 s 时管式单元从 1.0 V 阶跃至 1.2 V,管式单元电流密度在 0.05 s 内迅速从 0.1 A 提升至 1.6 A,而后的 2 s 内逐渐稳定在 0.5 A,过冲量达到 1.1 A。但之后阶跃(1.2 V 阶跃至 1.4 V 或者 1.4 V 阶跃至 1.6 V)的过冲量仅为 0.6 A,明显小于 1.0 V 阶跃至 1.2 V 的过冲量。这可能是由于入口反应物含量过低(仅有 3% H_2O),导致在高电压下反应物不足,浓差极化显著提升从而限制了过冲量。

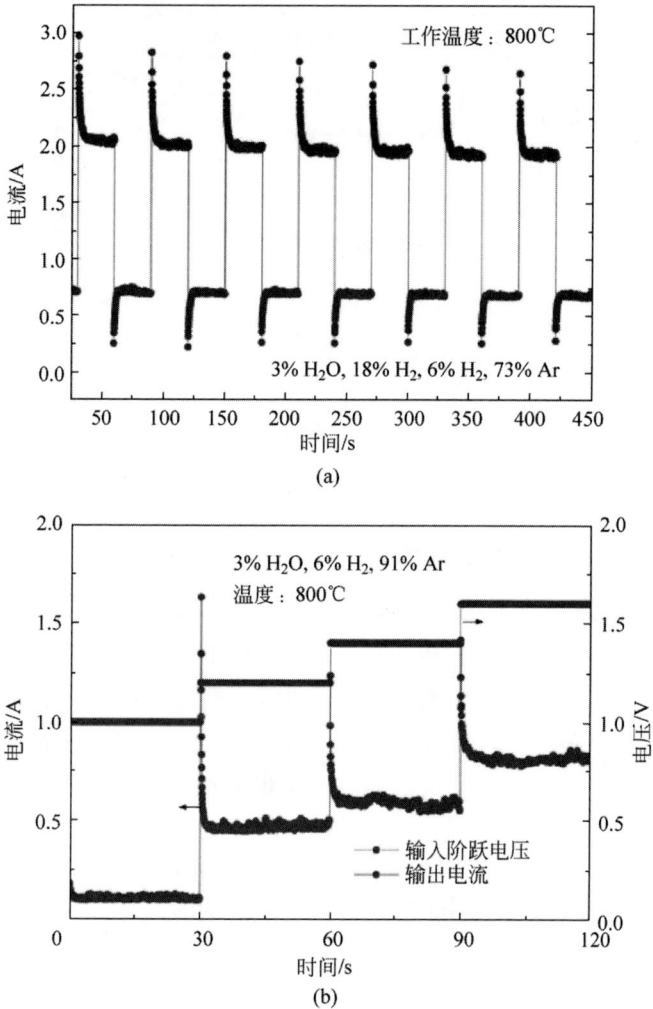

图 4.4　混合电压阶跃下的电流响应曲线

(a) 循环阶跃；(b) 电压多步向上阶跃

4.2.2.5　循环阶跃下的长期运行稳定性

图 4.5 给出了 3 号管式单元在工作温度 650℃,工作压力 0.4 MPa 以及燃料极入口气体组分 25% H_2O,25% CO_2 和 50% H_2(工况 9)下的循环电流阶跃曲线。在该工况下,管式单元总共运行了 117 h,先后经历了 14 次周期为 40 min 的±0.5 A 循环电流阶跃、18 次周期为 20 min 的±0.5 A

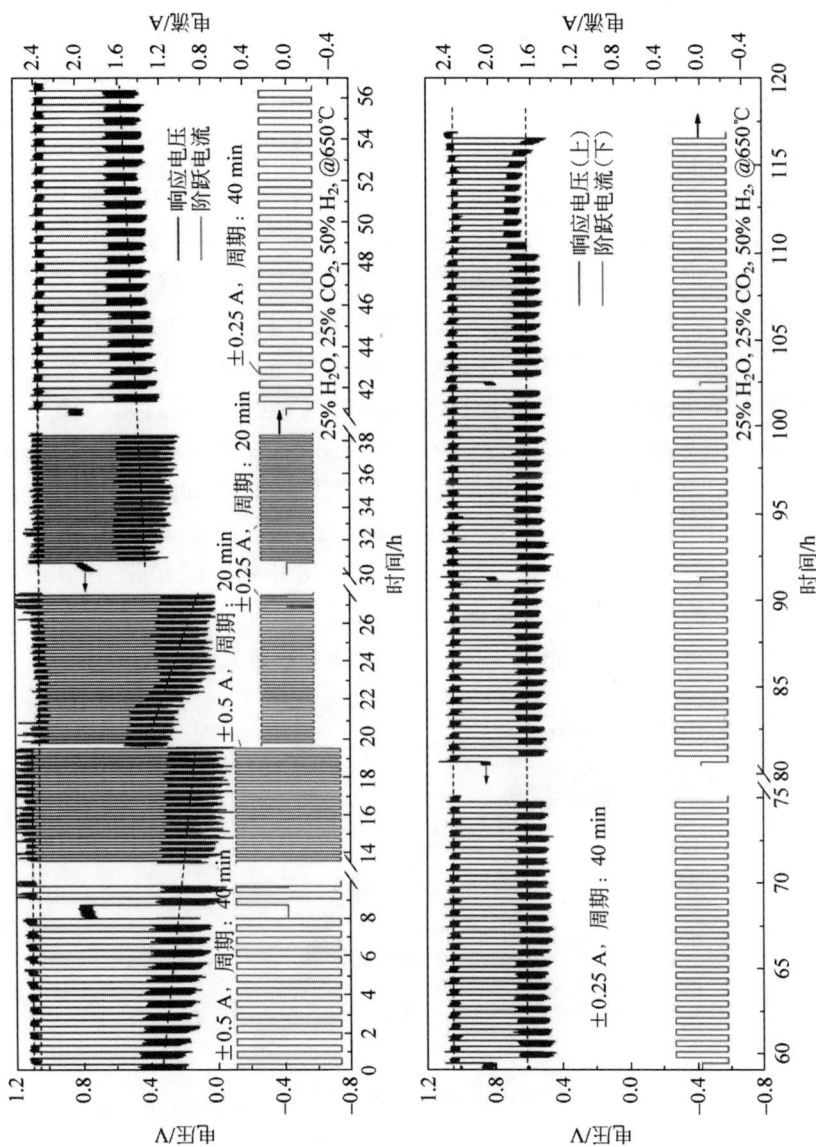

图 4.5　循环电流阶跃下管式单元长期稳定性测试的循环电流阶跃曲线

循环电流阶跃、48 次周期为 20 min 的 ±0.25 A 循环电流阶跃以及 91 次周期为 40 min 的 ±0.25 A 循环电流阶跃。实验显示,虽然工作电压存在一定的波动,但在 SOEC 模式下,3 号管式单元基本能够保持相对稳定的工作电压,在 −0.5 A 下平均工作电压为 1.09 V,在 −0.25 A 下平均工作电压为 1.04 V,经历 117 h 共计 171 个循环后,管式单元在 −0.25 A 电流输入下,工作电压仍能稳定在 1.04 V 附近。

但在 SOFC 模式下,管式单元工作电压的波动性明显增大,并且在 ±0.5 A 循环电流阶跃下,SOFC 模式下的平均电压随着循环周期次数增加而逐渐降低;当切换至周期为 20 min 的 ±0.25 A 循环电流后,SOFC 模式下的平均电压有所增大,但仍随着循环次数增多而逐渐降低,直至切换至周期为 40 min 的 ±0.25 A 循环电流后,SOFC 模式下的工作电压才逐渐回升并稳定在 0.6 V 左右。这说明周期为 40 min 的 ±0.25 A 循环电流是管式单元能够稳定运行的操作工况,过大的电流或者过短的循环电流周期均可能导致其运行不稳定。为进一步明确管式单元不稳定运行的原因,图 4.6 给出了在经历循环电流前、经历 14 次周期为 40 min 的 ±0.5 A 循环电流阶跃后(13 h)以及再经历 18 次周期为 20 min 的 ±0.5 A 循环电流阶跃后(20 h)管式单元的极化曲线。虽然图 4.5 中前 20 h 内在 SOEC 模式 −0.5 A 下的工作电压呈现略微上升的趋势,在 SOFC 模式 0.5 A 下工作电压呈现明显的下降趋势,但图 4.6 显示 13 h 后管式单元在 SOEC 模式

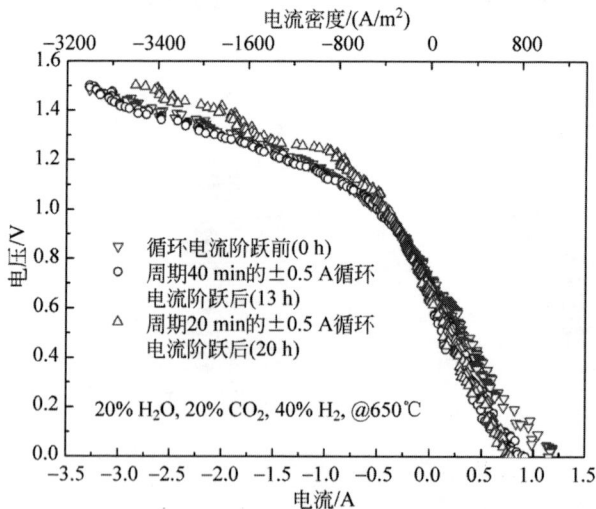

图 4.6　±0.5 A 循环电流阶跃前后的管式单元极化曲线

下的电化学性能反而略微提升,20 h 后管式单元在 SOFC 模式下的电化学性能与循环电流阶跃测试前几乎一致,说明前 20 h 的 ±0.5 A 循环电流阶跃测试并未导致管式单元电化学阻抗的明显增大。图 4.5 显示,在 8 h 和 30 h 时管式单元未施加电流,即处于开路状态,对应的开路电压随时间从 0.7 V 附近逐渐回升至 0.8 V 附近,该时段正是工作电压变化最显著的时段,开路电压的波动可能是管式单元不稳定运行的原因。而在 40 h 后,管式单元处于周期为 40 min 的 ±0.25 A 循环电流阶跃测试中,开路电压基本能够稳定在 0.8 V 附近,因此管式单元的运行也基本处于相对稳定的状态。

4.3　管式单元动态模型分析

基于管式单元在稳态和动态下积累的实验数据,本节结合开发的二维轴对称多物理场管式 SOEC 热电模型,开展动态操作下管式 SOEC 内部物理场分布的动态响应特性以及反应与传递耦合规律的研究。

4.3.1　动态模型验证

模型采用前期实验和本研究实验测试的极化曲线与电压阶跃响应曲线进行校准和验证。其中,管式 SOEC 极化曲线在实验测试过程中以 5 mV/s 的扫描速率由高电压向低电压线性扫描并采集得到。在模型模拟计算中,将模型设置为与实验相同的电压扫描速率,计算电流响应值并进行对比。针对电压阶跃响应曲线,通过设置与电化学工作站完全相同的电压动态输入,模型模拟计算得到响应的电流曲线,并与实验的输出电流进行对比。该管式 SOEC 模型调节参数如表 4.2 所示,经过调节参数校准的管式 SOEC

表 4.2　动态特性实验采用的管式 SOEC 模型调节参数

调 节 参 数	值
燃料极和氧电极的曲折因子 τ_{fuel}/τ_{oxy}	5.0/3.0
燃料极和氧电极的电荷转移系数 $\alpha_{fuel}/\alpha_{oxy}$	0.65/0.65
燃料极 H_2O 电解和 CO_2 电解的交换电流密度指前因子 $\gamma_{fuel,H_2O}/\gamma_{fuel,CO_2}$	$6.17\times10^9/2.80\times10^9/(A/(m^2 \cdot Pa))$
氧电极交换电流密度指前因子 γ_{oxy}	$2.62\times10^8/(A/(m^2 \cdot V \cdot Pa^{0.25}))$

模拟值与实验值的对比如图 4.7 所示。由图 4.7 可知,模拟结果能够较好地预测不同温度、不同入口组分下的管式 SOEC 电化学性能以及动态变化规律。

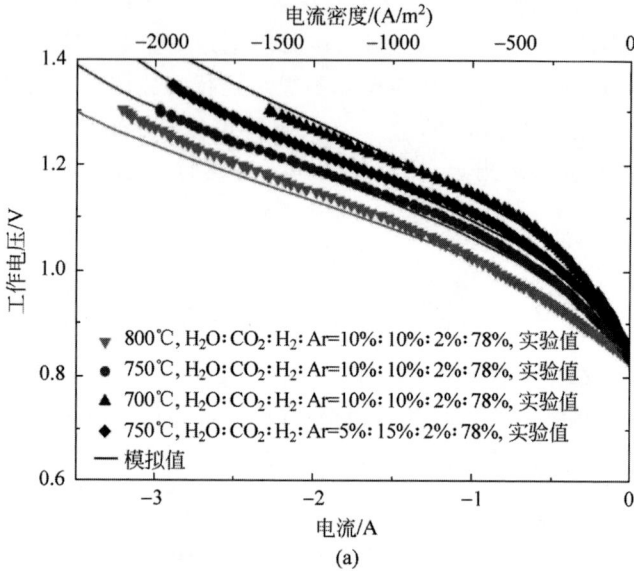

(a)

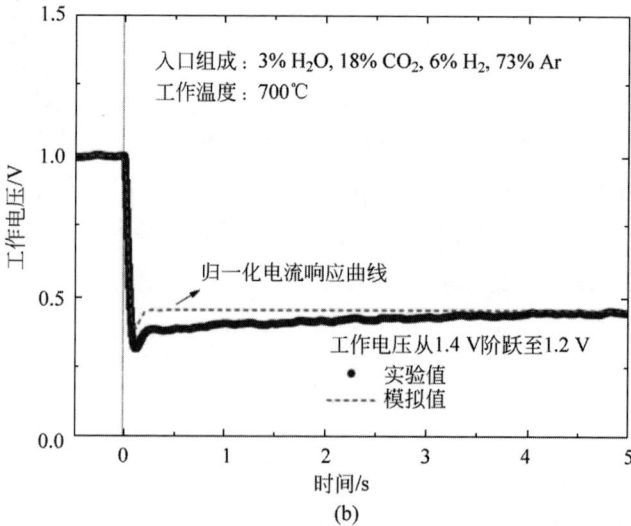

(b)

图 4.7　动态模型与实验数据的对比

（a）极化曲线；（b）电压阶跃响应曲线

4.3.2　电压阶跃变化的影响

为研究管式 SOEC 单元内不同传递过程的动态响应特性,模型首先模拟了管式 SOEC 在入口气体温度为 700℃,入口组分为 40% H_2O、40% CO_2、10% H_2、10%CO,入口气体流速为 0.8 m/s 下的电压阶跃动态响应特性。模型设置阶跃前的初始工作电压为管式 SOEC 的热中性电压 1.33 V,并定义该工况为模型分析的参比工况。模型分别计算了管式 SOEC 向上和向下阶跃 0.05 V 后的平均电流密度、燃料极流道内的气体浓度以及电解质内温度的动态响应曲线,如图 4.8 所示。平均电流密度、气体浓度以及温度可分别代表管式 SOEC 内电荷传递、质量传递以及热量传递的响应特性。其中,图 4.8 中绿线为工作电压从 1.33 V 阶跃至 1.28 V 的响应特性曲线,橙线为工作电压从 1.33 V 阶跃至 1.38 V 的响应特性曲线。

4.3.2.1　动态传递过程的解耦

由这 3 个参数的响应特性曲线可以看到,管式 SOEC 大约在阶跃发生后的 2000 s 内可以完全达到新稳态,但图 4.8(a)和(b)显示,电流密度和气体浓度在阶跃发生后的 1 s 内有一段迅速响应的过程,而后进入缓慢变化过程,直至数千秒后达到稳定,然而在图 4.8(c)的温度响应曲线中却未发

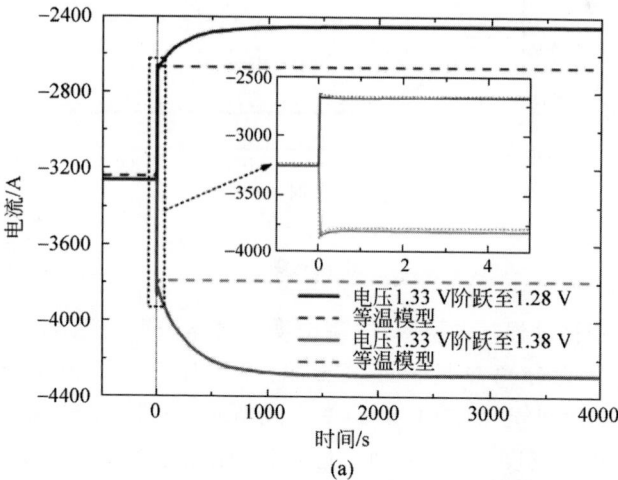

图 4.8　电压阶跃下的动态响应过程(见文前彩图)

(a) 平均电流密度;(b) 燃料极流道内的气相组分;(c) 电解质层不同位置的温度

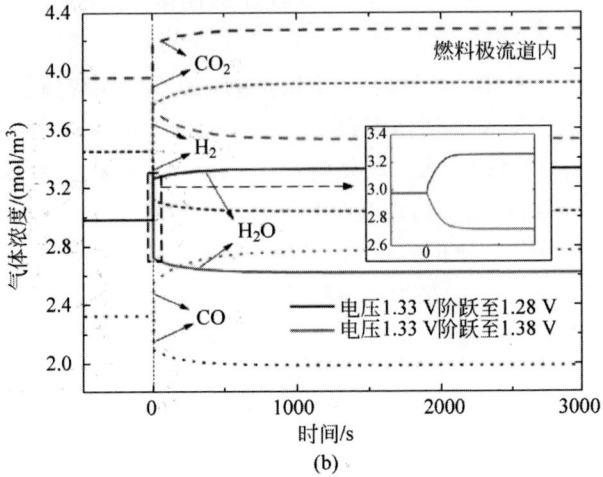

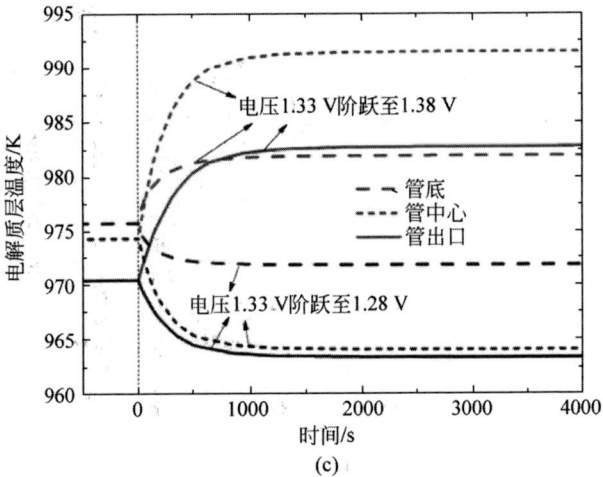

图 4.8（续）

现这一快速变化过程。这说明，电流密度和气体浓度的迅速响应过程与热量传递无关。为分离热量传递的影响，模型计算了等温条件下的管式 SOEC 动态响应曲线，如图 4.8(a) 中虚线所示。可以看到，在等温模型中管式 SOEC 电流密度在 1 s 内即可达到新稳态，说明上述的数千秒缓慢响应过程是由热量传递导致的。再进一步聚焦图 4.8(a) 和 (b) 中在电压阶跃后秒量级内的局部视图可以看到，气体浓度在阶跃发生后的 1 s 内迅速响应的过程也是一个秒量级逐渐减缓的过程，但电流密度的阶跃变化则是在秒量级视图中仍然无法捕捉到的更加快速的过程。这说明电荷转移的响应可至少达到毫秒量级，而质量传递的响应仅为秒量级。通过模型对不同传递过程的解耦，可同样根据 4.2.2 节定义的响应时间 τ 来量化电荷传递、质量传递和热量传递的响应时间，即满足"在阶跃发生后，特征值与阶跃后的稳态值之差始终不超过阶跃前后两个稳态电流之差的 10%"所需的最小时间。根据以上定义，电荷传递、质量传递和热量传递的响应时间分别为：电荷传递 τ_{Charge} 为 0.011 s；质量传递 τ_{Mass} 为 0.26 s；热量传递 τ_{Heat} 为 515 s。

4.3.2.2　SOEC 内部分布规律的动态响应

为进一步理解电压阶跃对电荷传递、质量传递和热量传递的影响，图 4.9 描绘了工作电压从 1.33 V 阶跃至 1.38 V 后电解质内的离子电流密度、燃料极流道内部的 H_2O 浓度以及燃料极/电解质交界面的温度沿轴向分布的变化情况。图 4.9(a)指出，图 4.8(a)所示的电流密度过冲主要由质量传递迟滞导致。结合图 4.8(b)所示的 H_2O 浓度分布变化可以看到，电压阶跃后管式 SOEC 上游的气体反应物显著下降，而中下游的气体仍是阶跃前的气体组分，反应物在阶跃后的 0.05 s 内仍较为充足，但随着电流密度的提升，上游反应物消耗量增加，流道内阶跃前的反应气也逐渐流出流

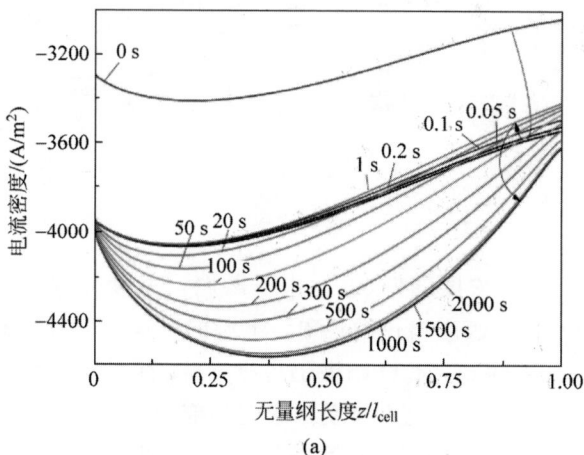

(a)

图 4.9　电压从 1.33 V 阶跃至 1.38 V 的动态响应过程（见文前彩图）
(a) 电解质内的离子电流密度分布；(b) 燃料极流道内部的 H_2O 浓度；
(c) 燃料极/电解质交界面的温度分布

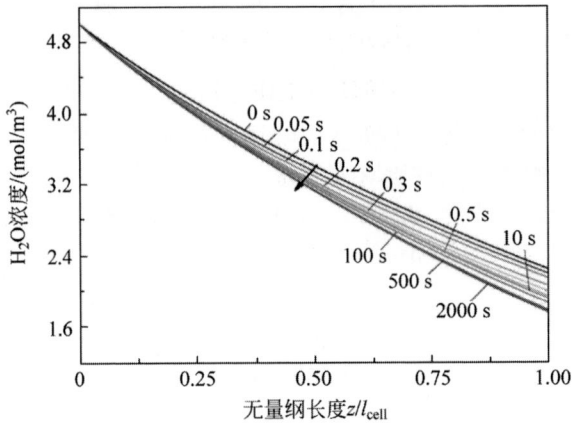

(b)

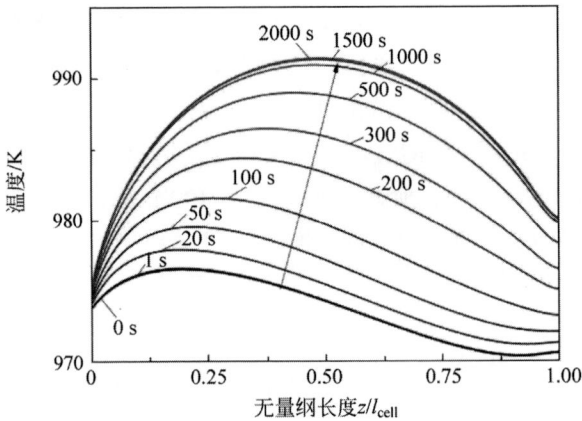

(c)

图 4.9(续)

道,中下游的反应物浓度降低,因此中下游电流密度先提升后降低,管式 SOEC 平均电流密度表现出过冲现象。上游的气体浓度在阶跃后的 0.2 s 内基本稳定,而中下游的 H_2O 浓度仍持续下降,直到阶跃后的 0.5 s 基本稳定。之后的气体浓度变化主要受到温度场变化的影响。相应地,中下游的电流密度也在 1 s 后从初始过冲中恢复。结合图 4.8(c)的温度场分布可以看到,在阶跃后的 1 s 以后,电流密度分布的变化与温度场的变化完全一致,温度在阶跃后数千秒的缓慢提升导致电流密度的缓慢提升,因此 H_2O 浓度也缓慢降低。

4.3.2.3　电压变化下的 SOEC 热效应

图 4.9(c)表明,虽然在阶跃前工作电压 1.33 V 为热中性电压,但管式 SOEC 沿轴向的温度分布仍然存在一定的落差,且出现在管式 SOEC 的上游。这是由于入口反应气体沿着流道逐渐被消耗,反应物 H_2O 和 CO_2 浓度逐渐下降,H_2 和 CO 的浓度逐渐提升,下游的浓差极化逐渐增大,导致管式 SOEC 上游和下游开路电压的改变。在上游由于 H_2O 和 CO_2 浓度较高,开路电压较低,极化电压较高,管式 SOEC 电化学反应呈放热状态,因此上游温度高于入口气体温度 700℃;在下游 H_2O 和 CO_2 浓度降低,开路电压逐渐升高,极化电压降低,管式 SOEC 电化学反应变为吸热状态,因此下游温度低于 700℃。但在电压阶跃至 1.38 V 时,如图 4.9(c)所示,整个管式 SOEC 均处于放热状态,管式 SOEC 经过缓慢的热量传递过程,全管温度在 1000 s 内缓慢上升,在 1500 s 后温度场基本稳定,最高温度可达719℃。相反地,在电压阶跃至 1.28 V 时,整个管式 SOEC 处于吸热状态,管式 SOEC 经过缓慢的热量传递过程温度逐渐降低,在 1500 s 后温度场基本稳定,最低温度可达 688℃。图 4.10 描绘出了管式 SOEC 分别稳定在 1.33 V、1.28 V 和 1.38 V 三个电压下的温度场,可见工作电压可改变管式 SOEC 的热效应,对温度场的影响十分显著。

4.3.2.4　SOEC 瞬时效率和转化率的动态响应

基于管式 SOEC 动态模型,对管式 SOEC 动态操作下的瞬时效率和反应物转化率进行评估。管式 SOEC 的瞬时效率 η_{dy}、H_2O 和 CO_2 转化率 ξ_{H_2O}、ξ_{CO_2}、总转化率 ξ_{tot} 及生成 H_2/CO 摩尔比 $r_{H_2/CO}$,如式(4-2)～式(4-6)所示:

$$\eta_{dy} = \frac{(q_{H_2}^{out} - q_{H_2}^{in})LHV_{H_2} + (q_{CO}^{out} - q_{CO}^{in})LHV_{CO}}{\int_0^{l_{cell}} IV_{cell}\,dz + q_{fuel}^{in}M_{fuel}c_{p,fuel}(T_{in} - 298) + q_{oxy}^{in}M_{oxy}c_{p,oxy}(T_{in} - 298)}$$

$$(4-2)$$

$$\xi_{H_2O} = \frac{q_{H_2}^{out} - q_{H_2}^{in}}{q_{H_2O}^{in}}$$

$$(4-3)$$

$$\xi_{CO_2} = \frac{q_{CO}^{out} - q_{CO}^{in}}{q_{CO_2}^{in}}$$

$$(4-4)$$

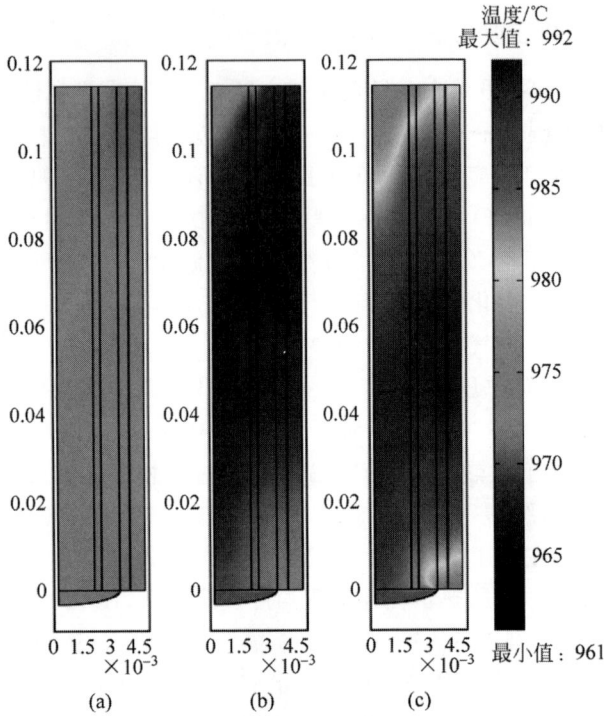

图 4.10 管式 SOEC 在分别在电压阶跃前(1.33 V)(a)、向下电压阶跃(1.28 V)(b)和向上电压阶跃(1.38 V)(c)稳定后的温度场(见文前彩图)

$$\xi_{tot} = \frac{q_{CO}^{out} + q_{H_2}^{out} - q_{CO}^{in} - q_{H_2}^{in}}{q_{CO_2}^{in} + q_{H_2O}^{in}} \tag{4-5}$$

$$r_{H_2/CO} = \frac{q_{H_2}^{out} - q_{H_2}^{in}}{q_{CO}^{out} - q_{CO}^{in}} \tag{4-6}$$

其中,q_i^{in}、q_i^{out} 分别为管式 SOEC 的入口气体组分 i 流量和出口气体组分 i 流量,i 为 H_2、CO、氧(oxy)、CO_2、H_2O 和燃料极内气体,单位为 mol/s; M_{fuel} 和 M_{oxy} 分别为燃料极流道内气体和氧的平均摩尔质量。图 4.11 给出了在电压向上和向下阶跃时的瞬时效率 η_{dy}、H_2O 和 CO_2 转化率 ξ_{H_2O}、ξ_{CO_2} 及生成 H_2/CO 摩尔比 $r_{H_2/CO}$ 的动态响应。

由这几个参数的定义可知,ξ_{H_2O}、ξ_{CO_2} 和 $r_{H_2/CO}$ 仅和气体出口和入口流量相关,直接受质量传递控制,电化学反应、电荷传递和热量传递通过影响质量传递间接影响这几个参数。当工作电压从 1.33 V 阶跃至 1.28 V 时,

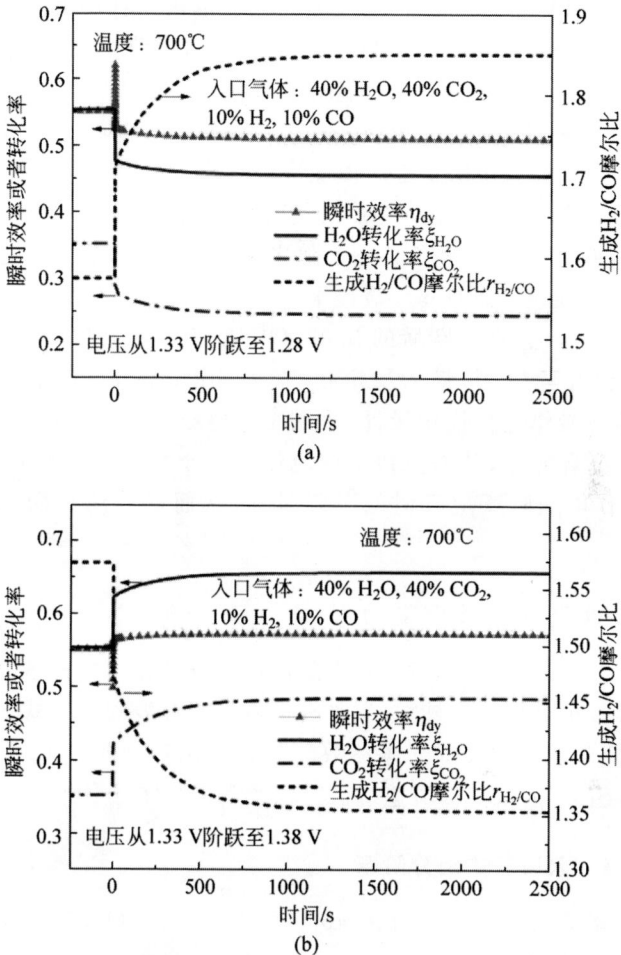

图 4.11　电压阶跃的瞬时效率、转化率及生成 H_2/CO 摩尔比的动态响应

(a) 从 1.33 V 阶跃至 1.28 V；(b) 从 1.33 V 阶跃至 1.38 V

ξ_{H_2O} 在阶跃后的 0.6 s 内从 55% 降至 48%，然后在热量传递的影响下缓慢降至 47%；ξ_{CO_2} 在阶跃后的 0.6 s 内从 35% 降至 28%，然后缓慢降至 25%；$r_{H_2/CO}$ 在阶跃后的 0.6 s 内从 1.57 升至 1.71，然后缓慢升至 1.85。相反地，当工作电压从 1.33 V 阶跃至 1.38 V 时，ξ_{H_2O}、ξ_{CO_2} 在阶跃后的 0.6 s 内分别升至 62%、42%，然后缓慢升至 66%、49%；$r_{H_2/CO}$ 在阶跃后降至 1.47，然后缓慢降至 1.35。因此，通过调节工作电压可调节合成气 H_2/CO 的比例，增大工作电压，降低 $r_{H_2/CO}$。

　　而管式 SOEC 的瞬时效率 η_{dy} 不同,它既取决于气体流量也受输入电能的影响,直接由电荷传递和质量传递控制,间接受热量传递的影响。当工作电压从 1.33 V 阶跃至 1.28 V 时,η_{dy} 在阶跃后的 0.02 s 内从 55% 升至 62%,然后在之后的 0.6 s 内降至 53%,最后稳定在 51%。效率在阶跃后的 0.02 s 内出现突增是由于电荷传递快于质量传递,导致输入电能降低但出口气体组分仍处于阶跃前的高反应物转化率状态;而后质量传递逐渐跟随,出口反应物转化率逐渐降低,η_{dy} 随之降低;在最后热量传递导致的缓慢响应过程中,温度降低使 η_{dy} 缓慢下降。反之,当工作电压从 1.33 V 阶跃至 1.38 V 时,η_{dy} 在阶跃后的 0.02 s 内从 55% 降至 50%,然后在之后的 0.6 s 内回升至 56%,最后稳定在 57%。由上述 η_{dy} 的响应特性可对工作电压动态操作进行优化设计,采用工作电压在毫秒级迅速下降,并在秒级回升的循环操作,从而保留工作电压阶跃下降时 η_{dy} 的上升过冲,避免 η_{dy} 在工作电压阶跃上升时的下降过冲,从而提升动态操作下的时均效率。

4.3.3　入口气体阶跃变化的影响

　　在可再生能源电力波动时,需要在管式 SOEC 输入电能改变的同时调节管式 SOEC 的其他工作参数,以平抑可再生能源波动对管式 SOEC 的冲击。因此,模型研究了入口气体参数的阶跃变化对管式 SOEC 的影响,包括入口气体组分、入口气体流速(流量)以及入口气体温度。

4.3.3.1　入口气体组分阶跃

　　模型计算了入口气体组分由 40% H_2O、40% CO_2、10% H_2 和 10% CO 阶跃至 50% H_2O,30% CO_2,10% H_2 和 10%CO,并稳定 3000 s 后再阶跃回初始入口组分的管式 SOEC 动态响应特性,如图 4.12 所示。图 4.12(a)为入口气体组分阶跃下,管式 SOEC 流道内 z 为 0.5 l_{cell} 处,不同气体组分的动态响应。在入口组分阶跃后的 1 s 内,燃料极流道内的 H_2O 和 H_2 浓度骤增,CO_2 和 CO 浓度骤降,而后在热量缓慢传递的过程中逐渐稳定。其中,H_2O 和 CO 浓度的动态响应出现了过冲现象。

　　图 4.12(b)~(d)分别为入口气体组分由 40% H_2O,40% CO_2,10% H_2 和 10%CO 阶跃至 50% H_2O,30% CO_2,10% H_2 和 10%CO 后的 3000 s 内 H_2O 浓度分布、离子电流密度分布以及温度分布的动态响应曲线。由于 CO_2 电解和 H_2O 电解的理论热中性分别为 1.47 V 和 1.28 V,

电压入口 H_2O 含量升高和 CO_2 含量降低导致热中性电压下降,管式 SOEC 的热效应由热中性转变为放热状态。因此如图 4.12(d)所示,管式 SOEC 在入口组分的第一次阶跃后温度升高,促进 H_2O/CO_2 共电解的进一步发生,H_2O/CO_2 浓度缓慢下降,H_2/CO 浓度缓慢上升,从而导致出现

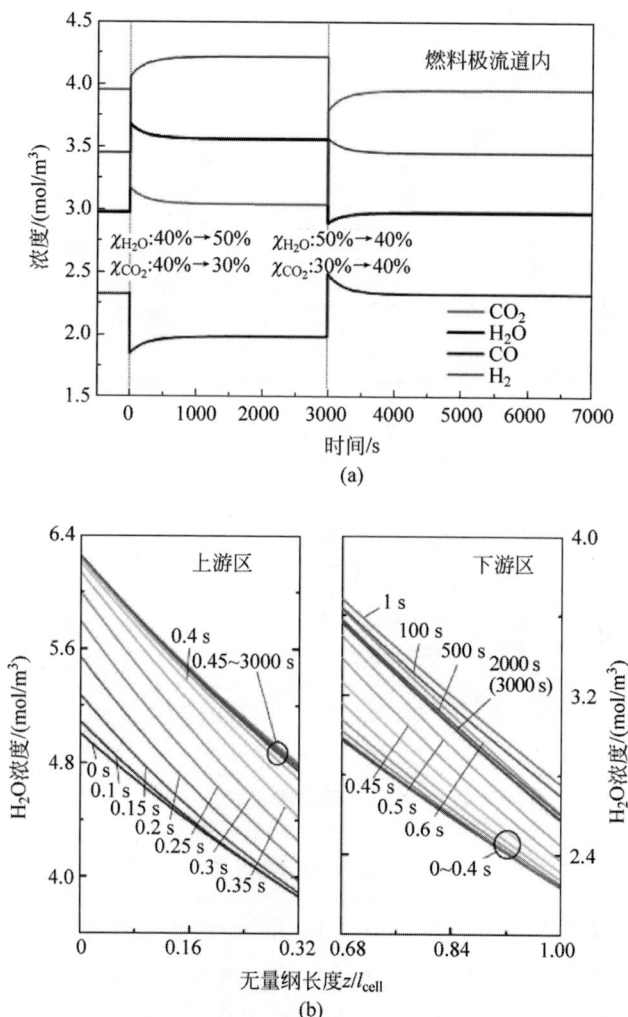

图 4.12　入口气体组分阶跃下管式 SOEC 动态响应特性(见文前彩图)
(a) 管式 SOEC 流道内不同气体组分的动态响应;(b) 在 $0\sim3000$ s 流道内 H_2O 浓度分布的动态响应;(c) 电解质内的离子电流密度分布;(d) 燃料极/电解质交界面的温度分布

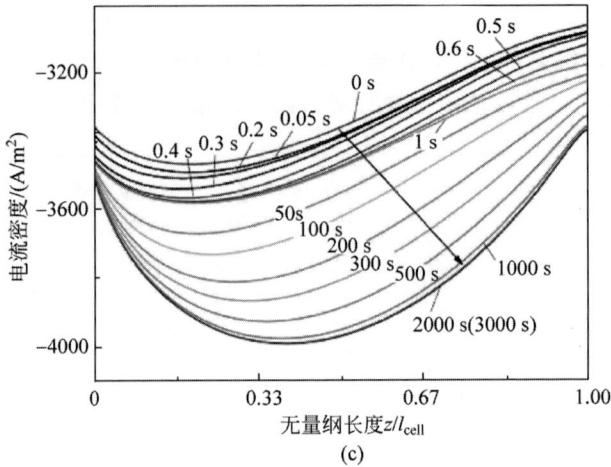

(c)

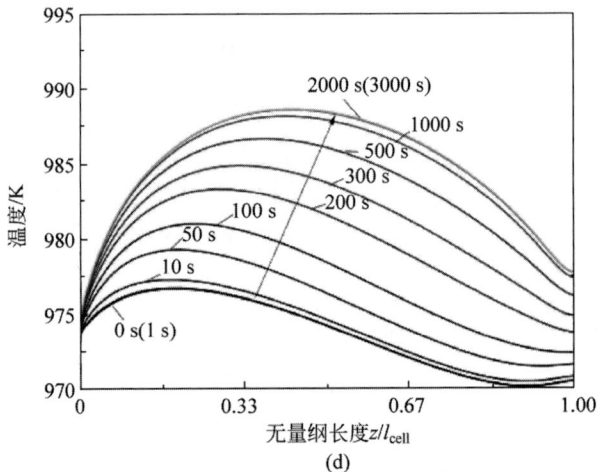

(d)

图 4.12(续)

H_2O 和 CO 浓度的过冲现象。图 4.12(b)和(c)指出在管式 SOEC 流道内的上游和下游,气体浓度和电流密度的动态响应特性也有所不同。在入口组分阶跃的 0.4 s 内,上游区的 H_2O 浓度迅速攀升,而后下游区的 H_2O 浓度才开始迅速升高,直至入口阶跃后的 1 s 达到峰值。相应地,上游的电流密度在 0.4 s 内骤增,下游区的电流密度在 0.4~1 s 显著增大。在阶跃发生 1 s 之后,管式 SOEC 进入热量传递的缓慢响应阶段,温度的缓慢上升促进电流密度分布整体升高,电解反应速率提升导致 H_2O 浓度整体下降。达到新稳态后,管式 SOEC 平均电流密度由 -3300 A/m^2 提升至 -3800 A/m^2,管内最高温度也提升了大约 $14{}^\circ\text{C}$。

图 4.13 给出了在入口组分阶跃下的瞬时效率 η_{dy}、H_2O 和 CO_2 转化率 ξ_{H_2O}、ξ_{CO_2} 及总转化率 ξ_{tot} 的动态响应曲线。如本书前期所述,质量传递过程引发了阶跃发生后 1 s 内的迅速变化过程,热量传递过程引发了 1 s 后的缓慢变化过程。如图 4.13 所示,在入口 H_2O 浓度和 CO_2 浓度向下阶跃(第二段阶跃)时,快变化过程中 η_{dy}、ξ_{H_2O} 和 ξ_{tot} 迅速增加,ξ_{CO_2} 迅速降低后回升;但在慢过程中,η_{dy}、ξ_{H_2O}、ξ_{CO_2} 和 ξ_{tot} 均下降,尤其是由于入口 H_2O 浓度降低导致了电化学性能减小,从而使 ξ_{tot} 大幅降低。整体来看,在第二段阶跃发生后 100 s 内,ξ_{tot} 较阶跃前均有所提高。因此,在反应物入口流量不变的前提下,可以设计入口气体组分的动态操作,通过入口 H_2O 浓度在几十分钟量级缓慢上升然后在秒量级至分钟量级迅速下降的循环操作,来提升时均效率和反应物总转化率。

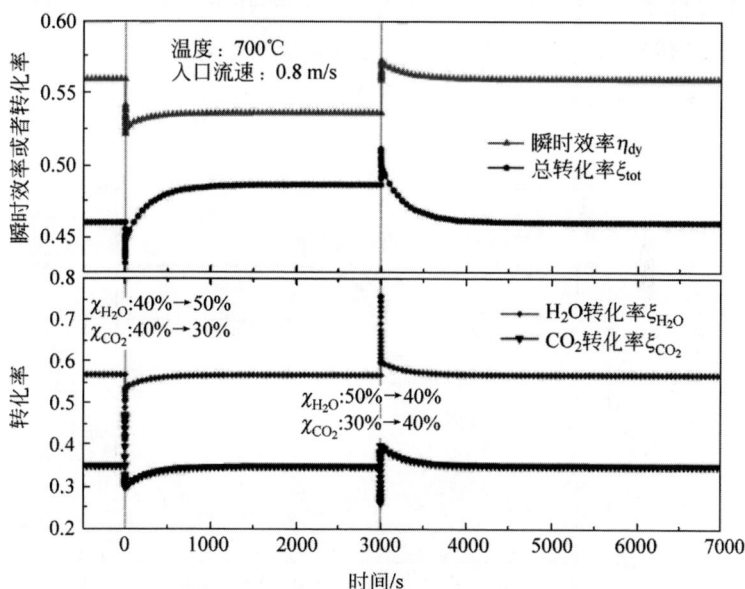

图 4.13　入口气体组分阶跃下瞬时效率、H_2O 和 CO_2 转化率以及总转化率的动态响应

4.3.3.2　入口气体流速阶跃

模型计算了入口气体流速从 0.8 m/s 提升至 1.2 m/s,并稳定 3000 s

后再阶跃回 0.8 m/s 的管式 SOEC 动态响应特性。图 4.14(a)为管式
SOEC 的平均电流密度和温度的响应曲线。入口气体流速(流量)的提升,
减小了气体在管式 SOEC 内部的停留时间,使得管式 SOEC 内部反应物更
加充足,因此平均电流密度从 -3280 A/m^2 提升至 -3420 A/m^2。在管底
(上游区),局部温度在初始的 25 s 内略微下降,在随后的 2000 s 内缓慢
回升,温度变化不超过 1℃。这是由于入口流量阶跃后,增大的入口流量
带走了上游区的热量,导致上游温度略微下降,但随后由于反应物浓度升
高导致管式 SOEC 由热中性转为放热状态,全管温度随之缓慢提升。尤
其在管中心和管底,阶跃 1000 s 后温度提升 2℃。在第二个阶跃,入口流
速恢复至 0.8 m/s,其动态响应规律与第一个阶跃相反。图 4.14(b)给
出了在入口流速阶跃下的瞬时效率 η_{dy}、总转化率 ξ_{tot} 以及生成 H_2/CO
摩尔比 $r_{H_2/CO}$ 的动态响应曲线。如图 4.14 可知,当入口气体流速阶跃至
1.2 m/s 时,由于入口流量增大,导致入口气体预热所需能耗增大,η_{dy} 和
ξ_{tot} 分别降低了 9% 和 14%,$r_{H_2/CO}$ 则由 1.6 提升至 1.9,提升入口气体流
量有助于提升产物气中的 H_2 含量。入口流量变化对 η_{dy}、ξ_{tot} 和 $r_{H_2/CO}$ 的
影响十分显著,与之相比,热量传递的慢响应过程对 η_{dy}、ξ_{tot} 和 $r_{H_2/CO}$ 的影
响较小。

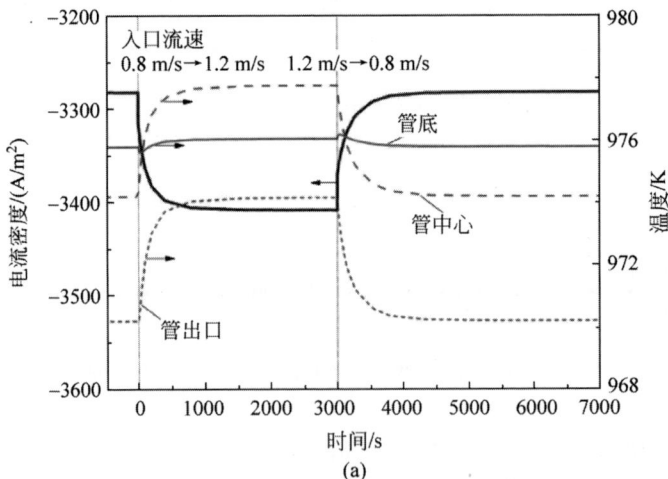

图 4.14　入口流量阶跃下平均电流密度和管内不同位置的
温度响应曲线(a)和瞬时效率、总转化率以及生成
H_2/CO 摩尔比的动态响应(b)

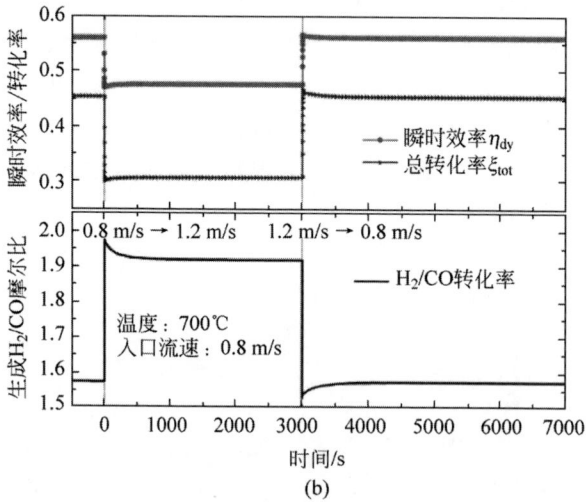

图 4.14（续）

4.3.3.3　入口气体温度阶跃

模型计算了入口气体温度从 700℃ 提升至 750℃，并稳定 4000 s 后再阶跃回 700℃ 的管式 SOEC 动态响应特性。图 4.15 为入口气体温度阶跃至 750℃ 后，4000 s 内燃料极/电解质交界面的温度分布、电解质内的离子电流密度分布和流道内部 H_2O 浓度分布的动态响应特性。由图 4.15(a) 可知，由于模型采用了顺流模式的流动布置方式，燃料极和氧电极的入口气体从管式 SOEC 两端流入，尤其是燃料极入口气体从管底流入燃料极流道，因此管式 SOEC 底部($z=0$)温度仅在入口气体温度阶跃 1 s 内便显著提升。在阶跃发生 2 s 后，入口气体通过入口铜管将热传导至管出口处，从而也带动管出口处温度迅速提升。入口气体温度阶跃带来的热量在阶跃后 50 s 才影响至管中心处，在随后的 950 s，管中心的温度缓慢上升并接近 750℃。管底、管中心和管出口分别在阶跃后的 1000 s、2000 s 和 1600 s 达到新稳态。图 4.15(b) 给出的电流密度分布基本与温度场对应，但由于入口温度阶跃后上游电化学性能突增，导致下游反应物不足，在阶跃后的 2 s 内管中段和下段的电流密度不升反降，阶跃后的 50 s 内管中段的电化学性能仍低于阶跃前。在达到新稳态后，由于 750℃ 下电化学性能显著提升，下游反应物不足的问题更加凸显，管式 SOEC 下端与上端电流密度之差最大可达 1000 A/m² 以上。图 4.15(c) 所示的 H_2O 浓度分布同样显示,上游的 H_2O 浓度最先达到稳态,仅需不到 500 s;下游的 H_2O 浓度累计了上游、中游和下游的 H_2O 浓度变化,因而变化最剧烈而且需要最长时间达到稳态,但由于管中心的温度场最晚达到稳态,下游的 H_2O 浓度达到稳态的时间取决于中游的 H_2O 浓度,因此两者都在大约 1000 s 后才基本稳定。在入口气体温度阶跃过程中,管内最大温差可达 45℃,这将导致管式 SOEC 的热应力剧增。

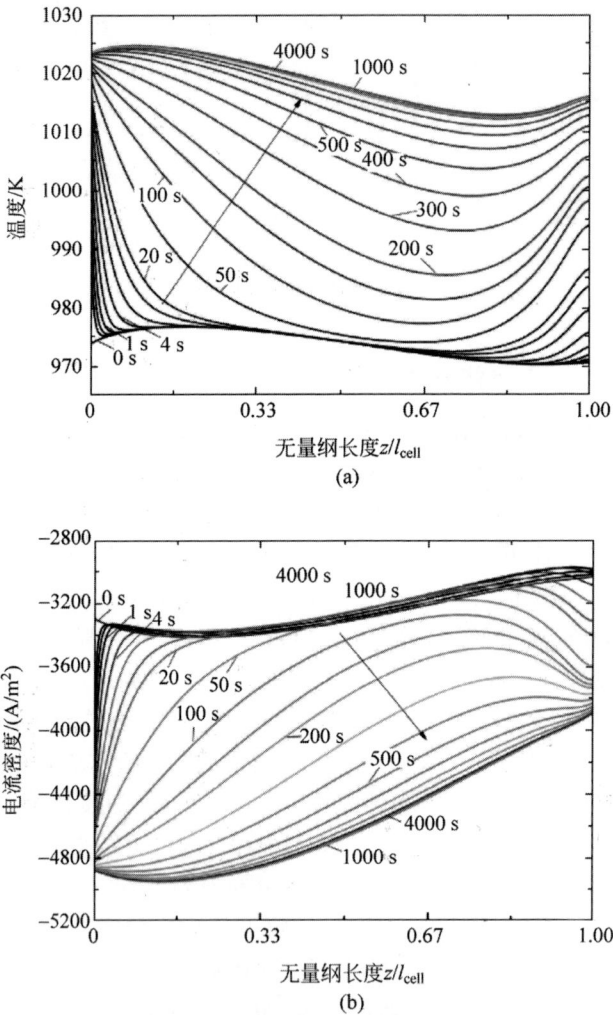

(a)

(b)

图 4.15　入口气体温度阶跃下燃料极/电解质交界面的温度分布(a)、电解质内的离子电流密度分布(b)和流道内部 H_2O 浓度分布(c)(见文前彩图)

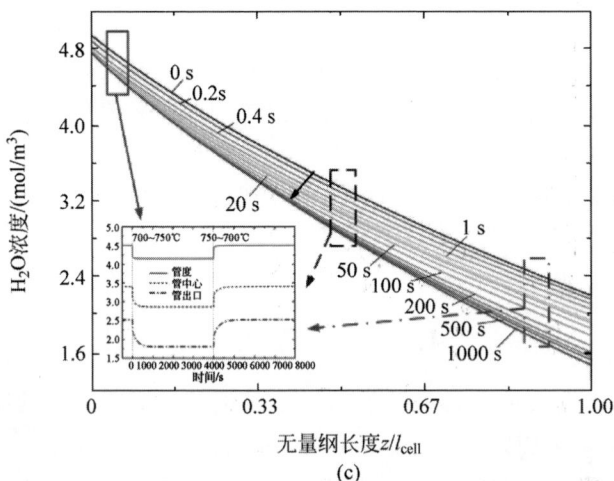

图 4.15（续）

图 4.16 给出了在入口气体温度阶跃下的瞬时效率 η_{dy}、总转化率 ξ_{tot} 以及生成 H_2/CO 摩尔比 $r_{H_2/CO}$ 的动态响应曲线。实际上，由于本工况中入口流速恒定为 0.8 m/s，因此入口温度阶跃改变，入口体积流量不变，但入口的质量流量随之阶跃改变。因此，阶跃后的 1 s 内依然可以看到 η_{dy}、ξ_{tot} 以及 $r_{H_2/CO}$ 的迅速变化过程，其由质量流量变化导致。随后的缓慢变化过程由入口气体温度阶跃控制。当入口气体温度由 700℃ 阶跃至 750℃

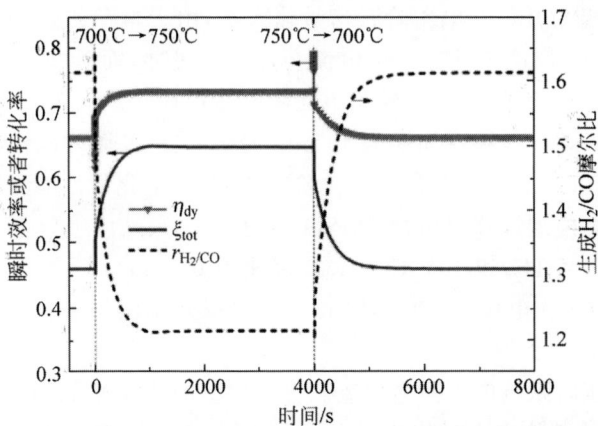

图 4.16　入口气体温度阶跃下的瞬时效率、总转化率及
生成 H_2/CO 摩尔比的动态响应

时, η_{dy} 在 1 s 内从 66% 降至 61%，然后迅速回升，在 2000 s 后稳定在 73%；$r_{H_2/CO}$ 在 1 s 内从 1.61 升至 1.65，然后在 2000 s 内降至 1.21；ξ_{tot} 在 1 s 内从 46% 降至 45%，然后在 2000 s 内升至 64%。当入口气体温度阶跃回 700℃ 时，各参数反向改变。整体来看，管式 SOEC 需要更长的时间尺度对入口气体温度的改变作出响应，从管式 SOEC 稳定、安全运行的角度考虑，入口气体温度不宜阶跃改变，而应当在分钟量级乃至数十分钟量级内缓慢升温，以防止管式 SOEC 局部热应力过大。

4.4　本章小结

本章基于管式单元构型开展 SOEC 共电解 H_2O/CO_2 的动态特性研究，对比分析了不同操作工况下电压阶跃对管式单元电化学动态特性的影响规律，实现管式 SOEC 在电信号阶跃输入下的稳定运行。在实验数据的基础上，利用建立的二维多物理场管式 SOEC 热电模型分离了管式 SOEC 内部电荷传递、质量传递和能量传递等过程的响应时间，计算了工作电压、入口气体组分、入口流量以及入口气体温度等参数的阶跃变化对管式 SOEC 内部参数分布以及能效和反应物转化率的影响规律，并提出通过不同动态传递过程的耦合操作提升时均效率的方法，为基于可再生能源储能的 SOEC 电制气系统集成管控提供部件级别的基础数据、动态反应传递耦合机制和稳定运行准则。主要研究结论如下。

（1）管式 SOEC 在电压阶跃信号输入下，由于电荷传递和质量传递时间尺度的不同，管式 SOEC 输出电流会先发生过冲，而后在 1～2 s 基本稳定；但电流阶跃信号输入下，输出电压无明显过冲。

（2）管式单元能够在周期为 40 min 的 ±0.25 A 循环电流阶跃下稳定运行，经历了 117 h、171 个循环电流阶跃测试后，电化学性能无明显衰减。

（3）动态模型计算显示，管式 SOEC 在 700℃、入口组分为 40% H_2O，40% CO_2，10% H_2 和 10% CO，入口流速为 0.8 m/s 下的热中性电压为 1.33 V，调节工作电压、入口气体组分、流量以及温度均可改变管式 SOEC 的热效应。

（4）电压阶跃响应下热电模型和等温模型的计算显示，电荷传递、质量传递和热量传递的响应时间分别为：电荷传递 τ_{Charge} 为 0.011 s；质量传递 τ_{Mass} 为 0.26 s；热量传递 τ_{Heat} 为 515 s。而且在管式 SOEC 不同位置与不同参数下的动态响应时间均有差异。

（5）本研究对工作电压和入口气体组分的动态操作进行优化设计，采用工作电压在毫秒级迅速下降，并在秒级回升的循环操作，可提升动态操作下的时均效率；在反应物入口流量不变的前提下，通过入口 H_2O 浓度在几十分钟量级缓慢上升然后在秒量级至分钟量级迅速下降的循环操作，提升时均效率和反应物总转化率。

（6）在入口气体温度阶跃的过程中，管内最大温差可达 45℃，这将导致管式 SOEC 的热应力剧增。从管式 SOEC 稳定和安全运行的角度考虑，入口气体温度不宜阶跃改变，而应当在分钟量级乃至十分钟量级下缓慢升温，以防止管式 SOEC 局部热应力过大。

第5章 可再生能源电力制取 CH_4 储能系统能效优化研究

5.1 概　　述

可再生能源电力电制 CH_4（PtM）储能有望实现可再生能源与天然气网络的深度融合,借助天然气管网扩大可再生能源的存储能力。本章建立可再生能源电力合成 CH_4 储能系统仿真平台,为统一评估储能系统内热、电和气等异质能流的能量品位,采用基于热力学第二定律的㶲分析方法开展储能系统的能效分析。首先,基于该仿真平台分别对比 AEC、PEMEC 和 SOEC 三类电解池技术与 CO_2 加氢甲烷化反应器（萨巴蒂尔（Sabatier）反应器）耦合的储能系统能效;进而基于 SOEC 电解技术,建立三类不同的 PtM 储能路线系统模型:路线 1 为 H_2O 电解＋Sabatier 反应器;路线 2 为 H_2O/CO_2 共电解＋甲烷化反应器;路线 3 为 SOEC 一步甲烷化反应器。在不同操作工况下对比这三类 PtM 储能路线的㶲效率,并优化不同模型的操作工况和技术路线。

5.2 可再生能源电力合成 CH_4 储能系统建模

电合成 CH_4 储能系统集成了电解池、甲烷化反应器（包括 CO 和 CO_2 加氢甲烷化）以及压缩机、换热器、预热器、混合器、气体净化等部件模块。本实验前期研究[144-145]建立了相对完备的系统仿真模型库以供参考。下面结合前期建立的仿真模型库,对这些模块的建模方法进行介绍。

5.2.1 电解池模块

本研究对比了 AEC、PEMEC 和 SOEC 三类电解池。SOEC 模块采用更为详细的多尺度模型以预测 SOEC 在 H_2O 电解和 H_2O/CO_2 共电解两种电解模式下不同操作工况的电化学性能及产物生成特性。AEC 和 PEMEC 由于工况较为简单,因此采用基于文献中典型实验数据的简化极化曲线拟合模型进行描述。

5.2.1.1　SOEC 模块

本模型中 SOEC 模块采用管式 SOEC 电堆构型。多尺度 SOEC 模型包括了膜电极子模型、管式单元子模型以及电堆子模型。前期研究[144] 已详细描述了该多尺度模型用于 SOFC-燃气轮机发电系统的模拟仿真。下面针对 SOEC 电堆模块不同尺度的子模型进行介绍。首先,图 5.1 为管式 SOEC 单元的横截面示意图,图中定义了管式 SOEC 的几何参数,其中燃料极流道和氧电极流道中间的三层结构即为管式 SOEC 的膜电极。

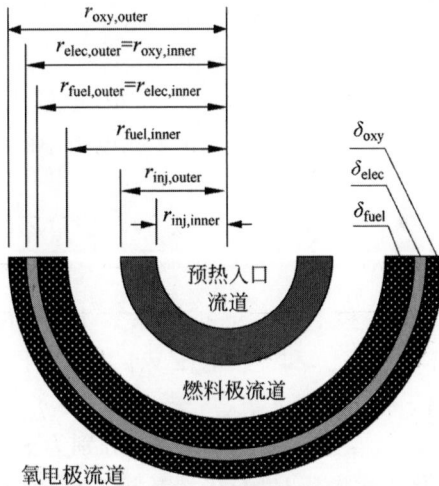

图 5.1　管式单元横截面及几何参数

1. 膜电极子模型

膜电极子模型主要描述了管式 SOEC 模块多孔电极内部的质量传递、电化学反应动力学和热力学过程。模型假设电化学反应发生在电极/电解质交界面,因此可以将电化学反应源项简化为电极/电解质交界面的边界通量:

$$\nabla \cdot (x N_i) = 0 \tag{5-1}$$

$$\begin{cases} N_{H_2} \mid_{elec/fuel} = -N_{H_2O} \mid_{elec/fuel} = \dfrac{\omega J}{2FS_{elec/fuel}}, \quad \omega = J_{H_2O}/J \\[3mm] N_{CO} \mid_{elec/fuel} = -N_{CO_2} \mid_{elec/fuel} = \dfrac{(1-\omega)J}{2FS_{elec/fuel}} \end{cases} \quad (5\text{-}2)$$

$$\begin{cases} N_{CH_4} \mid_{elec/fuel} = N_{N_2} \mid_{elec/fuel} = 0 \\[3mm] N_{O_2} \mid_{elec/oxy} = \dfrac{I_{cell}}{4FS_{elec/oxy}}, \quad N_{N_2} \mid_{elec/oxy} = 0 \end{cases} \quad (5\text{-}3)$$

其中，N_i 为电极/电解质交界面处气相组分 i 的通量，单位为 $mol/(m^2 \cdot s)$，式(5-1)适用于燃料极和氧电极；$S_{elec/fuel}$ 和 $S_{elec/oxy}$ 分别为燃料极/电解质交界面和氧电极/电解质交界面的有效反应面积，单位为 m^2；J 为单管 SOEC 总电流，单位为 A；ω 为 SOEC 中用于 H_2O 电解的电流占总电流的比例，在 H_2O 电解模式下 ω 为 1，CO_2 电解模式下 ω 为 0，H_2O/CO_2 共电解模式下 ω 为 $0\sim1$。$S_{elec/fuel}$ 和 $S_{elec/oxy}$ 可由式(5-4)计算：

$$\begin{cases} S_{elec/fuel} = 2\pi r_{elec,inner} l_{cell} \\[2mm] S_{elec/oxy} = 2\pi r_{elec,outer} l_{cell} \end{cases} \quad (5\text{-}4)$$

其中，$r_{elec,inner}$ 和 $r_{elec,outer}$ 为管式 SOEC 燃料极/电解质交界面和氧电极/电解质交界面的柱面半径。气相组分 i 在多孔电极中的组分守恒方程可由式(5-5)得到[144]：

$$\nabla \cdot (\chi_i) = \sum_{j \neq i} \frac{\chi_i N_j - \chi_j N_i}{c_t D_{ij}^{eff}} - \frac{N_i}{c_t D_{kn,i}^{eff}} \quad (5\text{-}5)$$

其中，二元扩散系数 D_{ij}^{eff} 和 Knudsen 扩散系数 $D_{kn,i}^{eff}$ 可通过式(3-33)和式(3-34)求得。工作电压 V_{cell} 和开路电压 V_{OCV} 有如下关系：

$$V_{cell} = V_{OCV} - \eta_{act,fuel} - \eta_{act,oxy} - \eta_{conc,fuel} - \eta_{conc,oxy} - \eta_{ohm} \quad (5\text{-}6)$$

其中，$\eta_{act,fuel}$、$\eta_{act,oxy}$、$\eta_{conc,fuel}$、$\eta_{conc,oxy}$ 和 η_{ohm} 分别为 SOEC 的燃料极活化极化电压、氧电极活化极化电压、燃料极浓差极化电压、氧电极浓差极化电压以及欧姆极化电压，单位为 V。其中，活化极化电压 η_{act} 可由简化的塔菲尔(Tafel)公式计算，本模型采用类似 Achenbach[146] 给出的等效电阻半经验公式[144]：

$$\frac{1}{R_{act,fuel,j}} = \frac{2F}{RT} \gamma_{fuel,j} \left(\frac{p_j}{p_0}\right)^{0.25} \exp\left(-\frac{E_{fuel,j}}{RT}\right), \quad j = H_2O, CO_2 \quad (5\text{-}7)$$

$$\frac{1}{R_{act,oxy}} = \frac{4F}{RT} \gamma_{oxy} \left(\frac{p_{O_2}}{p_0}\right)^{0.25} \exp\left(-\frac{E_{oxy}}{RT}\right) \quad (5\text{-}8)$$

其中,$R_{act,fuel}$ 和 $R_{act,oxy}$ 分别表示燃料极和氧电极活化极化对应的等效电阻;$R_{act,fuel,j}$ 表示 j 电解相关的燃料极活化极化等效电阻,j 为 H_2O 和 CO_2;γ_{fuel} 和 γ_{oxy} 为该 Arrhenius 表达式的指前因子。等效电路假设燃料极活化极化中 H_2O 和 CO_2 电解的等效电阻为并联关系,由此活化极化表达式如下:

$$\eta_{act,fuel} = \frac{J}{(1/R_{act,fuel,H_2O} + 1/R_{act,fuel,CO_2})S_{elec/fuel}} \tag{5-9}$$

$$\eta_{act,oxy} = \frac{JR_{act,oxy}}{S_{elec/oxy}} \tag{5-10}$$

为与 SOFC 模式区分,SOEC 模式中 J 通常为负值,因此极化电压也为负值,工作电压高于开路电压。H_2O 电解的电流占总电流的比例 ω 可由式(5-11)计算得到:

$$\omega = \frac{1/R_{act,fuel,H_2O}}{1/R_{act,fuel,H_2O} + 1/R_{act,fuel,CO_2}} \tag{5-11}$$

浓差极化电压 η_{conc} 可由电极表面与电极得到:

$$\begin{cases} \eta_{conc,fuel} = E_N|_{in} - E_N|_{elec/fuel} \\ \eta_{conc,oxy} = E_N|_{in} - E_N|_{elec/oxy} \end{cases} \tag{5-12}$$

其中,E_N 为局部能斯特电势。欧姆极化电压 η_{ohm} 可由欧姆定律得到:

$$\eta_{ohm} = \frac{2J\delta_{elec}}{(S_{elec/fuel} + S_{elec/oxy})\sigma_{ion,elec}} \tag{5-13}$$

开路电压 V_{OCV} 可由 SOEC 处于平衡状态的能斯特电势 E_N 求得。根据 H_2O/CO_2 共电解体系下的总包反应:

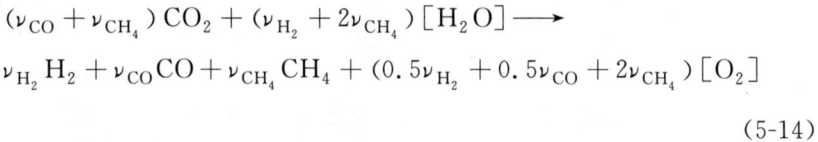

$$(\nu_{CO} + \nu_{CH_4})CO_2 + (\nu_{H_2} + 2\nu_{CH_4})[H_2O] \longrightarrow$$
$$\nu_{H_2}H_2 + \nu_{CO}CO + \nu_{CH_4}CH_4 + (0.5\nu_{H_2} + 0.5\nu_{CO} + 2\nu_{CH_4})[O_2] \tag{5-14}$$

其中,ν_i 代表反应气 i 入口的摩尔分数,i 为 CO、CH_4、H_2。

开路电压 V_{OCV} 可由式(5-15)求得[144]:

$$V_{OCV} = E_N = \frac{1}{2F(\nu_{H_2} + \nu_{CO} + 4\nu_{CH_4})}\{-(\nu_{H_2}\Delta G_{H_2} + \nu_{CO}\Delta G_{CO} +$$
$$\nu_{CH_4}\Delta G_{CH_4})_{p=p_0} + RT[\nu_{H_2}\ln p_{H_2} + \nu_{CO}\ln p_{CO} + \nu_{CH_4}\ln p_{CH_4} -$$
$$(\nu_{CO} + \nu_{CH_4})\ln p_{CO_2} - (\nu_{H_2} + \nu_{CH_4})\ln p_{H_2O} +$$
$$(0.5\nu_{H_2} + 0.5\nu_{CO} + 2\nu_{CH_4})\ln p_{O_2,oxy}]\} \tag{5-15}$$

2. 管式单元子模型

在膜电极子模型基础上,结合管式单元子模型,可进一步耦合管式 SOEC 的几何结构参数以及传热和传质等过程。管式单元子模型采用集总参数动态模型,将 SOEC 内部看作一个连续搅拌式反应器(continuous stirred-tank reactor,CSTR)。参照图 5.1 的几何结构,管式 SOEC 内入口管(inj)、燃料极(fuel)、电解质(elec)和氧电极(oxy)的固相体积分数 ψ 为

$$\psi_k = \frac{(r_{k,\text{outer}}^2 - r_{k,\text{inner}}^2)(1-\varepsilon_k)}{\sum\limits_k (r_{k,\text{outer}}^2 - r_{k,\text{inner}}^2)(1-\varepsilon_k)}, \quad k = \text{inj}, \text{fuel}, \text{elec}, \text{oxy}$$

(5-16)

其中,ε 为各层结构的孔隙率,其中入口管和电解质的 ε 为 0。因而,管式 SOEC 的平均密度 ρ、热导率 λ 和比定压热容 c_p 可根据式(5-17)计算:

$$y_{\text{av}} = \psi_{\text{inj}} y_{\text{inj,s}} + \psi_{\text{fuel}} y_{\text{fuel,s}} + \psi_{\text{elec}} y_{\text{elec,s}} + \psi_{\text{oxy}} y_{\text{oxy,s}}, \quad y = \rho, \lambda \text{ 或 } c_p \rho$$

(5-17)

燃料极和氧电极的质量守恒方程和组分守恒方程可按式(5-18)和式(5-19)表示:

$$V_k \frac{\text{d}c_{t,k}}{\text{d}t} = q_{k,\text{in}} - q_{k,\text{out}} - S_{k\text{-ch}} \sum_i (N_{i,k}\mid_{k\text{-ch}} - \dot{s}_i), \quad k = \text{fuel}, \text{oxy}$$

(5-18)

$$V_k c_{t,k} \frac{\text{d}\chi_{i,k}}{\text{d}t} = \dot{n}_{k,\text{in}}(\chi_{i,k,\text{in}} - \chi_{i,k}) + S_{k\text{-ch}}(\dot{s}_i - \chi_{i,k} \sum_i \dot{s}_i) -$$
$$S_{k\text{-ch}}(N_{i,k}\mid_{k\text{-ch}} - \chi_{i,k} \sum_i N_{i,k}\mid_{k\text{-ch}}), \quad k = \text{fuel}, \text{oxy}$$

(5-19)

其中,V_k 为流道体积,单位为 m^3;q_k 为流量,单位为 mol/s;$S_{k\text{-ch}}$ 为电极与流道交界面的表面积,单位为 m^2;$N_{i,k}\mid_{k\text{-ch}}$ 为电极与流道交界面的电化学反应生成的气相组分 i 通量;$\dot{s}_i$ 为电极内部多相催化反应(WGSR 反应和甲烷化反应)产生的气相组分 i 通量。管式 SOEC 的燃料极流道和氧电极流道的 V_k 和 $S_{k\text{-ch}}$ 可由式(5-20)计算:

$$\begin{cases} S_{\text{fuel/ch}} = 2\pi r_{\text{fuel,inner}} l_{\text{cell}}, & V_{\text{fuel}} = \pi(r_{\text{fuel,inner}}^2 - r_{\text{inj,outer}}^2 + r_{\text{inj,inner}}^2)l_{\text{cell}} \\ S_{\text{oxy/ch}} = 2\pi r_{\text{oxy,outer}} l_{\text{cell}}, & V_{\text{oxy}} = [(\delta_t + 2r_{\text{oxy,outer}})^2 - \pi r_{\text{oxy,outer}}^2]l_{\text{cell}} \end{cases}$$

(5-20)

多相催化反应产生的气相组分 i 通量 $\dot{s}_i$ 可表示为[147-148]

$$\dot{s}_i = \nu_{i,\text{MR}}\dot{s}_{\text{MR}} + \nu_{i,\text{WGSR}}\dot{s}_{\text{WGSR}} \tag{5-21}$$

$$\dot{s}_{\text{MR}} = -4274\,\frac{p_{\text{fuel}}}{p_0}\exp\left(-\frac{82\,000}{RT}\right)\left(x_{\text{CH}_4} - \frac{p_{\text{fuel}}^2}{p_0^2}\frac{x_{\text{H}_2}^3\,x_{\text{CO}}}{K_p^{\text{MR}}\,x_{\text{H}_2\text{O}}}\right) \tag{5-22}$$

$$\dot{s}_{\text{WGSR}} = k_f^{\text{WGSR}}\left(p_{\text{H}_2\text{O}}\,p_{\text{CO}} - \frac{p_{\text{H}_2}\,p_{\text{CO}_2}}{K_p^{\text{WGSR}}}\right) \tag{5-23}$$

其中，$\nu_{i,\text{MR}}$ 和 $\nu_{i,\text{WGSR}}$ 分别表示甲烷化（MR）和水汽变换（WGSR）反应中组分 i 的化学反应计量数。

K_p^{MR} 和 K_p^{WGSR} 由式（3-25）和式（3-28）可计算得到，模型假设 WGSR 反应速率足够快，k_f^{WGSR} 可以取任意大的常数。管式 SOEC 的能量守恒方程可表示为

$$\rho_s c_{p,s} V_s \frac{\mathrm{d}T}{\mathrm{d}t} = \sum_{k=\text{fuel,oxy}}(\dot{n}_{k,\text{in}} H_{k,\text{in}}) - \sum_{k=\text{ca,an}}(\dot{n}_{k,\text{out}} H_{k,\text{out}}) - JV_{\text{cell}} - Q_{\text{loss}} \tag{5-24}$$

由于气体单位体积热容远小于固相单位体积热容，因此式（5-24）时间项的系数仅考虑固相热容。在假设电流的法拉第效率为 100% 时，管式 SOEC 的反应物转化率 U_r 为

$$U_r = \frac{J}{[2F\dot{n}_{\text{ca,in}}(\chi_{\text{H}_2\text{O,in}} + \chi_{\text{CO}_2,\text{in}})]} \tag{5-25}$$

3. 电堆子模型

在管式 SOEC 电堆内，管式 SOEC 通过串联或者并联的方式连接，以实现电制气过程的规模化放大。在系统模型中，为简化计算忽略管式 SOEC 电堆内部气流分配、温度分布和管式单元性能的不均匀性，假设每个管式单元均在相同工况下运行，消耗相等的电能，生成相同的气体燃料。因此，在电堆子模型层面，仅需对串并联的管式 SOEC 进行叠加和放大。电堆的总电流 J_{stack}、总电压 V_{stack}、总电能输出 P_{stack} 以及气相组分 i 的入口气体流量 $n_{i,\text{in}}^{\text{tot}}$ 可表示为

$$\begin{cases} J_{\text{stack}} = \text{Num}_{\text{parallel}}J \\ V_{\text{stack}} = \text{Num}_{\text{series}}V_{\text{cell}} \\ P_{\text{stack}} = J_{\text{stack}}V_{\text{stack}} \end{cases} \tag{5-26}$$

$$n_{i,\text{in}}^{\text{tot}} = \text{Num}_{\text{series}}\text{Num}_{\text{parellel}}n_{i,\text{in}} \tag{5-27}$$

其中,$\text{Num}_{\text{parrallel}}$ 和 $\text{Num}_{\text{series}}$ 分别为管式 SOEC 电堆的并联数和串联数。

　　4. 模型参数和验证

　　本研究中分别采用高温 YSZ 材料体系 SOEC 和中温 LSGM 体系 SOEC 代表两类 SOEC 技术体系开展分析。在本模型中,Ni 既是 SOEC 燃料极的电子导体,又是多相催化反应的催化剂,虽然不同材料体系的 SOEC 燃料极离子导体不同,但本模型假设这两类材料的 Ni 催化活性相同。在电化学性能方面,SOEC 模块分别采用了 Ebbesen 等[35] 基于 YSZ 基 SOEC 以及 Wendel 等[142] 基于 LSGM 基 SOEC 的电化学实验数据校准和验证 SOEC 模块。模型的主要校准参数和调节参数见表 5.1。活化极化的等效阻抗指前因子及 YSZ 材料体系下的电极孔隙率和曲折因子作为模型的调节参数。模型经过校准后,基于 YSZ 和 LSGM 两种材料体系的 SOEC 模块模拟值和实验值的对比如图 5.2 所示,利用本模型能够较为准确地预测不同材料体系的 SOEC 电化学性能。

表 5.1　SOEC 模块的校准参数与调节参数

模 型 参 数	YSZ 材料体系	LSGM 材料体系
燃料极孔隙率 $\varepsilon_{\text{fuel}}$/曲折因子 τ_{fuel}	0.5/5 *	0.26/3[142]
氧电极孔隙率 ε_{oxy}/曲折因子 τ_{oxy}	0.5/5 *	0.3/3[142]
离子电导率 $\sigma_{\text{ion,elec}}$/(S/m)	$3.34\times10^4\times$ $\exp\left(-\dfrac{85\,634}{RT}\right)$[78]	$\dfrac{5.17\times10^8}{T}\times$ $\exp\left(-\dfrac{93\,800}{RT}\right)$[142]
燃料极和氧电极电子电导率 $\sigma_{\text{el,fuel}}$/$\sigma_{\text{el,oxy}}$/(S/m)	$3.27\times10^6-1065.3T$/ $\dfrac{4.2\times10^7}{T}\exp\left(-\dfrac{1150}{T}\right)$[78]	1×10^3/3×10^4[142]
燃料极和氧电极活化能 E_{fuel}/E_{oxy}/(J/mol)	60 000/162 000[142]	
活化极化等效阻抗指前因子 $\gamma_{\text{fuel,H}_2\text{O}}$/$\gamma_{\text{fuel,CO}_2}$/$\gamma_{\text{oxy}}$*	6.0×10^{10}/1.2×10^{10}/ 4.0×10^{12}	6.0×10^6/1.2×10^6/ 5.0×10^{14}

　　* 调节参数。

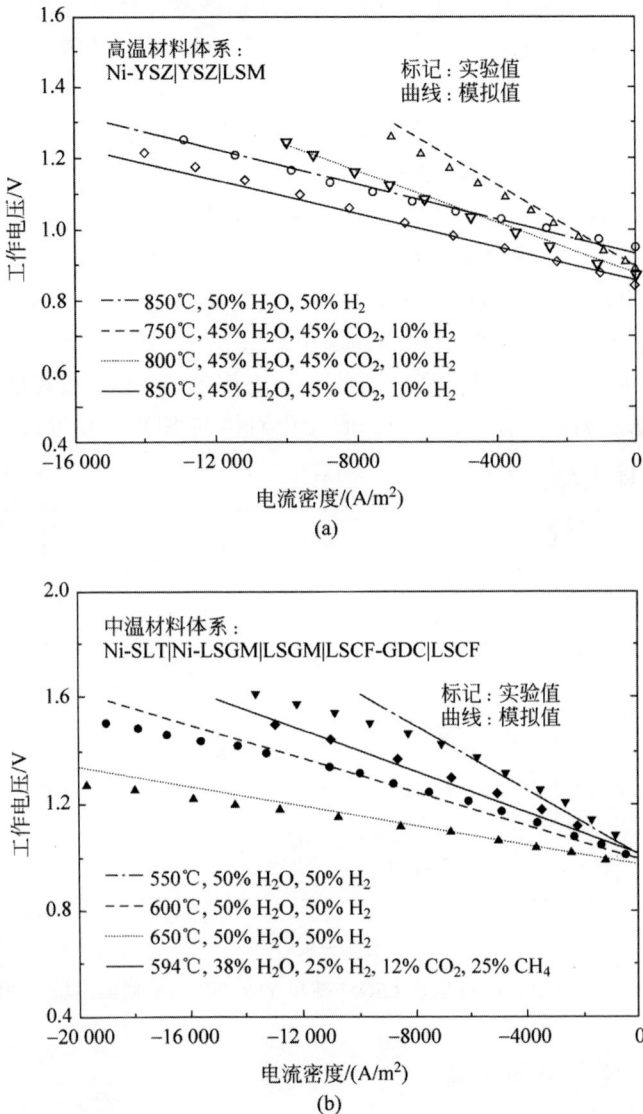

图 5.2　YSZ 基和 LSGM 基 SOEC 模块的极化曲线模拟值与实验值对比[35,142]

5.2.1.2　AEC 和 PEMEC 模块

采用 80℃ 下 AEC[149-150] 和 PEMEC[151] 的极化曲线实验数据,建立简化的极化曲线拟合模型。为了具有可比性,可以使 AEC 和 PEMEC 模型的电流密度、产氢率和 SOEC 工况保持一致,从而能够计算出所需的 AEC 或者 PEMEC 装置规模、所需的电能输入以及反应器的热量生成/消耗。根据文献中 AEC 和 PEMEC 极化曲线对应的操作工况,两个低温电解池的工作温度均为 80℃,但两者的工作压力不同,PEMEC 的工作压力为 1.378 MPa[151], AEC 的工作压力为 0.436 MPa[149]。

图 5.3 整理并对比了本研究中采用的 AEC、PEMEC 以及 LSGM 基和 YSZ 基 SOEC 的极化曲线实验数据[35,142,149,151]。由图 5.3 中的对比可以看到,低温电解的开路电压较 SOEC 的开路电压高了近 0.4 V,意味着低温电解热力学上的理论电能消耗较高温电解高出了 40% 以上。从动力学角度看,AEC 的极化阻抗显著高于其他 3 个电解池,这也导致其电解效率显著低于其他三类电解池。PEMEC 的极化阻抗与 SOEC 相近,但由于开路电压的限制,其工作电压通常需要在 1.6 V 以上。

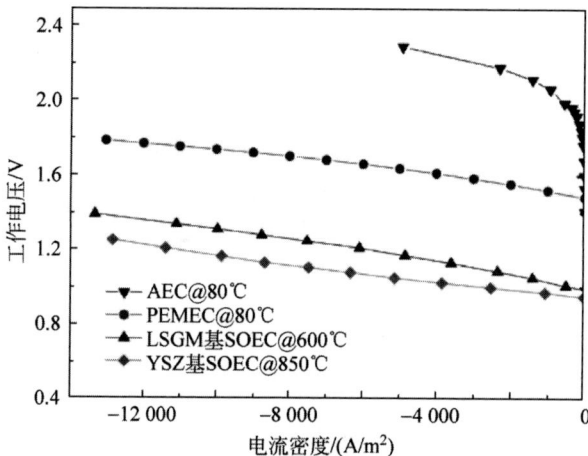

图 5.3　AEC、PEMEC 以及 LSGM 基和 YSZ 基 SOEC 的典型极化曲线

5.2.2　甲烷化反应器模块

甲烷化反应器通常采用工作温度在 200～550℃、工作压力在 2～2.5 MPa 下的 Ni 基催化剂填装的固定床[21]。甲烷化反应器中可能发生一系列气固反应,包括 CO 和 CO_2 加氢反应、WGSR 反应、积碳反应以及甲醇和 C_{2+} 碳氢化合物生成等反应。在高 H/C 比下甲烷化反应器中最主要的反应为 CO 加氢甲烷化反应(CO-MR)、CO_2 加氢甲烷化反应(CO_2-MR)及 WGSR 反应[21,108]。为防止积碳反应的发生,本研究设置 PtM 系统的

H/C 比始终高于 5.5[13]，因此本研究中可采用考虑上述 3 个主要反应的热力学平衡模型。主要反应的反应方程式如下所示（单位为 kJ/mol）：

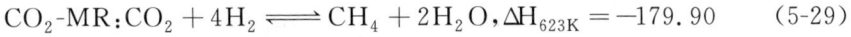

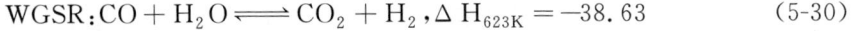

$$CO\text{-}MR: CO + 3H_2 \rightleftharpoons CH_4 + H_2O, \Delta H_{623K} = -218.53 \tag{5-28}$$

$$CO_2\text{-}MR: CO_2 + 4H_2 \rightleftharpoons CH_4 + 2H_2O, \Delta H_{623K} = -179.90 \tag{5-29}$$

$$WGSR: CO + H_2O \rightleftharpoons CO_2 + H_2, \Delta H_{623K} = -38.63 \tag{5-30}$$

通过联立上述任意两个反应的平衡方程以及 C、H、O、N 元素守恒方程，可求得甲烷化反应器的出口组分。通过出口和入口气体组分的焓差，可以计算得到反应放热值。本模型中考虑 CO-MR 反应和 WGSR 反应的平衡方程，其反应平衡常数 K_p^{MR} 和 K_p^{WGSR} 见式（3-25）和式（3-28）。

5.2.3　换热器模块

换热器模块采用了动态分布式参数模型，模型采用统一的控制方程，可用于描述管壳式换热器和紧凑式换热器。换热器冷、热流体的能量守恒如下[145]：

$$\rho_k c_{p,k} \frac{\partial T_k}{\partial t} = -\rho_k u_k c_{p,k} \frac{\partial T_k}{\partial z} + \frac{\alpha_k}{\sigma_k} \eta_{o,k} h_k (T_w - T_k), \quad k = 冷、热$$

$$\tag{5-31}$$

其中，α_k 为单位体积的总换热面积，单位为 m^2/m^3；σ_k 为换热器一侧的最小自由通流面积与迎风面积之比；η_o 为总的表面温度换热效率；h_k 为流体和固体壁面的对流换热系数；T_w 为壁面温度，单位为 K。基于理想气体假设并忽略换热器内的压降，气流的质量守恒表达式如下[145]：

$$0 = -\frac{pM_k}{R} \frac{\partial u_k}{\partial z} + \frac{1}{c_{p,k}} \frac{\alpha_k}{\sigma_k} \eta_{o,k} h_k (T_w - T_k) \tag{5-32}$$

对于不可压流体，式（5-32）可退化为 $\partial u_k / \partial z = 0$，上述方程的控制变量为流体温度 T_k 和流体流速 u_k。壁面的能量守恒表达式如下[145]：

$$\rho_w c_{p,w} \frac{dT_w}{dt} = \lambda_w \frac{\partial^2 T_2}{\partial z^2} + \frac{1}{S_w} \sum_{k=冷、热} S_{f,k} \frac{\alpha_k}{\sigma_k} \eta_{o,k} h_k (T_k - T_w)$$

$$\tag{5-33}$$

其中，λ_w 为固体导热系数；S_w 为固壁导热的轴向截面积；$S_{f,k}/S_k$ 为冷流体侧（k 为冷）或热流体侧（k 为热）的翅片表面积/传热面积。

5.2.4　压缩机/透平模块

压缩机/透平模块采用等熵效率模型[145]，即

$$\begin{cases} \eta_{comp} = \dfrac{h_{s,comp}(T_{s,comp}) - h_{in}(T_{in})}{h_{out}(T_{out}) - h_{in}(T_{in})}, \\[4mm] \eta_{turb} = \dfrac{h_{in}(T_{in}) - h_{out}(T_{out})}{h_{in}(T_{in}) - h_{s,turb}(T_{s,turb})} \end{cases} \tag{5-34}$$

其中,η_{comp}、η_{turb} 分别为压缩机和透平的效率;h_{in}、h_{out}、$h_{s,comp}$ 和 $h_{s,turb}$ 分别为入口气体焓、出口气体焓、等熵过程压缩机出口气体焓和等熵过程透平出口气体焓。压缩机、透平的压比 π_{comp}、π_{turb} 和等熵过程出口气体温度 $T_{s,comp}$ 和 $T_{s,turb}$ 分别为

$$\pi_{comp} = p_{out}/p_{in}, \quad \pi_{turb} = p_{in}/p_{out} \tag{5-35}$$

$$T_{s,comp} = T_{in}\pi_{comp}^{(\gamma-1)/\gamma}, \quad T_{s,turb} = T_{in}\pi_{turb}^{-(\gamma-1)/\gamma} \tag{5-36}$$

其中,γ 为多变指数,模型中由压缩机和透平的效率作如下修正:

$$\frac{\gamma}{\gamma-1} = \eta\frac{k}{k-1} \tag{5-37}$$

压缩机或者透平的输出功率 P_k 为

$$P_k = m(h_{in} - h_{out}), \quad k = 压缩机(comp)、透平(turb) \tag{5-38}$$

其中,m 为气体质量流量,单位为 kg/s。

5.2.5 其他模块

根据本研究前期基于 gPROMS 仿真平台建立的模型库,可直接调用其中的混合器以及气体净化模块,这些模块采用了热力学模型和连续搅拌式反应器,耦合了 C、H、O、N 元素守恒方程和总体质量守恒。模型忽略散热损失,能量守恒方程如下所示:

$$\sum_j \dot{n}_{in}^j \sum_i \chi_{i,in}^j H_{i,in}^j(T_{in}^j) = \sum_k \dot{n}_{out}^k \sum_i \chi_{i,out}^k H_{out}^k(T_{out}) \tag{5-39}$$

其中,j 为第 j 个入口;k 为第 k 个出口。气体净化模块包含了 CO_2 分离和 H_2O 冷凝过程。除此之外,本系统仿真平台还包括了加热器、管路、气源和储气池等模块。其中,气源和储气池可从 gPROMS 自带模型库 PMLBasic 中直接调用;管路模块可从 gPROMS 自带模型库 PML Flow Transportation 中直接调用;加热器模块可从 gPROMS 自带模型库 PML Heat Exchange 内直接调用;气体的物性参数可从 gPROMS 自带物性库 PMLMaterial 内直接调用。

5.2.6 系统示意图

基于以上系统模型库,本研究建立了如图 1.12 所示的 3 种 PtM 储能

系统的仿真平台。

其中,路线 1 为当前工业应用中最成熟的 PtM 技术路线,如图 5.4 所示。通过 H_2O 电解技术耦合 CO_2 加氢甲烷化的 Sabatier 反应器实现两步 CH_4 合成,其中 H_2O 电解过程可采用包括 AEC、PEMEC 或者 SOEC 等电解池制取高纯度 H_2。图 5.4 中系统框内的热、电、气流的输入和输出为系统内部自身的能量交换,系统框外的外部能量、气体输入和输出为系统与外界的能量交换。当采用 AEC 和 PEMEC 时,电解池燃料极入口为液态水;当采用 SOEC 时,电解池燃料极入口为回热蒸发后的气态水。为达到工作压力,系统需要通过压缩机做功将入口气体压力升至反应器的工作压力。

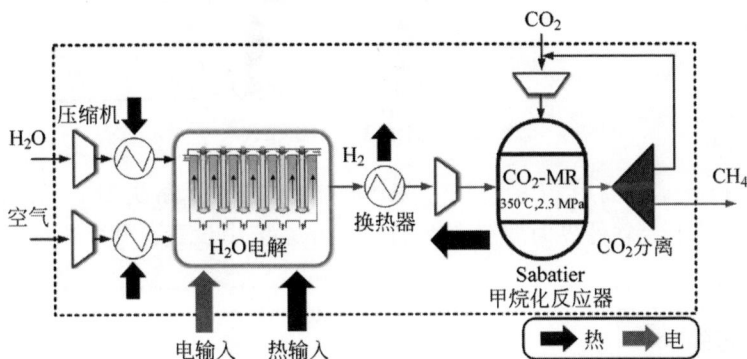

图 5.4　路线 1 的系统流程

路线 2 采用 SOEC 共电解 H_2O/CO_2 耦合甲烷化反应器实现两步 CH_4 合成,系统流程如图 5.5 所示。与路线 1 的不同之处在于,路线 2 的系统 CO_2 与气态 H_2O 混合通入 SOEC 燃料极,SOEC 出口产生富 H_2/CO 的产物气通至甲烷化反应器中,甲烷化反应器不额外通入气体。

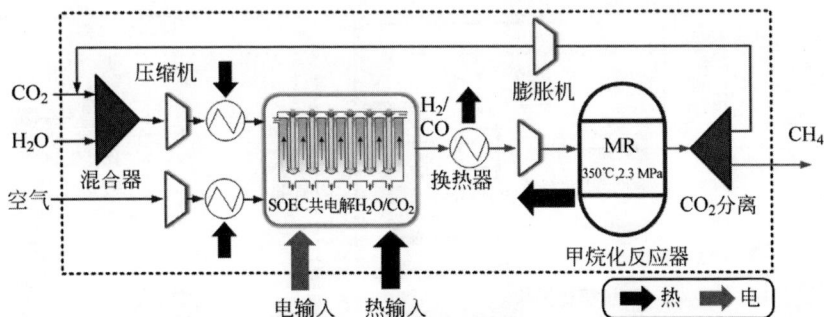

图 5.5　路线 2 的系统流程

　　路线 3 基于第 3 章的研究结论,将路线 2 中的甲烷化反应器并入 SOEC 反应器中,利用 SOEC 逆流化布置设计强化电化学反应和甲烷化反应的热耦合,实现一步甲烷化。路线 3 的系统流程如图 5.6 所示。

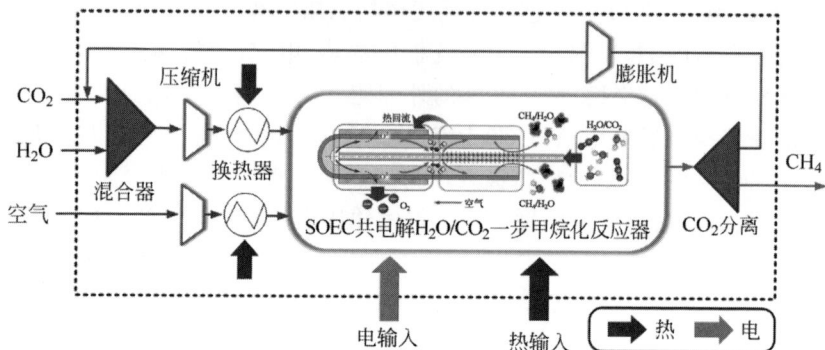

图 5.6　路线 3 的系统流程

　　本研究基于商用 gPROMS 系统仿真软件,建立了路线 1～3 的系统仿真平台,其平台软件界面如图 5.7 所示。在系统中设置:甲烷化反应器运

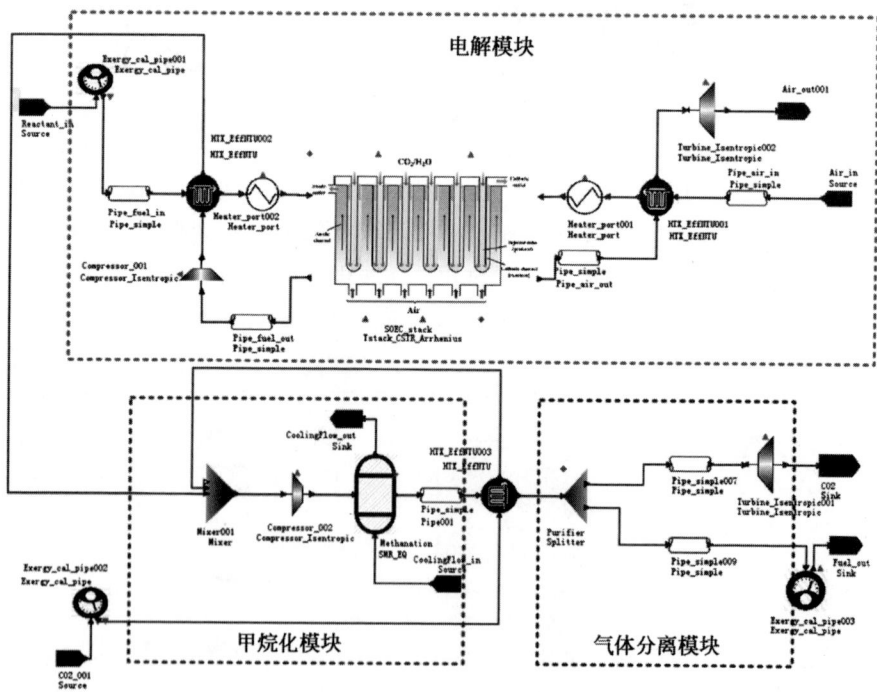

图 5.7　gPROMS 软件中的 PtM 储能系统仿真平台界面

行在文献[21]中的典型工况下,即工作温度 350℃,工作压力 2.3 MPa;压缩机和透平的运行效率为 80%;出口冷凝器和气体净化模块中 H_2O 和 CO_2 的脱除率为 99.5%,出口温度为 25℃。

5.2.7　㶲的计算

在温度 T 下换热量为 Q_{heat} 时对应的㶲值为[152]

$$\mathrm{Ex}_{heat} = Q_{heat}\left(1 - \frac{T_0}{T}\right) \tag{5-40}$$

其中,Q_{heat} 为正值,代表系统吸收热量;T_0 和 T 为环境温度和流体温度,单位为 K,$T_0 = 298.15$ K。在电制 CH_4 系统中,系统的热交换过程包括了加热器、电解池和甲烷化反应器,考虑系统总热㶲的值为负值时,即系统向环境释放热㶲时,这部分热㶲将不再被利用,即

$$\mathrm{Ex}_{heat} = \mathrm{MAX}(0, \mathrm{Ex}_{heat}^{heater} + \mathrm{Ex}_{heat}^{EC} + \mathrm{Ex}_{heat}^{MR}) \tag{5-41}$$

其中,$\mathrm{Ex}_{heat}^{heater}$ 是预热器需要的热量输入;Ex_{heat}^{EC} 是电解池需要的热量输入;Ex_{heat}^{MR} 是甲烷化反应器需要的热量输入。

对于外界输入电能或者对系统做功 P,其电能的㶲值 Ex_{elec} 等于 $-P$[152-153]。这部分㶲包括了电解的电耗、压缩机功耗以及透平的输出功。对于在温度 T、压力 p 下的流体,忽略其动能和势能的㶲,其㶲包括了物理㶲 Ex_{phys} 和化学㶲 Ex_{chem}[152]:

$$\mathrm{Ex}_{flow} = \dot{m}\,\mathrm{Ex}_{flow} = \dot{m}(\mathrm{Ex}_{phys} + \mathrm{Ex}_{chem}) \tag{5-42}$$

$$\mathrm{Ex}_{phys} = (h - h_0) - T_0(s - s_0) \tag{5-43}$$

$$\mathrm{Ex}_{chem} = \sum_i \chi_i \mathrm{Ex}_{i,chem}, \quad i = H_2, H_2O, CO, CO_2, CH_4, O_2, N_2 \tag{5-44}$$

$$\mathrm{Ex}_{i,chem} = \begin{cases} -RT\ln\chi_i^0, & i = H_2O, CO_2, O_2, N_2 \\[2mm] \left[g_{f,i}^0 - a g_{f,CO_2}^0 - \dfrac{b}{2} g_{f,H_2O(g)}^0\right] + \\[2mm] RT_0\ln\left[\dfrac{(\chi_{O_2}^0)^{a+\frac{b}{4}}}{(\chi_{CO_2}^0)^a (\chi_{H_2O(g)}^0)^{\frac{b}{2}}}\right] \end{cases}, \quad i = H_2, CO, CH_4 \tag{5-45}$$

其中,$\dot{m}$ 为流体的质量流量,单位为 kg/s;h、s 分别为温度 T、压力 p 下的流体焓和熵;h_0、s_0 分别为温度 T_0、压力 p_0(101 325 Pa)下的流体焓和熵;

a 和 b 分别为气相组分 i 化学方程式中的 C 原子数和 H 原子数。基于以上㶲的计算方法,可由式(5-46)得到㶲效率 η_{ex} 为

$$\eta_{ex} = \frac{Ex_{flow}^{CH_4}}{Ex_{elec} + Ex_{heat} + \sum Ex_{flow}^{in} - \sum_{\text{不包括}CH_4} Ex_{flow}^{out}} \tag{5-46}$$

5.3 基于路线 1 的不同电解技术的能效对比分析

对于 SOEC 电解技术来说,其较高的工作温度降低了电能消耗,但热需求显著增大。而低温电解技术需要更高的电耗,但热需求显著减低。仿真平台基于路线 1 的系统框架,分别将 AEC、PEMEC 和 SOEC 三类电解技术与 Sabatier 甲烷化反应器耦合,并对比分析其在不同电流密度下工作的系统能效,如图 5.8(a)所示。其中,AEC 和 PEMEC 均工作在 80℃;SOEC 电解技术考虑了 YSZ 基的高温材料体系和 LSGM 基的中温材料体系,两类材料体系的 SOEC 分别工作在 800℃ 和 600℃。针对每单位有效反应面积的电解池,入口 H_2O 流量为 0.08 mol/(m^2·s),即 5.18 kg/(m^2·h);

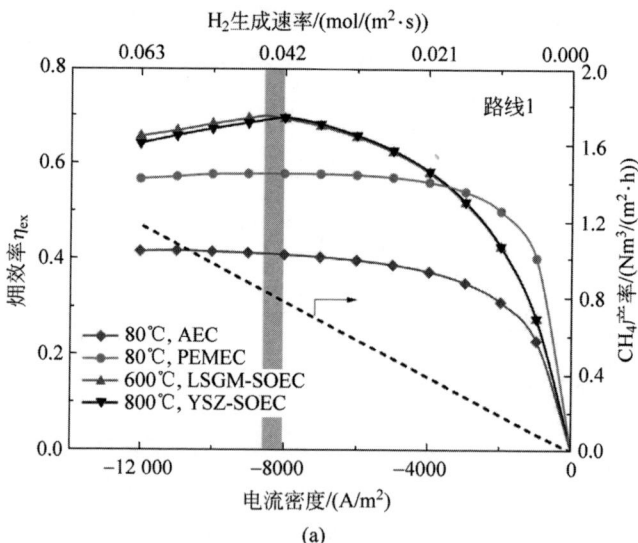

(a)

图 5.8　路线 1 系统中不同电解技术在不同电流密度下的㶲效率和 CH_4 产率(a)与电流密度为 -8500 A/m^2 下不同电解技术的㶲输入和输出(b)

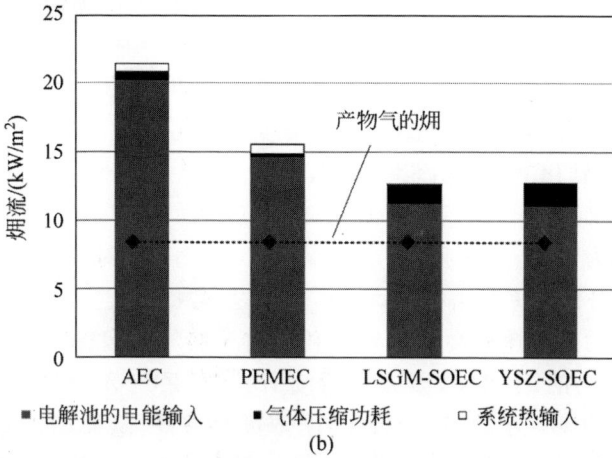

图 5.8（续）

Sabatier 反应器对应的入口 CO_2 流量为 $0.029\ mol/(m^2 \cdot s)$，以保证甲烷化反应过程中 H/C 值不低于 $5.5^{[13]}$。

图 5.8(a)显示，随着电流密度的提高，CH_4 产率接近线性升高。在低电流密度（I_{cell} 大于 $-3500\ A/m^2$）下，由于电耗较低，而 SOEC 所需的热量输入较高，导致采用 SOEC 的 PtM 系统能效低于采用 PEMEC 的 PtM 系统，而因为采用 AEC 的 PtM 系统的极化阻抗较高，电耗显著高于其他两类电解技术，因此其系统能效最低。随着电流密度的提升，SOEC 逐渐从吸热模式转为放热模式，系统输入热量降低，其电耗低的优势突显出来，因此其㶲效率超过了采用 PEMEC 的 PtM 系统。采用 YSZ 基和 LSGM 基 SOEC 的系统能效分别在 I_{cell} 为 $-8000\ A/m^2$ 和 I_{cell} 为 $-8500\ A/m^2$ 时达到峰值，峰值㶲效率为 70.0%。随着电流密度的继续升高，由于系统总热㶲由输入转为输出，高电流密度下产生的热无法再被系统利用，因而系统能效开始降低。在 $I_{cell} = -8500\ A/m^2$ 时，PEMEC 系统的能效为 57.8%，AEC 系统的能效仅为 41.6%。由于产氢量相同，4 种电解池技术的系统 CH_4 产率均为 $0.83\ m^3/(m^2 \cdot h)$。图 5.8(b)给出了在 $-8500\ A/m^2$（产氢率为 $0.044\ mol/(m^2 \cdot s)$）下采用 4 种不同电解池的 PtM 系统㶲输入分布情况。如图 5.8 可知，无论采用哪种电解池技术，电解池的电能消耗占总㶲输入的 86% 以上，两类低温电解技术电耗所占比例甚至高达 93% 以上。因此，采用 SOEC 中高温电解技术，可大幅降低系统电能消耗，提升高 CH_4 产率下的系统能效。后续研究将基于 SOEC 电解技术开展系统模拟

分析。

图 5.9 给出了在 -8500 A/m^2 下氢碳比 H/C 为 5.5~14.6 时,H/C 对采用 LSGM 基 SOEC 的 PtM 系统㶲效率、CH_4 和 H_2 产率及体积分数的影响。该工况下,入口 H_2O 流量减少至 0.055 $mol/(m^2 \cdot s)$ 以保证 80% 的 H_2O 转化率。如图 5.9 可知,㶲效率 η_{ex} 在 H/C 小于 10 时仅随着 H/C 的增加而缓慢上升,当 H/C 大于 10 后,η_{ex} 随着 H/C 增加而显著提升。这是因为 CH_4 产率和 H_2 产率在 H/C 小于 10 时几乎不变,在 H/C 大于 10 后 CH_4 产率显著下降,而 H_2 产率显著提升。产物 H_2 的提升,导致出口气体的㶲迅速升高。但考虑到当前天然气管网仅允许容纳体积分数不超过 15% 的 H_2[154],因此在后续研究中,系统入口气体 H/C 选取 10.54(H_2O/CO_2 为 5.27)以使 CH_4 浓度足够高,从而满足直接并入气网的要求。在 H/C 为 10.54 时,η_{ex} 为 71.0%,出口气体 CH_4 产率为 0.81 $m^3/(m^2 \cdot h)$,H_2 产率为 0.15 $m^3/(m^2 \cdot h)$。

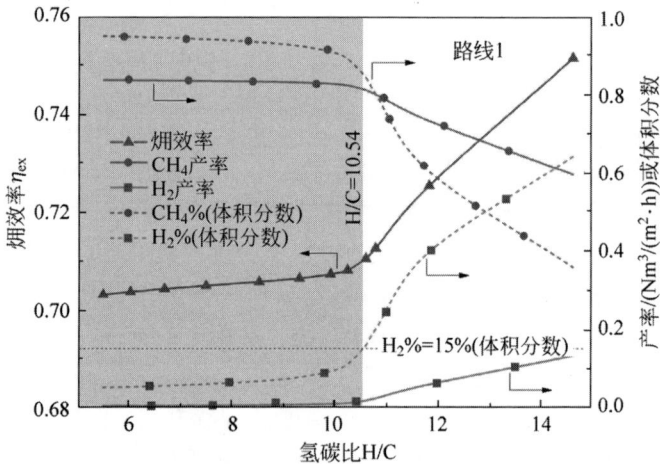

图 5.9 路线 1 中在电流密度为 -8500 A/m^2 下氢碳比 H/C 对采用 LSGM 基 SOEC 的 PtM 系统㶲效率、CH_4 和 H_2 产率及体积分数的影响

5.4 路线 1 和路线 2 的对比:不同 SOEC 电解模式的系统能效分析

由于 SOEC 采用氧离子导体电解质,与 AEC 和 PEMEC 相比,SOEC 还能够直接电化学还原 CO_2,实现 H_2O/CO_2 的共电解。当 H_2O/CO_2 共

电解耦合甲烷化反应器(路线 2)时,一方面由于打破 C═O 键需要更高的能耗,因而 H_2O/CO_2 共电解较 H_2O 电解需要消耗更多的电能;另一方面,H_2O/CO_2 共电解将产生的 CO 通入甲烷化反应器中,CO 加氢甲烷化将释放比 CO_2 加氢甲烷化更多的高温热量,可用于补充工作在吸热模式下(V_{cell} 小于热中性电压)SOEC 电解的热需求。由于甲烷化反应放热通常低于 SOEC 的工作温度,因此通常需要通过热泵等设备将低温热升至高温。本研究中不给出这部分的详细系统结构,直接通过不同设备热交换的㶲值描述其潜在的电、热、气质量。

5.4.1　电流密度的影响

本研究分别将 600℃ 的 LSGM 基 SOEC 和 800℃ 的 YSZ 基 SOEC 应用于路线 1 和路线 2 两类系统中,在不同电流密度下的㶲效率和 CH_4 产率如图 5.10(a)所示。由于甲烷化反应器采用了热力学平衡模型,因此在给定相同的入口气体和电流密度下,路线 1 和路线 2 两个系统的产物气体组分和流量均相同。由图 5.10 可知,无论采用路线 1 还是路线 2,无论采用何种材料的 SOEC,PtM 系统均在 $-5500 \sim -6000 \text{ A/m}^2$ 取得峰值效率。在路线 1 中,系统在 -6000 A/m^2 取得峰值效率,采用 800℃ 下的 YSZ 基 SOEC 的系统的峰值效率为 70.1%,采用 600℃ 下的 LSGM 基 SOEC 的系统的峰值效率为 70.8%。在路线 2 中,系统在 -5500 A/m^2 取得峰值效率,采用 800℃ 下的 YSZ 基 SOEC 系统的峰值效率为 69.5%,采用 600℃ 下的 LSGM 基 SOEC 系统的峰值效率为 70.6%。

总体来看,路线 1 的峰值 η_{ex} 略高于路线 2。路线 2 在低电流密度下由于更高的电解耗电量导致 η_{ex} 低于路线 1;但随着电流密度的提升,路线 1 中 H_2O 电解因反应物不足导致浓差极化增大,η_{ex} 降低,而路线 2 中 H_2O/CO_2 共电解额外通入了 CO_2 作为反应物,因此 H_2O/CO_2 共电解浓差极化低于路线 1 中的 H_2O 电解浓差极化,从而使路线 2 的 η_{ex} 超越了路线 1。当电流密度高于 -8500 A/m^2 时,由于 CO_2 不足导致出口气体的 CH_4 产率下降,H_2 产率提升。因此在电流密度高于 -8500 A/m^2 时,η_{ex} 开始回升。对比分别采用 600℃ 的 LSGM 基 SOEC 和 800℃ 的 YSZ 基 SOEC 的 PtM 系统能效可发现,尽管高温 YSZ 基 SOEC 电耗略低于中温 LSGM 基 SOEC,但 YSZ 基 SOEC 需要更多的热量输入以及更高的压缩功。这部分能耗超过了其在电耗上的优势,从而导致 600℃ 的 LSGM 基 SOEC 较 800℃ 的 YSZ 基 SOEC 更加具有能效优势。

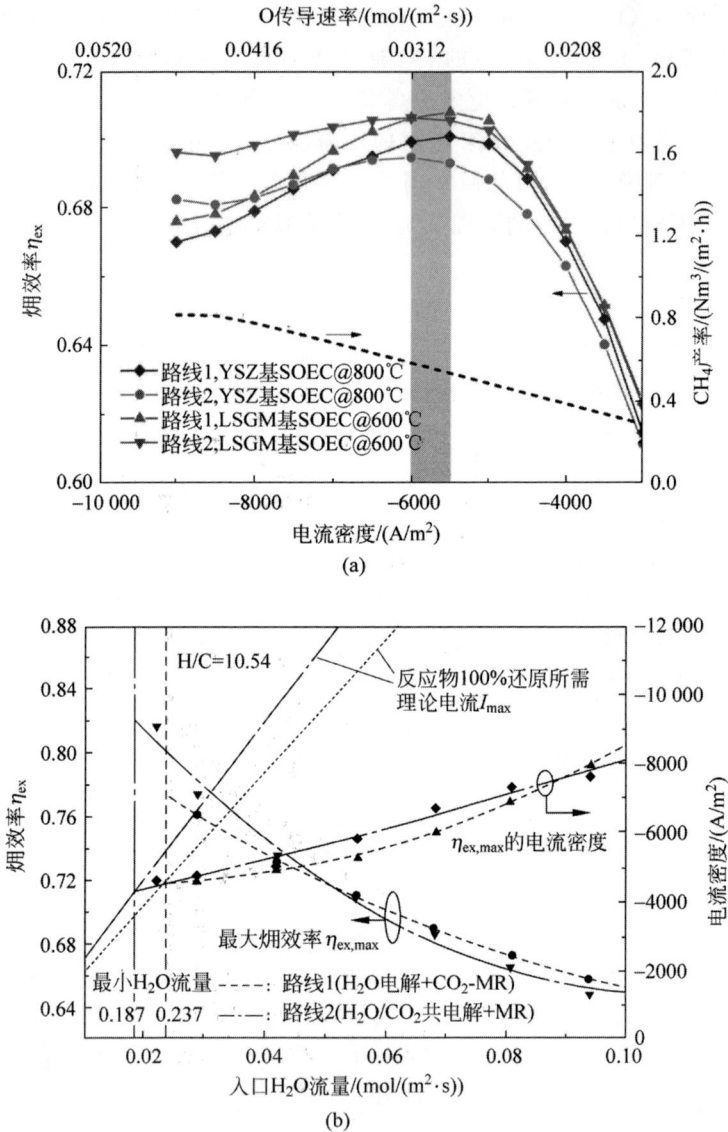

图 5.10　路线 1 和路线 2 的对比

（a）600℃ 的 LSGM 基 SOEC 和 800℃ 的 YSZ 基 SOEC 分别应用于路线 1 和路线 2 两种系统的㶲效率和 CH_4 产率；（b）碳氢比 H/C 为 10.54 时不同入口 H_2O 流量下的峰值㶲效率和相应的电流密度

图 5.10(b)进一步拟合了碳氢比 H/C 为 10.54 时不同入口 H_2O 流量下的峰值㶲效率 $\eta_{ex,max}$ 和相应的电流密度 I_{opt}。随着入口反应物流量的增加,系统用于气体预热的热量也随之增加,但反应物转化率有所下降,从而导致 $\eta_{ex,max}$ 降低,I_{opt} 增大。如图 5.10(b)所示,对于反应物 100% 还原所需的理论电流密度,它与入口 H_2O 流量－I_{opt} 曲线的交点为系统正常工作所允许的最小入口 H_2O 流量。对于 H_2O 电解,最小入口 H_2O 流量约为 0.24 mol/(m^2·s);对于 H_2O/CO_2 共电解,最小入口 H_2O 流量约为 0.19 mol/(m^2·s)。根据拟合曲线,在最小入口 H_2O 流量下,H_2O 电解可实现 77.4% 的 $\eta_{ex,max}$,而 H_2O/CO_2 共电解可实现 82.0% 的 $\eta_{ex,max}$。

5.4.2　工作温度的影响

工作温度的提升,可降低 SOEC 电解的极化阻抗,从而减小 SOEC 电解能耗;但同时也导致入口气体预热所需的热量增大。图 5.11(a)对比了不同温度下 LSGM 基 SOEC 和 YSZ 基 SOEC 分别应用于路线 1 和路线 2 的 4 种系统时,在电流密度为 －6000 A/m^2、H/C 为 10.54 下的㶲效率 η_{ex}。如图 5.11 可以看到,当采用 LSGM 基 SOEC 时,路线 2 系统的 η_{ex} 略高于路线 1 系统;但当采用 YSZ 基 SOEC 时,路线 1 系统的 η_{ex} 超过路线 2。这与图 5.10(a)的分析结果一致。η_{ex} 随温度的变化表明,4 种系统均表现出相似的规律,即 η_{ex} 随温度的升高先显著提升,然后基本稳定在 75% 左右。温度的升高显著降低工作电压,因此导致 SOEC 自身放热量降低,需要向 SOEC 提供额外的热量以维持当前的工作温度。当 LSGM 基 SOEC 温度低于 650℃ 或者 YSZ 基 SOEC 温度低于 850℃ 时,甲烷化反应释放的热量可用于维持 SOEC 由于温度提升额外增加的热量需求。但当 LSGM 基 SOEC 温度超过 650℃ 或者 YSZ 基 SOEC 温度超出 850℃ 时,甲烷化反应放热已不足以维持持续增加的热需求,从而需要外界输入额外的热㶲。这部分额外的热㶲基本与温度提升所降低的电耗持平,因此后续温度提升对 η_{ex} 的提升作用显著降低。LSGM 基 SOEC 温度从 600℃ 提升至 650℃,两种路线下的系统 η_{ex} 均提升了近 5%。由于 LSGM 基 SOEC 在中温下具有优越的电化学性能,同样在 700℃ 下,LSGM 基 SOEC 的 PtM 系统 η_{ex} 较 YSZ 基 SOEC 高出了近 18%。因此,后续研究中选取 650℃ 下的 LSGM 基 SOEC 作为优化的 SOEC 工作温度和材料体系。

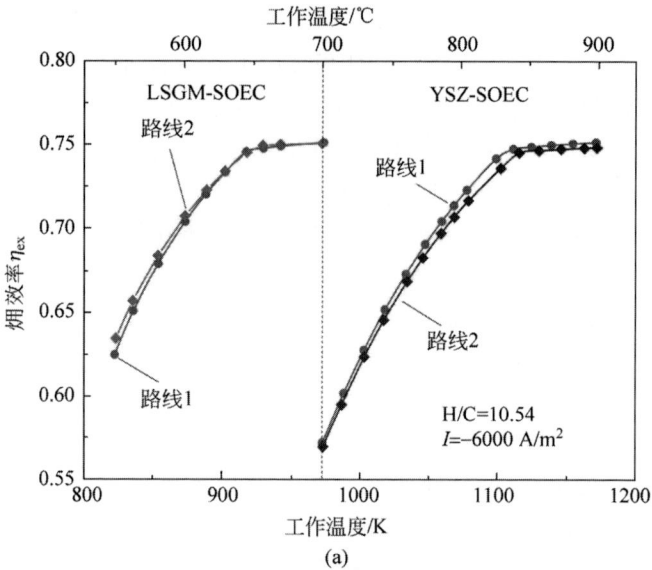

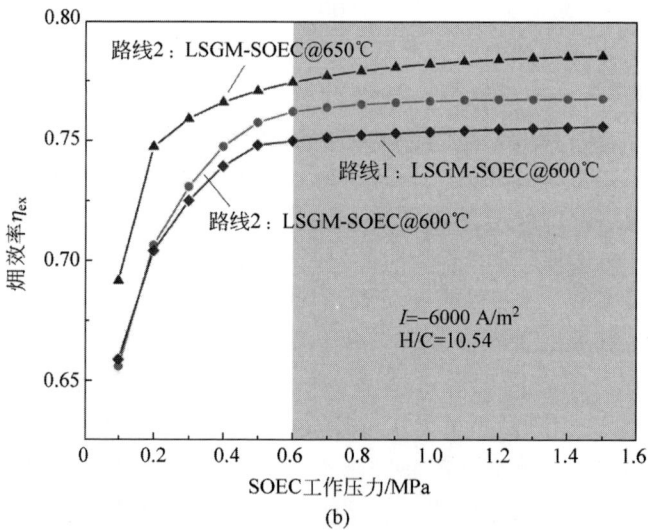

图 5.11　LSGM 基和 YSZ 基 SOEC 分别应用于路线 1 和路线 2 的 4 种系统在不同温度下的㶲效率(a)与工作压力对耦合了 600℃ LSGM 基 SOEC 电解 H_2O 和共电解 H_2O/CO_2 以及 650℃ LSGM 基 SOEC 共电解 H_2O/CO_2 的 PtM 系统㶲效率的影响(b)

5.4.3 工作压力的影响

第 3 章已经讨论了工作压力对 SOEC 电化学性能及 CH$_4$ 生成的促进作用。SOEC 共电解 H$_2$O/CO$_2$ 工作压力的提升，促进了 SOEC 内部电化学性能的提升和 CH$_4$ 的生成，CH$_4$ 生成释放的热量恰好可补充相同温度下电化学性能提升所额外需要的热量，从而既能降低 SOEC 电耗，提升系统能效，又可以实现更加紧凑的系统布置，降低系统成本。图 5.11(b)对比了工作压力对耦合了 600℃ LSGM 基 SOEC 电解 H$_2$O 和共电解 H$_2$O/CO$_2$，以及 650℃ LSGM 基 SOEC 共电解 H$_2$O/CO$_2$ 的 PtM 系统㶲效率的影响。在工作压力低于 0.6 MPa 时，三类系统的 η_{ex} 随着工作电压的提升显著增大；当工作压力超过 0.6 MPa 后，η_{ex} 随工作压力提升而增大的速率明显变缓。对于路线 1 的工况，当工作压力从 0.2 MPa 提升至 0.6 MPa 后，由于 SOEC 极化阻抗的降低，η_{ex} 提升了 4.6%。但与之相比，相同 SOEC 工作温度下的路线 2 经历同样的工作压力提升后，η_{ex} 提升了 5.8%。模型内部参数显示，在当前工况的 3 种系统中，SOEC 单管的工作电压均低于 1.26 V，因此 SOEC 处于吸热状态。正是由于部分甲烷化反应由甲烷化反应器转移至 SOEC 模块内部，使得这部分反应放热具有更高的温度，即更高的热㶲，从而可以提升 SOEC 内部的热耦合，提高系统能效。在 600℃下，基于 LSGM 基 SOEC 的路线 2 工作在 0.6 MPa 以上可实现 76.2% 的系统㶲效率；倘若将温度提升至 650℃，相同工作压力下的系统㶲效率可达 77.4%。

5.5 路线 3：SOEC 共电解 H$_2$O/CO$_2$ 一步甲烷化的系统能效分析

正如第 3 章所述，通过加压化运行 SOEC 和甲烷化反应器有望将二者集成至一个反应器内，能够促进电解和甲烷化反应的原位热耦合，甲烷化反应区的放热可以沿着流道逐步加热入口气流，从而将甲烷化反应放热传递至电解区，可以提升甲烷化反应放热的平均温度，并更加有效地利用甲烷化反应释放的热量；同时，该路线还能够降低系统规模和运行成本，实现更加紧凑、经济的系统布置。SOEC 燃料极的电子导体为 Ni，其本身对甲烷化反应有良好的催化效果[86-87,89-90]；此外，还可通过在燃料极流道内填充 Ni 基催化剂颗粒或者在燃料极入口管道外壁壁面涂覆 Ni 颗粒催化剂的方法，进一步促进 SOEC 共电解 H_2O/CO_2 和甲烷化反应的集成耦合[155]。SOEC 共电解 H_2O/CO_2 一步甲烷化反应器(路线 3)可分为等温型和温度梯度型两类。本节主要针对这两类 SOEC 一步甲烷化反应器,从系统能效、产物中 CH_4 纯度和产率等方面对 SOEC 共电解 H_2O/CO_2 一步甲烷化的应用潜力开展探讨。在路线 3 的仿真过程中,假设 SOEC 一步甲烷化反应器中甲烷化反应发生充分,SOEC 一步甲烷化反应器的出口组分即为甲烷化反应的平衡组分。

5.5.1 等温型 SOEC 一步甲烷化反应器

等温型 SOEC 一步甲烷化反应器较温度梯度型更容易实现,也有利于反应器实现更加长期稳定的运行。由于电解反应和甲烷化反应在温度上的分歧,需要对工作温度进行折中考虑。基于 LSGM 基 SOEC,模型计算了反应器工作温度在 550℃ 和 600℃ 下路线 3 的系统出口组分浓度、㶲效率、存储至 CH_4 的比例及其折合效率,如图 5.12 所示。当反应器工作在 600℃ 和 0.2 MPa 下时,系统的 η_{ex} 可高达 85%。但这样高的 η_{ex} 来源于高达近 90% 的出口 H_2 体积分数。出口 CH_4 体积分数不足 5%,甚至低于 CO 体积分数,电制气过程中真正转化到 CH_4 中的㶲比例仅为 13%。如图 5.12 可见,通过降低工作温度和提升工作电压,可降低出口气体中的 H_2 体积分数,提升电制气过程转化到 CH_4 中的㶲比例。然而,当反应器工作在 550℃ 和 2.5 MPa 下时,出口 CO 体积分数降至 2% 以下,出口 CH_4 的体积分数为 43.3%,电存储至 CH_4 的㶲比例提升至 73%,但 H_2 的体积分数仍然高于 54%。当前的产物气浓度难以满足气网 15% H_2 体积分数的要求[154],限制了该技术大规模应用于可再生能源与天然气管网的可能性,甚至难以满足直接供给用户使用的需求。因此,为实现等温型 SOEC 一步甲烷化反应器的规模化应用,仍需要进一步提升工作压力,或者在反应器后续接入 H_2 分离装置。考虑了总㶲效率和电存储至 CH_4 的㶲比例,计算出电存储至 CH_4 的折合效率 η_{ex,CH_4}。由图 5.12(b)可以看到,在工作压力为 0.2 MPa 时,550℃ 下的 η_{ex,CH_4} 为 20%,较 600℃ 下高出近 10%;但随着工作压力提升至 2.5 MPa,两个温度下的 η_{ex,CH_4} 均升至 49% 以上,并且两者差距不到 1%。从总系统㶲能效来看,在 2.5 MPa、600℃ 下,采用等温型 SOEC 一步甲烷化反应器的路线 3 系统能效 η_{ex} 不到 80%;当温度降至 550℃ 下时,η_{ex} 降至 70% 以下,甚至低于相同工作温度、工作压力和相同 SOEC 材料体系下路线 2 的 η_{ex}。

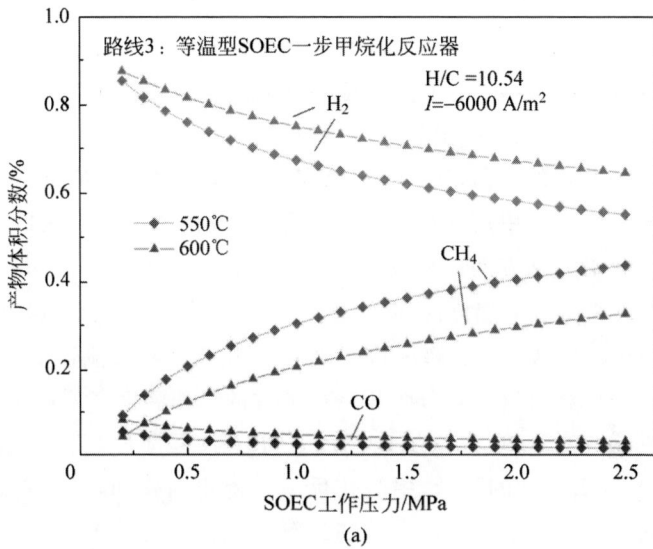

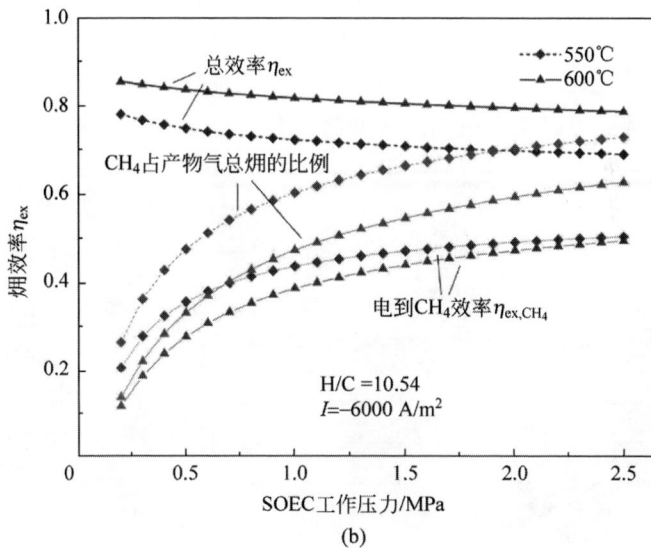

图 5.12　工作压力对 550℃ 和 600℃ 的 LSGM 基等温型 SOEC 共电解
H_2O/CO_2 一步甲烷化反应器的影响规律

（a）产物组分；（b）总㶲效率、电存储至 CH_4 效率以及 CH_4 占产物气总㶲的比例

5.5.2　温度梯度型 SOEC 一步甲烷化反应器

采用等温型 SOEC 一步甲烷化反应器的路线 3 的系统能效与路线 2 相比之所以没有优势,主要归因于 SOEC 和甲烷化温度的不匹配,工作温度限制了甲烷化进程,使反应不充分,放热量减少,导致热耦合不充分,系统本身无法满足 SOEC 的热需求。图 5.13 基于第 3 章研究结论给出了一种温度梯度型 SOEC 一步甲烷化反应器的示意图,该构型可通过入口冷气流的逆流设计形成沿流动方向的温度梯度,从而有利于 H_2O/CO_2 共电解和甲烷化反应在各自适宜的温度区间进行[86,89-90,156-157]。该构型包括电解区和甲烷化区两个主要区域:电解区位于管式 SOEC 燃料极流道上游位置,该区域内温度场相对均匀地分布在 SOEC 适宜的工作温度 T_{SOEC} 下;甲烷化区位于流道下游位置,在该区域内温度从 T_{SOEC} 逐渐过渡到 T_{MR} 下。在甲烷化区中,随着温度的降低,甲烷化反应平衡正向移动,热沿着燃料极下游流道逐渐释放。根据第 3 章设计的逆流模式流动优化方法,甲烷化反应沿流道逐步释放的热量,可对入口未充分预热的冷气流进行预热。入口气体将平均温度在 T_{MR} 和 T_{SOEC} 之间的甲烷化放热带入电解区,以维持电解反应的工作温度,这种方法较路线 2 中利用的甲烷化放热具有更好的热㶲效率值,从而可以实现更加高效的热耦合。

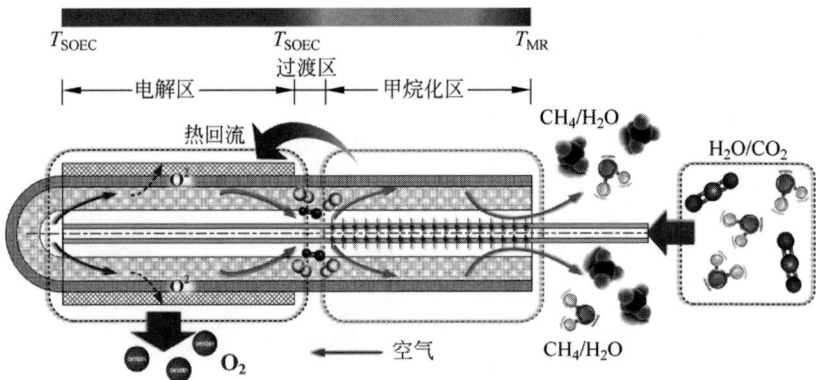

图 5.13　温度梯度型 SOEC 共电解 H_2O/CO_2 一步甲烷化反应器(见文前彩图)

上述温度梯度型 SOEC 一步甲烷化反应器打破了等温型 SOEC 一步甲烷化反应器在甲烷化反应热力学上的限制,从而提升了产物气中 CH_4 的比例。在假设甲烷化反应充分发生以及充分换热的情况下,设定反应器出口温度 T_{MR} 为 350℃,分析在采用电流密度为 -6000 A/m^2、H/C 为 10.54、工作温度为 600℃ 和 650℃ 的 LSGM 基 SOEC 时,基于温度梯度型 SOEC 一步甲烷化反应器的路线 3 系统在不同工作压力下的㶲效率和出口产物组分,如图 5.14 所示。

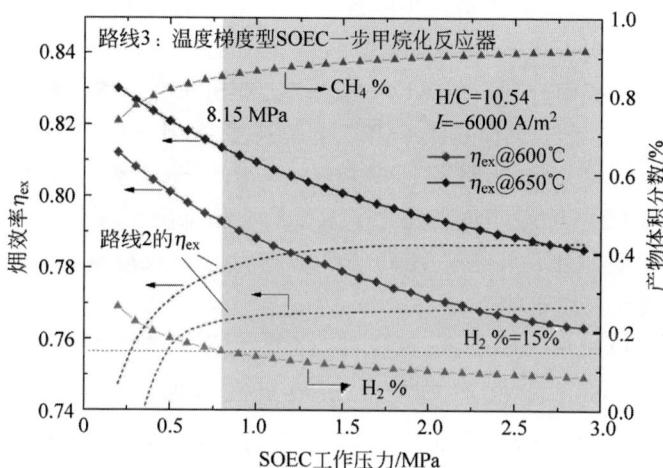

图 5.14　温度梯度型 SOEC 共电解 H_2O/CO_2 一步甲烷化反应器

为了方便对比,图 5.14 中也包括了图 5.11(b) 中路线 2 在不同工作压力下的能效曲线,由图可知,与路线 2 不同,路线 3 中由于甲烷化反应的工作压力也随着 SOEC 工作压力改变,因此在低压下 H_2 体积分数较高,系统㶲效率也随之升高。根据天然气管网对 H_2 体积分数不大于 15% 的要求[154],基于温度梯度型 SOEC 一步甲烷化反应器的路线 3 系统在工作压力大于 0.815 MPa 下可满足气网的气体要求。在 600℃ 下,温度梯度型 SOEC 一步甲烷化反应器的路线 3 在工作压力小于 2.3 MPa 下,η_{ex} 高于路线 2 系统;而在 650℃ 下,对工作压力的要求可放宽至 2.7 MPa。在满足气网气体组分要求的前提下,选取具有更高 η_{ex} 的工作压力作为优化的工作压力,即 0.815 MPa。在该工作压力下,温度梯度型 SOEC 一步甲烷化反应器的路线 3 在 600℃ 下 η_{ex} 可达 79.3%;在 650℃ 下 η_{ex} 可达 81.3%,较相同工况下路线 2 的 η_{ex} 可高出 3%。

5.6　本　章　小　结

本章基于三类不同的 PtM 储能路线：路线 1 的 H_2O 电解＋Sabatier 反应器；路线 2 的 H_2O/CO_2 共电解＋甲烷化反应器；路线 3 的 SOEC 一步甲烷化反应器，建立了可再生能源电力合成 CH_4 储能系统仿真平台，开展了㶲效率分析以统一评估系统内部热、电、气的能量品位。研究首先对比了路线 1 系统中分别采用 AEC、PEMEC 和 SOEC 三类电解池技术的系统能量分布和能效；进而基于 SOEC 电解技术，对比了不同 SOEC 材料体系和不同电解模式（对比路线 1 和路线 2）下 PtM 储能系统的㶲效率，并从能效和出口 CH_4 纯度的角度优化了系统的操作工况。最后探讨了等温型和温度梯度型 SOEC 共电解 H_2O/CO_2 一步甲烷化反应器（路线 3）的应用潜力。主要研究结论如下。

（1）H_2O 电解＋Sabatier 反应器（路线 1）系统在低电解电流密度下（I_{cell} 大于 $-3500\ A/m^2$），PEMEC 具有更高的㶲效率；但当 I_{cell} 小于 $-3500\ A/m^2$ 时，SOEC 低电解电耗的优势凸显，㶲效率超过 AEC 和 PEMEC。AEC 由于极化阻抗最大，能效始终最低。在 I_{cell} 小于 $-8000\ A/m^2$ 时，SOEC 的㶲效率高出 PEMEC 和 AEC 至少 11%。

（2）采用中温 LSGM 基的 SOEC 材料体系，可使 SOEC 和甲烷化反应的工作温度更加接近，从而实现更好的热耦合。

（3）SOEC H_2O/CO_2 共电解＋甲烷化反应器（路线 2）系统分析显示，在高电流密度下其能效较路线 1 更具优势。尤其在加压条件下，路线 2 中部分甲烷化反应可转移至 SOEC 共电解 H_2O/CO_2 反应器内部，促进系统的热耦合，从而使路线 2 的能效超过路线 1。

（4）基于路线 1 和路线 2，本研究分析了电流密度、入口氢碳比 H/C、流量及压力、工作温度对系统能效的影响。在入口 H_2O 流量为 $0.055\ mol/(m^2 \cdot s)$ 时，优化的操作工况为电流密度 $-6000\ A/m^2$，氢碳比 10.54，工作温度 650℃，工作压力大于 0.6 MPa。

（5）耦合等温型 SOEC 共电解 H_2O/CO_2 一步甲烷化反应器（路线 3）的 PtM 系统，由于 SOEC 和甲烷化反应难以协同优化，出口产物 H_2 含量过高，限制了出口产物的 CH_4 浓度提升，在 550℃ 和 2.5 MPa 下，仅获得 43.4% 的 CH_4 浓度，电制 CH_4 折合能效仅为 50.3%。需要加装 H_2 分离装置,才能满足并入气网的要求。

（6）集成温度梯度型 SOEC 共电解 H_2O/CO_2 一步甲烷化反应器的 PtM 系统可实现共电解 H_2O/CO_2 和甲烷化反应的协同优化,促进反应器内部的热耦合。通过优化保证反应器内部的换热过程和甲烷化反应充分,即可在工作压力 0.815 MPa 下获得满足气网要求的产物气,并实现 81.3% 的㶲效率。

第6章 风电与天然气融合的储能
发电系统供能稳定性研究

6.1 概　　述

当间歇性可再生能源接入分布式能源系统时,可再生能源的间歇性和波动性使其难以时刻满足用户的用能需求。采用 SOEC 电制气及其可逆化操作(RSOC)储能可实现可再生能源与天然气的深度融合,保证分布式能源系统在动态运行中的供需匹配。本章基于 SOEC 电制气储能,建立风电与天然气融合的分布式储能发电系统,集成耦合风电、锂离子电池、内燃机、用户负荷及换热器等系统辅助设备。基于动态仿真平台,研究不同规模的风电融入对系统动态运行供能稳定性的影响规律,并从供能稳定性、风电融合度、系统效率和储能容量需求的角度优化分布式能源系统的储能发电运行策略。

6.2 风电与天然气融合的分布式储能
发电系统动态仿真建模

风电与天然气融合的分布式储能发电系统如图 6.1 所示,该系统集成耦合了以风电为代表的可再生能源电力、RSOC、锂离子电池、内燃机、用户负荷及其他系统辅助设备。下面对这些设备模块的建模方法进行介绍。

6.2.1 风电模块和用户负荷模块

以风电、光伏为代表的可再生能源电力通常表现出间歇性和波动性,其出力大小受到季节、昼夜、天气和地理位置等因素的影响。通常需要根据不同地理位置、时间以及历史数据对未来一段时间内的可再生能源电力进行预测。我国典型的风力发电和太阳能光伏发电出力曲线如图 6.2 所示[158-159],太阳能呈现出明显的昼夜规律特性,而风力发电在一周甚至一

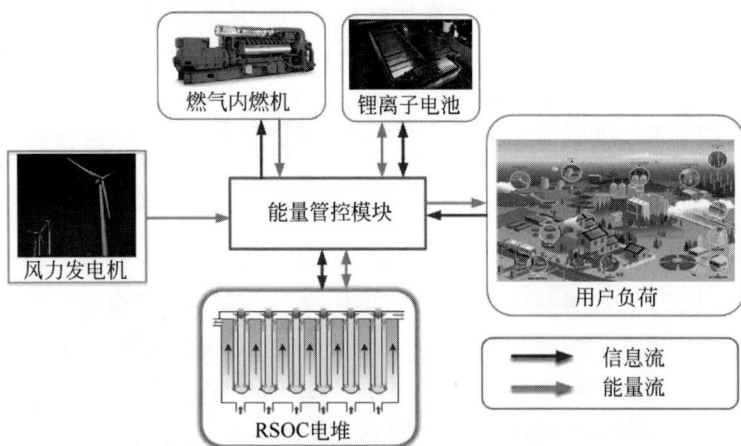

图 6.1　可再生能源与天然气融合的分布式储能发电系统

天的周期内呈现出很强的随机性。在更短的时间周期内,风力发电机同样存在秒量级的瞬态波动特性。为简化风力发电的出力,本研究采用文献[160]的处理方法,利用一个在 0 和风力发电机最大出力 $P_{\text{MAX,WIND}}$ 之间波动的随机信号模拟风力发电机的出力,其波动频率为 0.5 Hz。该方法虽然不能很准确地描述风力发电机的典型处理特性,但却能够通过模拟信号在短期内的波动特性,反映风力发电的波动性对分布式能源系统的冲击。

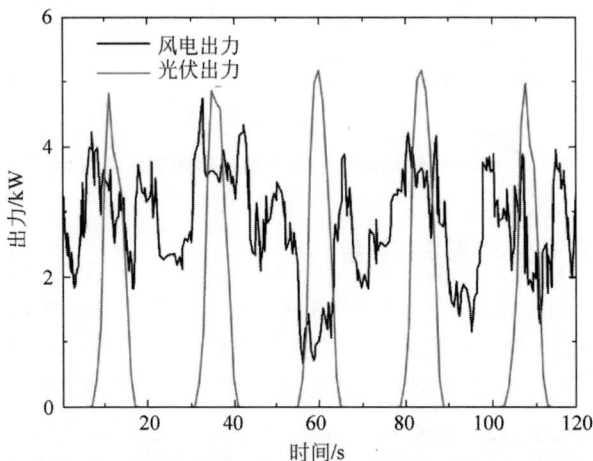

图 6.2　风力发电和太阳能光伏发电的典型运行出力数据[158-159]

用户侧的用电负荷数据通常具有较为典型的日波动特性[114-115]。通常情况下,用户负荷在短期内的波动并不会太剧烈,本研究集中研究可再生能源电力出力波动对分布式能源系统的冲击,因此假设用户负荷基本稳定在一个定值,作频率为 0.1 Hz,振幅为 4% 的随机振荡。

6.2.2 可逆固体氧化物电解池堆模块

RSOC 模块和第 5 章中采用的 SOEC 模块完全一致,模型采用可应用于高温环境的 YSZ 材料体系,为体现本模块能够在 SOEC 模块和 SOFC 两模式下均能较好地预测其电化学性能,同样采用 Ebbesen 等[35]的实验数据对 RSOC 模块进行验证,如图 6.3 所示。这里的校准参数和调节参数均与第 5 章一致,详见表 5.1,此处不再赘述。

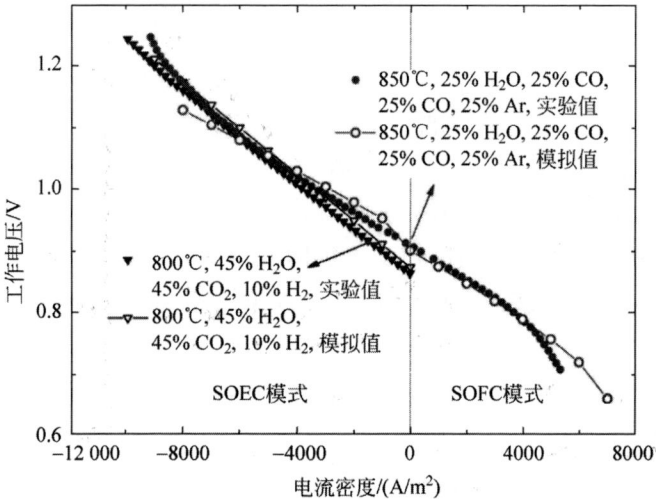

图 6.3 RSOC 模块的极化曲线模拟值和实验值对比[35]

6.2.3 锂离子电池储能模块

为保证长期稳定运行的安全性和经济性,RSOC 通常无法运行在太高的工作电压下,因此本系统还耦合了锂离子电池,用于平抑短期的大功率输入下的负荷跟随。模型采用了本研究前期建立的多物理场耦合的锂离子电池热电模型,采用 11.5 A·h 的 $LiMn_2O_4$ 电池实验数据[161]验证该模型,如图 6.4 所示。模型能够预测电池在不同温度和不同放电速率下的电化学性能。与 RSOC 模块相同,假设各个锂离子电池之间完全一致,且通过串联和并联的方式进行放大。

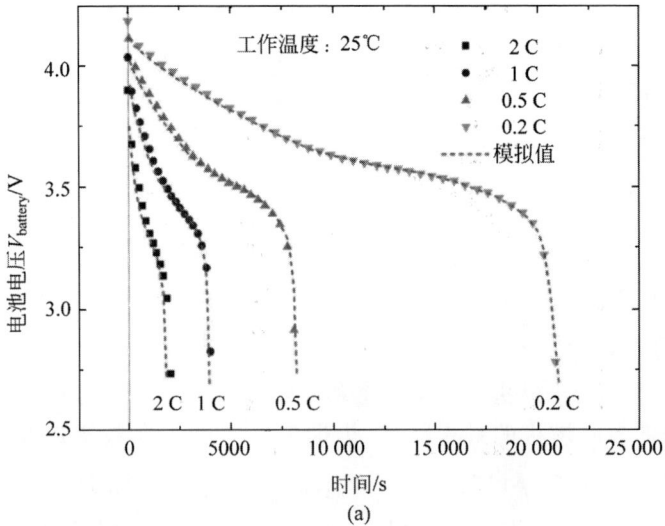

(a)

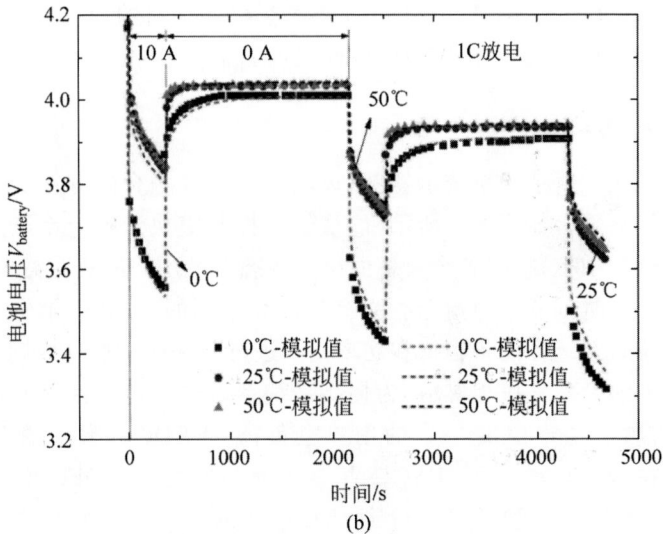

(b)

图 6.4　锂离子电池模块模拟值和实验数据对比[161]

6.2.4　燃气内燃机模块

燃气内燃机模块采用文献[162]中依据实验数据整理的半经验公式进行描述。该半经验公式由统计了国际上不同公司生产的不同容量、种类和

转速的内燃机实验数据拟合得到,可用于预测不同额定功率下的柴油内燃机和燃气内燃机。半经验公式整理如下:

$$\eta_0 = 1.3689 \times 10^{-5} P_0 + 0.3655 \tag{6-1}$$

$$T_{out}^0(K) = 802.28 - 0.0156 P_0 \tag{6-2}$$

$$G_{out}^0 = 3.788 \times 10^{-3} P_0 \tag{6-3}$$

$$\eta_{ICE} = \eta_{EG} \eta_0 (0.13 + 2.47 \widetilde{P} - 1.6 \widetilde{P}^2) \tag{6-4}$$

$$T_{out} = (T_{out}^0 - 273.15)(0.53 + 0.38 \widetilde{P} + 0.09 \widetilde{P}^2) + 273.15 \tag{6-5}$$

$$G_{out} = G_{out}^0 (0.968 + 0.029 \widetilde{P}) \tag{6-6}$$

$$\widetilde{P} = P/P_0 \tag{6-7}$$

其中,P_0 和 P 为内燃机的额定功率和实际输出功率,单位为 kW;η_0、η_{ICE} 和 η_{EG} 分别为内燃机的额定效率、内燃机的实际工作效率以及发电机效率,本模型发电机效率设为 96%;T_{out}^0 和 T_{out} 是内燃机的设计出口烟气温度和实际出口烟气温度,单位为 K;G_{out}^0 和 G_{out} 是内燃机的设计出口烟气流量和实际出口烟气流量,单位为 m^3/s。燃气内燃机的动态特性采用一阶惯性传递函数描述,其一阶响应的时间尺度 t_{ICE} 为 2 $s^{[116]}$。

6.2.5　系统动态仿真平台

根据图 6.1 所示的系统示意图,风电与天然气融合的分布式储能发电系统动态仿真平台如图 6.5 所示,能量管理控制模块为整个系统的信息处理和能量分配中枢,接收各个设备的出力状态以及用户的负荷需求,并分配各个设备下一时刻的出力指令。为提高研究结论的适用性,本研究采用用户平均负荷对系统各设备容量和功率交换进行归一化。燃气内燃机使用天然气管网中的天然气作为燃料,为提高系统动态供能稳定性并兼顾系统能效,燃气内燃机稳定提供 38% 的用户电负荷;RSOC 工作在常压、650~750℃下,在 SOEC 模式下,RSOC 存储的燃料气可在 SOFC 模式下被利用,重新转换为电能输出给用户;锂离子电池的工作温度为 25℃。系统中还包括了换热器、气体分离器、混合气、管路和气泵等辅助设备。其中大部分辅助设备已在第 5 章中进行了介绍,气泵模块同样为系统自带模型,可在 gPROMS 软件平台的 PML Flow Transportation 中直接调用。此外,系统还包含了 PID 控制器,可以对 RSOC 电制气储能系统的功率输入和输出进行控制,PID 控制器可在 gPROMS 软件平台的 PML Control 中直接调用。

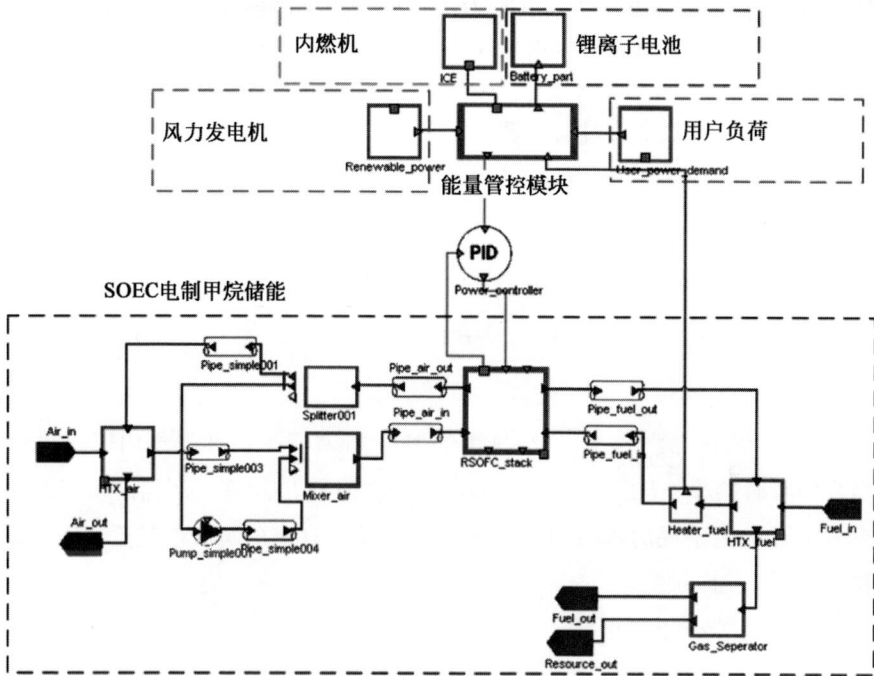

图 6.5　gPROMS 软件中的风电与天然气融合的分布式储能发电系统动态仿真平台

6.2.6　系统评价参数的定义

为评估分布式能源系统在动态运行下的供需匹配、可再生能源消纳能力、系统综合能效以及装置容量需求，本研究定义了下列参数来评估如下指标。

1. 风电融合度 φ_{wind}

风电融合度定义为能源系统用户侧接受的直接或者间接来自风力发电的电能占总电能供给的比例。其中，直接的供能方式代表风力发电直接传输至用户侧；间接的供能方式代表风力发电经过储能设备存储后再转化为电能供给用户侧。考虑储能设备的循环效率 η_{cycle}，在考量的时间周期 t_{max} 内的系统风电融合度可表示为

$$\varphi_{\text{wind}} = \frac{\int_{t=0}^{t_{\text{max}}} (P_{\text{direct}}^{\text{wind}} + P_{\text{store}}^{\text{wind}} \eta_{\text{cycle}}) \, \mathrm{d}t}{\int_{t=0}^{t_{\text{max}}} P_{\text{supply}} \, \mathrm{d}t} \tag{6-8}$$

其中，P_{supply}、$P_{\text{direct}}^{\text{wind}}$ 和 $P_{\text{store}}^{\text{wind}}$ 分别为用户侧接受的瞬时功率、风电直接供给用户的瞬时功率以及风电传输至储能设备的瞬时功率。

2. 系统总发电效率 η_{tot}

系统总发电效率为时间周期 $t_{\max}$ 内综合考虑风力发电、RSOC 和锂离子电池储能以及燃气内燃机发电的系统效率。其表达式如下：

$$\eta_{\text{tot}} = \frac{\int_{t=0}^{t_{\max}} (P_{\text{direct}}^{\text{wind}} + P_{\text{SOFC}}^{\text{Power}} + P_{\text{battery}}^{\text{output}} + P_{\text{ICE}}) \, \mathrm{d}t}{\int_{t=0}^{t_{\max}} \left[P_{\text{tot}}^{\text{wind}} + (P_{\text{SOFC}}^{\text{Gas}} - P_{\text{SOEC}}^{\text{Gas}}) + P_{\text{ICE}}/\eta_{\text{ICE}} - (P_{\text{battery}}^{\text{input}} \eta_{\text{battery}} - P_{\text{battery}}^{\text{output}}) \right] \mathrm{d}t}$$

$$(6\text{-}9)$$

其中，$P_{\text{SOFC}}^{\text{Power}}$、$P_{\text{battery}}^{\text{output}}$ 和 P_{ICE} 分别为 SOFC、锂离子电池和燃气内燃机供给用户的瞬时功率；$P_{\text{tot}}^{\text{wind}}$ 为风力发电机的瞬时输出功率；$P_{\text{SOFC}}^{\text{Gas}}$ 和 $P_{\text{SOEC}}^{\text{Gas}}$ 为 SOFC 发电消耗的瞬时燃气量和 SOEC 储能存储的瞬时燃气量；$P_{\text{battery}}^{\text{input}}$ 和 $P_{\text{battery}}^{\text{output}}$ 分别为锂离子电池瞬时的输入功率或者输出功率，在某一时刻，锂离子电池若处于充电状态，$P_{\text{battery}}^{\text{output}}$ 为 0，若处于放电状态，$P_{\text{battery}}^{\text{input}}$ 为 0；η_{ICE} 和 η_{battery} 分别为燃气内燃机发电效率和锂离子电池的循环效率。

3. 最大功率不平衡度 $\varepsilon_{\max}$

最大功率不平衡度定义为在考量的时间周期 $t_{\max}$ 内系统电能供给 P_{supply} 和用户侧负荷需求 P_{demand} 的最大相对偏差，即最大相对供需偏差：

$$\varepsilon_{\max} = \max_{0 < t < t_{\max}} \left| \frac{P_{\text{demand}}(t) - P_{\text{supply}}(t)}{P_{\text{demand}}(t)} \right| \tag{6-10}$$

4. 储能装置容量需求 Sc

RSOC 电堆无须同时全部工作在同一模式下，在某一时刻可以部分工作在 SOEC 模式，部分工作在 SOFC 模式。为了方便比较 RSOC 的规模，定义 RSOC 容量为全部工作在 SOFC 模式下所能输出的额定功率。考虑反应单元在 SOEC 模式的额定电压为 1.3 V，在 SOFC 模式的额定电压为 0.7 V，假设 RSOC 在 SOFC 模式和 SOEC 模式下具有良好的对称性，因此在计算 RSOC 工作在 SOEC 模式下其额定功率时应乘上系数 1.8。RSOC 电堆的储能装置容量需求定义为在考量的时间周期 $t_{\max}$ 内系统所需的最大 RSOC 容量，即

$$Sc_{\text{RSOC}} = \max_{0 < t < t_{\max}} \left| P_{\text{SOFC}}^{\text{Power}}(t) - \frac{P_{\text{SOEC}}^{\text{Power}}(t)}{1.8} \right| \tag{6-11}$$

锂离子电池的储能容量则定义为在考量的时间周期 t_{max} 内电池内部累计的最大能量。这里设定电池的初始荷电状态（SOC）为 0.6，SOC 的允许范围为 0.3～0.9。

6.3　RSOC 的负荷跟随特性与分级调节

图 6.6(a)给出了 RSOC 电堆面对用户负荷阶跃变化时的跟随特性曲线，采用人为给定的用户负荷，从 0.63 分三步阶跃至 1，再从 1 阶跃回 0.63，模拟用户负荷由低谷至高峰，再到低谷的过程。可以看到，伴随着用户负荷的阶跃变化，RSOC 可以控制功率不平衡度在 ±1.4% 以内。在 RSOC 负荷跟随的过程中，其内部的控制电压、平均电流密度和工作温度随时间的变化曲线如图 6.6(b)所示。由图 6.6 可知，在用户负荷阶跃变化后，控制器控制电压迅速改变，作出一次调节，电流随之迅速作出响应，RSOC 可以通过电压的一次调节在短时间内实现迅速的负荷跟随。电压的改变随之带来了温度的波动，图 6.6(b)显示，仅通过电压的调控导致 RSOC 在用户负荷波峰和波谷时期工作温度相差高达 160℃，不利于 RSOC 电堆的长期稳定、高效运行。但基于第 4 章的研究可知，热的传递过程缓慢，需要分钟至小时量级的时间才能使热传递过程达到新的稳态，因此在电压的迅速

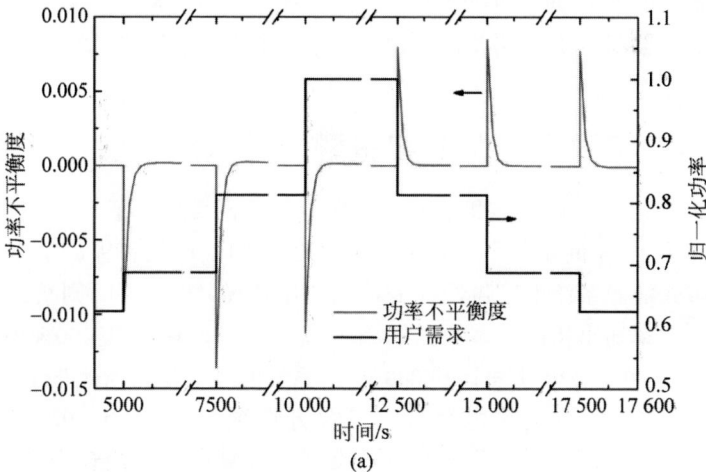

(a)

图 6.6　RSOC 的负荷跟随特性(a)与 RSOC 内部的控制电压、平均电流密度和工作温度(b)

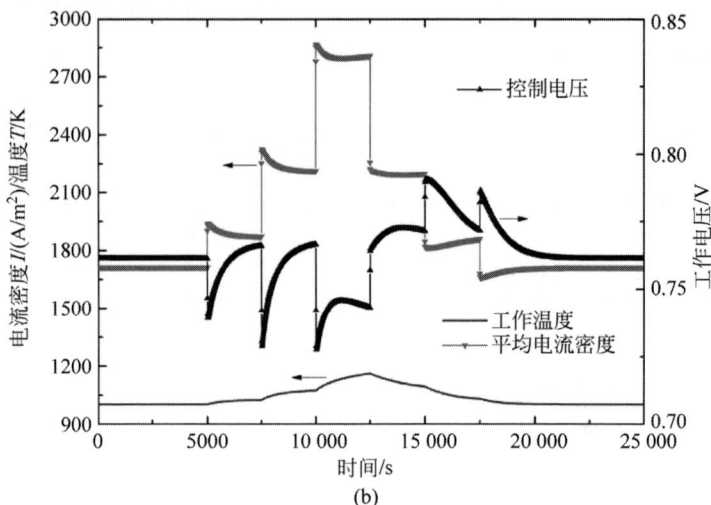

图 6.6（续）

一次调节后,在负荷基本稳定时,通过系统入口气流的二次调节,逐渐补充燃气和空气流量,以保障电堆内部温度维持稳定,并且反应物供应充足。与传统燃气内燃机相比,RSOC 可以根据电压以及入口气流来分别实现一次调节和二次调节,以应对短期负荷变化的迅速响应与长期负荷变化的稳定、高效跟随。相似地,面对可再生能源的间歇性改变,RSOC 也可以通过相同的分级调节方法,来满足可再生能源短期的迅速消纳与长期的稳定、高效存储。

6.4　不同风电装机容量融入的系统供能稳定性

　　图 6.7(a)为在风电装机容量(本书对装机容量进行了无量纲化处理)从 0 提升至 1.24 的条件下分别采用 RSOC 电制气储能和锂离子电池储能下的分布式能源系统电能供给和需求的对比情况,图 6.7(b)则给出相应的能源设备功率输出情况。本工况下,系统仿真平台计算了 80 000 s 内的系统运行状况,其中每经历过一个 10 000 s 后,系统的风电装机容量进行一次阶跃提升。这 80 000 s 内的风电装机容量提升情况如下:0→0.08→0.16→0.24→0.48→0.72→0.96→1.24。仿真平台计算的时间步长为 2 s。根据计算结果,在忽略储能循环效率损失时,分布式能源系统风电融合度从 0 逐步提升至 56%,每 10 000 s 内的风电融合度如下:0→4%→8%→12%→24%→36%→48%→56%。

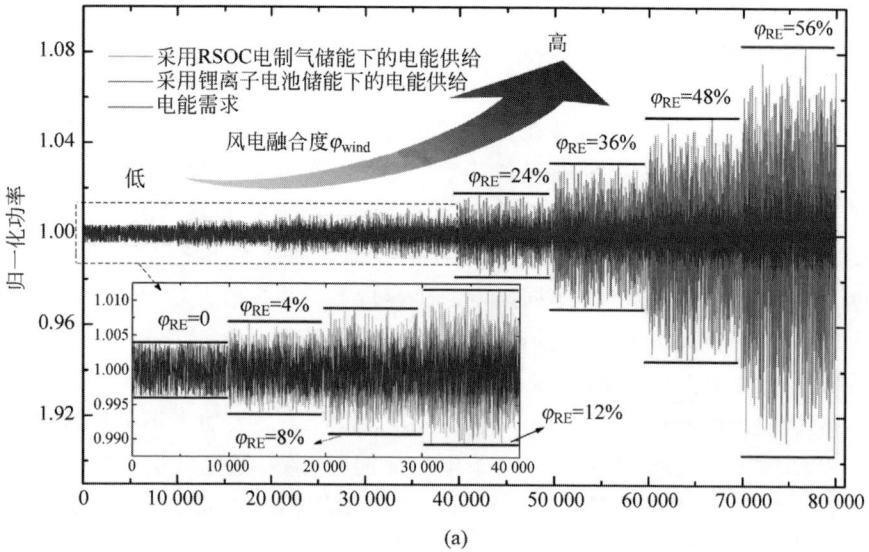

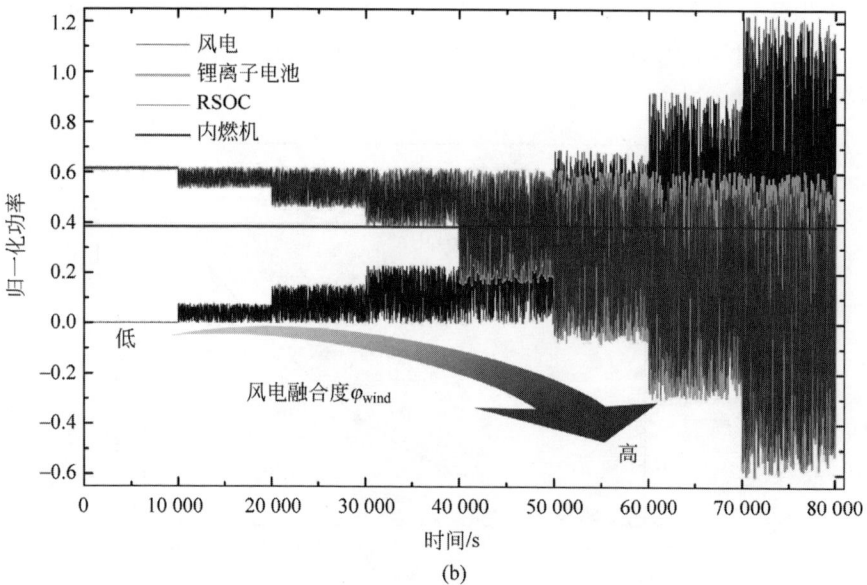

图 6.7　不同风电装机容量下分别采用 RSOC 和锂离子
电池储能的功率(见文前彩图)

　　本工况采用了高储低发的储能策略,即风电尽可能多地供给用户负荷,不足的部分由储能设备补足,过剩的部分也由储能设备储存。图 6.7(b)显示,系统固定燃气内燃机 0.38 的功率输出,风电装机容量由 0 提升至 1.24,对应的储能功率波动由 0～0.62 变化为－0.62～0.62。当风电装机容量低于 0.62 时,储能设备在全部时间内都需要工作在发电模式;当风电装机容量达到 1.24 时,储能设备几乎一半的时间工作在储能模式,一半时间工作在发电模式。如图 6.7(a)所示,随着风电装机容量增大,风电融合度随之提升,分布式能源系统的电能供给波动逐渐增大,瞬时功率不平衡度也逐渐增大。如图 6.8 中不同风电装机容量下的系统最大功率不平衡度所示,当采用 RSOC 电制气储能时,随着风电装机容量从 0 提升至 1.24,能源系统的最大功率不平衡度变化情况如下:0.05%→0.35%→0.70%→0.96%→1.60%→3.30%→5.80%→9.70%,系统最大功率不平衡度提升了 9.65%。相似地,当采用锂离子电池储能时,随着风电装机容量从 0 提升至 1.24,能源系统的最大功率不平衡度变化情况如下:0.03%→0.14%→0.28%→0.29%→0.72%→1.20%→1.70%→2.30%,系统最大功率不平衡度提升了 2.27%。在采用相同储能设备和储能策略(尤其是高风电融合度)的情况下,系统的最大功率不平衡度随着融入的风电装机容量增大而显著升高。

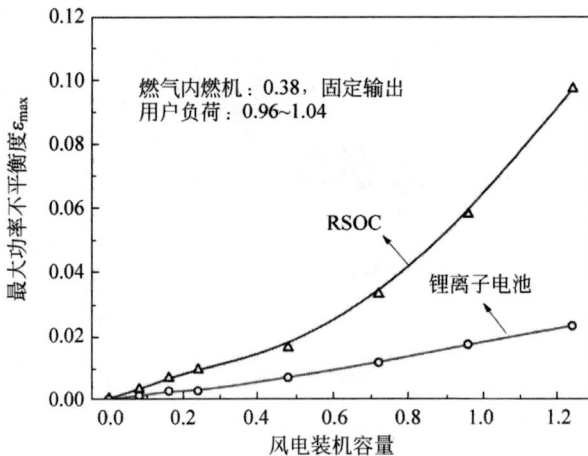

图 6.8　不同风电装机容量下分别采用 RSOC 和锂离子电池储能时的系统最大功率不平衡度

6.5　集成不同储能技术的系统供能稳定性

图 6.8 对比了分别采用 RSOC 和锂离子电池储能时不同风电装机容量下的最大功率不平衡度。结合图 6.7(a)可以发现,在相同的风电装机容量下,采用 RSOC 电制气储能的能源系统电能供应波动性大于采用锂离子电池储能的能源系统,尤其是在大规模风电装机容量下。当风电装机容量仅为 0.08 时,采用 RSOC 储能或者锂离子电池储能的能源系统最大功率不平衡度分别为 0.35% 和 0.14%,前者仅为后者的 2.5 倍;当风电装机容量提升至 1.24 时,前者最大功率不平衡度达到 9.7%,是后者最大功率不平衡度(2.3%)的 4.2 倍,两者最大功率不平衡度的差别进一步增大。这是由于锂离子电池的动态响应特性快于 RSOC[163],尤其在风电大比例融入下,能更快地实现负荷跟随,从而降低系统的功率不平衡度,保证电能供应质量。虽然锂离子电池具有高功率密度和快速响应的储能特性,但其存储的能量与其储能规模成正比,在长期季节性储能的需求下,其装置容量显著提升,投资成本增大,并伴随着长时间自放电导致的能量损耗。

6.6　可再生能源与天然气的融合互补储能策略

由本书的仿真计算和讨论可知,采用 RSOC 电制气储能并允许尽可能多风电直接供电的发电和储能结合策略,1.24 的风电装机容量导致系统最大功率不平衡度达 9.7%。基于该工况,本节基于 6.2.6 节定义的风电融合度 φ_{wind}、系统总发电效率 η_{tot}、最大功率不平衡度 ε_{max} 和储能容量需求 Sc 等参数指标,对 1.24 的风电装机容量(高风电融入比例)下的可再生能源与天然气融合互补的储能策略进行优化和讨论。

6.6.1　风电分配模式的影响

首先,仿真平台采用 RSOC 作为唯一的储能设备,从风电输出分配方式上对储能策略进行优化。模型计算了算例 1～算例 7 共 7 个算例,其具体定义如下。

算例 1(弃风模式):该算例下限制风电直接供给用户的功率 P_{direct}^{wind} 不超过用户负荷 P_{demand} 的 50%。而风电出力高出限制比例的部分被削减,作为弃风不被利用。此时,系统不进行储能,风电直接供给用户的功率在

0～0.5 波动,燃气内燃机固定 0.38 的功率输出,RSOC 全部工作在 SOFC
模式提供 0.12～0.62 的功率,无须工作在 SOEC 模式。

算例 2～算例 7:在这些算例下,通过限制不同的风电直接供电上限,
允许低于该上限的部分风电直接供给用户,高出的部分风电则由 RSOC 工
作在 SOEC 模式下储能转化为燃气,燃气内燃机固定 0.38 的功率输出,剩余
的用户负荷所需电能由 RSOC 工作在 SOFC 模式下补足。算例 2～算例 7
中,设置的风电直接供给用户上限分别为 0、$0.12P_{demand}$、$0.24P_{demand}$、
$0.36P_{demand}$、$0.48P_{demand}$ 和 $0.62P_{demand}$。特别地,算例 2 中上限为 0,即所
有的风电均被 SOEC 存储消纳,由燃气内燃机和 SOFC 满足所有的用户负
荷需求,称为完全电制气模式;算例 7 中上限为 $0.62P_{demand}$,为在燃气内燃
机固定 0.38 的功率输出前提下用户负荷所允许的最大风电直接供电比例,
即 6.4 节和 6.5 节中采用的高储低发模式。其余的算例 3～算例 6 对风电
直接供电的上限均作出了限制,RSOC 始终需要部分工作在 SOFC 模式下
发电,大部分时间还需要工作在 SOEC 模式下储能,称为发储结合模式。
图 6.9(a)给出了算例 1～算例 7 中系统的各部分能量供给比例及系统考虑
储能效率后的风电融合度 φ_{wind};图 6.9(b)给出算例 1～算例 7 的系统总发
电效率 η_{tot}、最大功率不平衡度 ε_{max} 和储能容量需求 Sc。

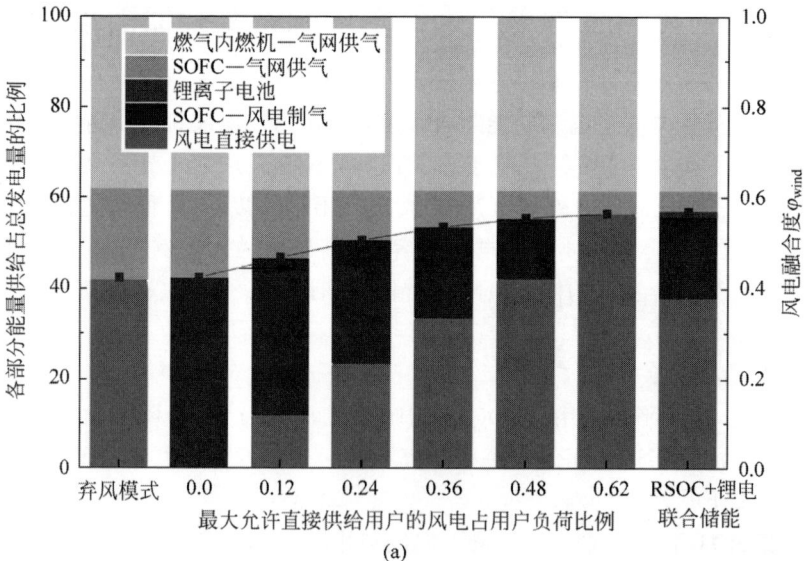

图 6.9　不同储能策略的对比

(a) 系统供能来源和风电融合度;(b) 系统能效、最大功率不平衡度以及储能容量需求

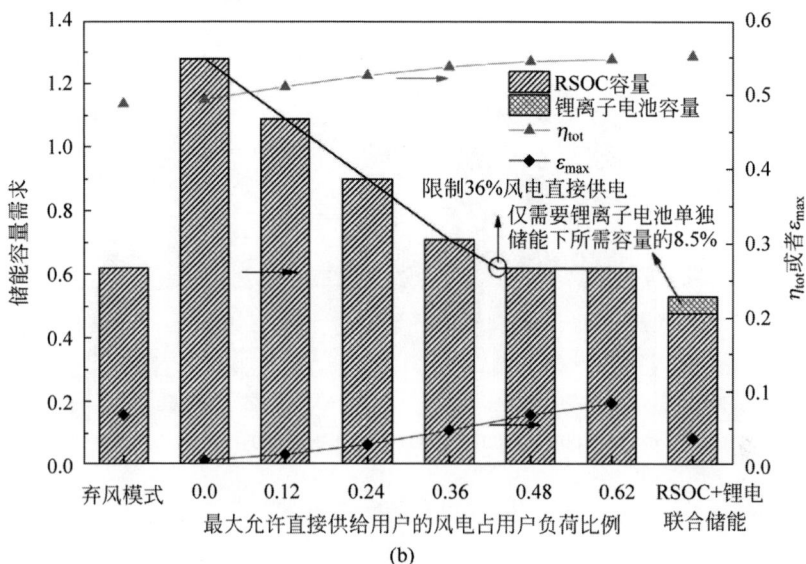

图 6.9（续）

6.6.1.1　高储低发模式

在算例 7（高储低发模式）下，风电出力 P_{wind} 在 0～1.24 波动，系统未对风电供给用户比例加以约束，因此当 P_{wind} 小于 0.62 时，RSOC 全部工作在 SOFC 模式；当 P_{wind} 大于 0.62 时，RSOC 全部工作在 SOEC 模式；当 P_{wind} 等于 0.62 时，RSOC 不工作。图 6.10(a)～(c) 给出了高储低发模式下的系统瞬时功率分配情况、瞬时功率不平衡度以及系统瞬时效率和时均效率。其中，图 6.10(c) 给出了瞬时效率随时间的变化情况，随着风电出力的波动，系统瞬时效率在 38％～65％ 波动。结合图 6.9 可以看到，高储低发模式下系统仅需要 0.62 的 RSOC 装置容量，同时能够实现 56.4％ 的风电融合度 φ_{wind} 以及 54.8％ 的时均系统总发电效率 η_{tot}。以上指标均为 7 个算例中最优的性能参数。然而，高储低发模式下也存在最严重的功率不平衡现象，图 6.10(a) 中总电能供应围绕着电能需求剧烈波动，对应在图 6.10(b) 中，高储低发模式下系统的最大功率不平衡度 ε_{max} 达到了 9.7％，这将进一步导致供电的频率、电压和功角等参数的剧烈波动，供能稳定性显著降低，会对用户侧造成很大的冲击，这一现象导致可再生能源难以被大规模利用，必须限制在分布式能源系统中风电直接供给用户的电能比例。

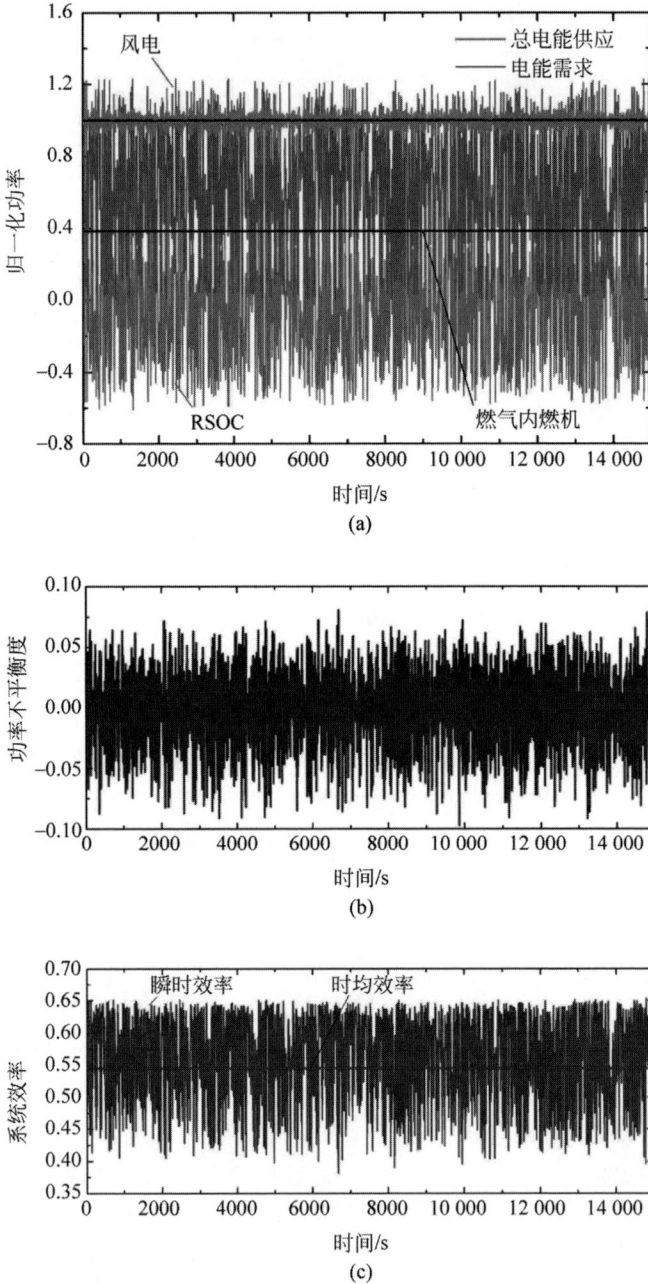

图 6.10　高储低发模式(算例 7)下的系统瞬时功率分配情况(a)、瞬时功率不平衡度(b)以及系统瞬时效率和时均效率(c)(见文前彩图)

6.6.1.2　弃风模式

由于大规模、长周期的储能技术的缺乏,当前国内主要采用类似弃风模式(算例 1)的方法来削减风电直接供给用户或者供给大电网的最大输出功率以抑制功率不平衡,缓解高储低发模式存在的严重功率不平衡现象,保障供能的稳定性。图 6.11(a)～(c)给出了弃风模式下的系统瞬时功率分配情况、瞬时功率不平衡度以及系统瞬时效率和时均效率。算例 1 下,限制风电直接供给用户不超过用户负荷的 50%,通过将允许风电直接供给的最大

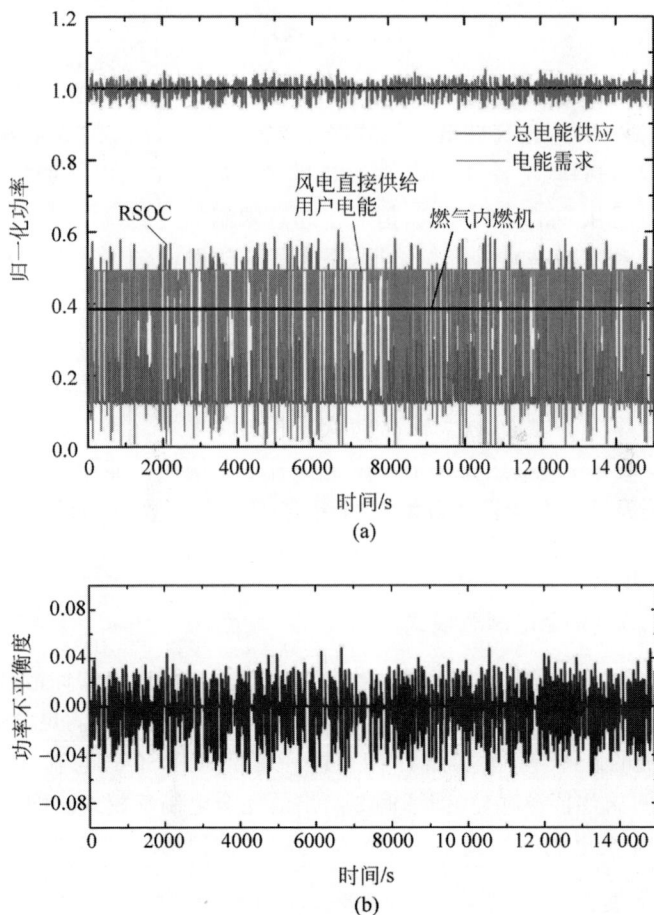

图 6.11　弃风模式(算例 1)下的系统瞬时功率分配情况(a)、瞬时功率不平衡(b)以及系统瞬时效率和时均效率(c)(见文前彩图)

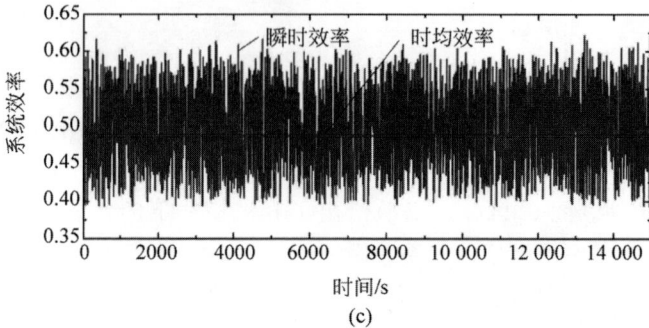

图 6.11（续）

功率削减为高储低发模式的一半，可将最大功率不平衡度限制在 6.7% 以内（见图 6.11(b)），较高储低发模式降了 2%。然而，图 6.11(a) 显示，弃风模式下仅通过风电、完全工作在 SOFC 模式下的 RSOC 以及燃气内燃机的联合发电满足用户的负荷需求，但对于超过限制的过剩风电，该模式下的系统并未予以利用而是直接弃置，且未采用任何储能设备进行存储和利用，这导致了大规模的风电被弃置，造成了 35.8% 的风电被直接浪费。由于风电出力的削减，φ_{wind} 降至 42.1%，较高储低发模式低了 14.3%，风能在用户用能端所占比例降低了 26.2%；同时，由于风电弃置能够体现在本研究定义的系统效率 η_{tot} 之中，η_{tot} 较高储低发模式降低了 6%，仅达到 48.8%。整体来看，弃风模式虽然在一定程度上提升了系统的供能稳定性，但牺牲了很大一部分风电，限制了风力发电机组的运行小时数，从而导致系统能效降低。

6.6.1.3　完全电制气模式

与抽水蓄能、压缩空气储能以及电池储能等相对成熟的储能技术相比，RSOC 电制气储能能够借助天然气网，灵活配置储能规模，满足分布式可再生能源系统的跨季节、大容量存储。这一优势使 RSOC 电制气技术能够 100% 用于可再生能源存储，即算例 2 给出的完全电制气模式。图 6.12(a)～(c) 给出了完全电制气模式下的系统瞬时功率分配情况、瞬时功率不平衡度以及系统瞬时效率和时均效率。

图 6.12(a) 显示，在完全电制气模式下，一部分 RSOC 始终工作在 SOFC 模式下，与燃气内燃机共同满足 100% 的用户用电负荷；同时，剩余部分的 RSOC 用于消纳所有的风电出力。在完全电制气储能场景下，能够将

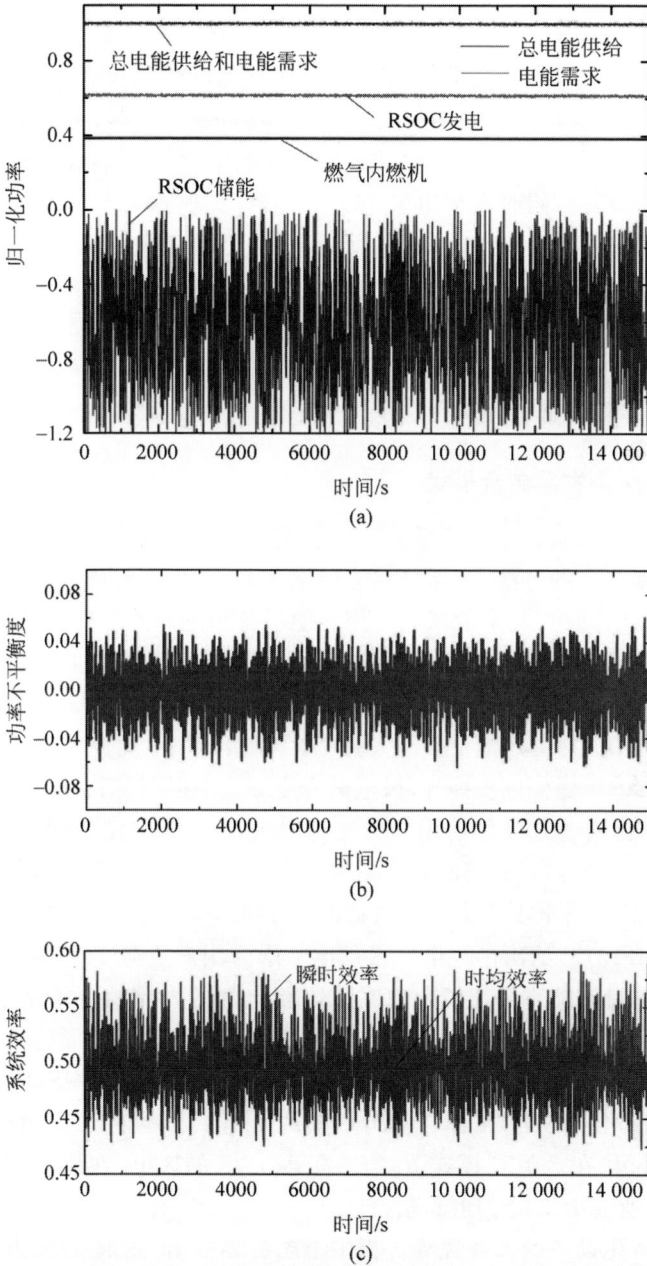

图 6.12　完全电制气模式（算例 2）下的系统瞬时功率分配情况（a）、瞬时功率不平衡度（b）以及系统瞬时效率和时均效率（c）（见文前彩图）

间歇性的风力发电与用户用能端完全隔离,从而完全排除风电波动对系统供能稳定性的干扰,从而极大地提升系统供能稳定性。如图 6.12(b)所示,完全电制气模式下由于用户侧的微小波动仅带来 0.6% 的功率不平衡度,较高储低发模式和弃风模式均下降了一个数量级。同时,考虑 RSOC 储能循环效率损失后,完全电制气模式还能够保持与弃风模式相同的风电融合度 φ_{wind}(42.1%),同时在利用 100% 风电后可实现 49.4% 的系统效率 η_{tot},较弃风模式高出 0.6%。通过储能设备将风电稳定化,能够在不弃置风电的前提下,提供与无风电融入情况相当的电能质量,在系统能效上还比弃风模式下更有优势。因储能设备循环效率损失,完全电制气模式的 φ_{wind} 和 η_{tot} 与高储低发模式相比仍有明显的降低;同时,系统所需的储能容量高达 1.28,和高储低发模式相比增加了至少一倍。

6.6.1.4　发储结合模式

分布式能源系统中的能量管控相较集中式电网更加灵活可控,因此可以采用发储结合的方法,在保障供能稳定性的前提下,允许一定比例的风电能够直接供给用户,其余的风电采用储能设备消纳。在分布式能源系统中,需要综合考量各个评价指标,折中选取优化策略。因此,仿真平台在完全电制气模式和高储低发模式中寻求折中,如图 6.9(a)中算例 3~算例 6 所示。随着直接供给用户的风电上限增大,SOEC 存储的风电比例减少,SOFC 采用气网供气发电的比例逐步提升,风电融合度 φ_{wind} 逐渐提升。如图 6.9(b)所示,随着限制风电直接供给用户的比例增大,η_{tot} 逐步提升,但最大功率不平衡度 ε_{max} 不断降低;储能容量需求 Sc_{RSOC} 呈现先降低后不变的变化规律,当风电直接供电上限为用户负荷的 44% 时,Sc_{RSOC} 稳定在 0.62 并保持不变。图 6.13(a)给出了风电直接供电上限为用户负荷 44% 的发储结合模式下的系统瞬时功率分配情况。在该限制比例的发储结合策略下,风电低谷期时,RSOC 需要工作在 SOFC 模式下提供可能高达 62% 的用户用电负荷,所需 SOFC 额定输出功率为 0.62;在风电出力高峰期,RSOC 储能内部进行分工,部分 RSOC 工作在 SOFC 模式下提供 18% 的用户用电负荷,部分 RSOC 工作在 SOEC 模式下,消纳高达 0.79 的风电,在风电满负荷出力下,折合后所需 RSOC 的容量恰好也为 0.62,充分利用了 RSOC 作为储能和发电一体化设备的天然优势。折中考虑各参数后,选取 44% 为发储结合策略中优化的限制风电出力(占满负荷出力)比例。图 6.13(b)和(c)分别给出了优化的发储结合模式下的系统瞬时功率不平衡度以及系统瞬时效率

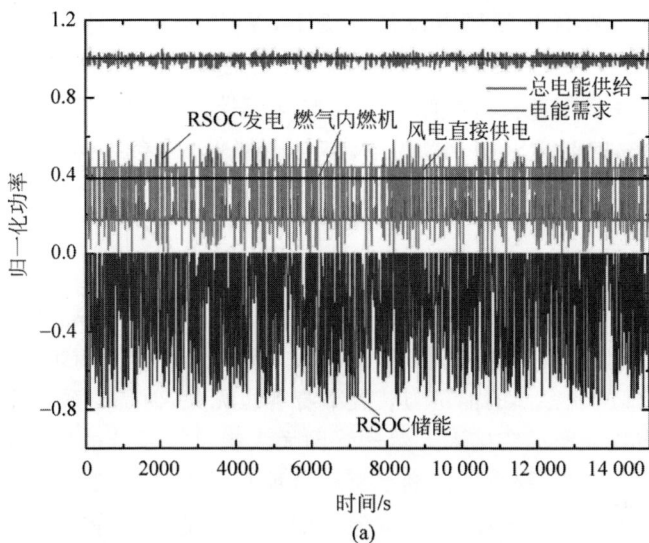

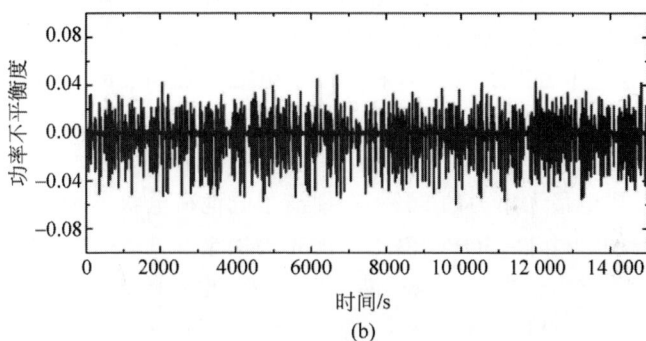

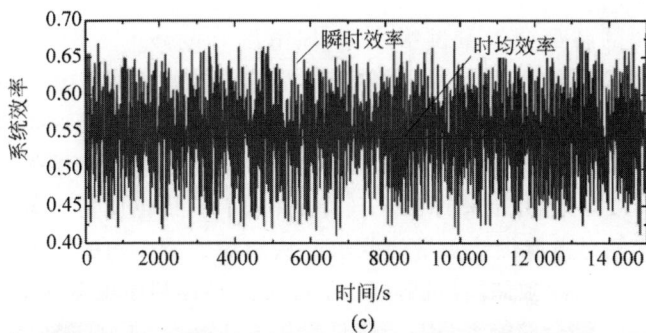

图 6.13　风电直接供电上限为用户负荷的 **44%** 的发储结合策略下的系统瞬
　　　　时功率分配情况（a）、瞬时功率不平衡度（b）以及系统瞬时效率和时
　　　　均效率（c）（见文前彩图）

和时均效率。在优化的风电发储比例下，系统 φ_{wind} 可达 54.6％，η_{tot} 达 54.2％，ε_{max} 控制在 5.95％，各指标均全面优于弃风模式下的相应指标，风电融合度和系统能效接近高储低发模式，功率不平衡度较高储低发模式降低了 3.75％，同时 RSOC 容量需求亦与高储低发、弃风模式所需的容量相同。

6.6.2　RSOC 和锂离子电池联合储能

为满足储能设备的长寿命、高效率运行，RSOC 应尽量避免工作在高极化电压下，因此其能够消纳或者提供的最大瞬时功率与 RSOC 的储能容量成正比，但其所能存储的能量与装置本身容量无关，而是与系统的储气能力有关。分布式能源系统接入天然气管网大大提升了系统的储气能力，结合用户侧的用气需求，完全可以满足跨季节能量存储的要求。这与前面提到的锂离子电池高功率密度、快响应但低能量密度的储能特性形成了天然的互补关系，采用 RSOC 与锂离子电池结合的联合储能有望进一步提升系统能效和供需稳定性等系统综合指标。因此，基于 6.6.1 节提出的优化发储结合策略，进一步考虑了 RSOC 和锂离子电池联合储能的分布式能源系统的运行特性，见算例 8。

算例 8（联合储能模式）：采用发储结合策略，限制直接供给用户的风电功率不超过风电最大出力的 36％，在锂离子电池荷电状态 SOC 不超过 0.9 时，RSOC 部分工作在 SOFC 模式下优先提供至多 0.48 的功率，剩余无法满足的负荷需求由锂离子电池提供。当锂离子电池的 SOC 低于 0.6 时，锂离子电池优先于 RSOC 进行储能，否则 RSOC 工作在 SOEC 模式下优先消纳风电储能。

算例 8 的各部分能量供给比例、风电融合度 φ_{wind}、系统总发电效率 η_{tot}、最大功率不平衡度 ε_{max} 和储能容量需求等同样归纳在图 6.9(a) 和 (b) 中。通过采用 RSOC 和锂离子电池联合储能，分布式能源系统的 φ_{wind} 和 η_{tot} 进一步提升至 56.9％和 55.2％；系统的动态响应特性显著提升，最大功率不平衡度 ε_{max} 由原来的 5.95％降至 3.56％，供电质量显著提升，更好地满足用户侧对电能供给质量的要求。从储能容量需求的角度看，联合储能仅需要 RSOC 单独储能所需容量的 77.5％和锂离子电池单独储能所需容量的 8.5％，综合储能容量有所降低。图 6.14 给出了在 RSOC 和锂离子电池联合储能下的分布式能源系统各个设备的功率输入和输出情况。RSOC 工作在 SOFC 模式时，发电功率波动范围减小，能够更接近额定工况运行,以提升 RSOC 的使用寿命,易于进行热管理。在该工况下,RSOC 工作在 SOEC 模式下承担主要的储能工作,小规模的锂离子电池则主要用于平抑风电的瞬时剧烈波动,以及满足瞬时的大功率输入和输出需求。RSOC 和锂离子电池联合储能联合优化的发储结合储能策略,能在降低系统储能设备规模的前提下,提升分布式能源系统的整体效率、供电质量以及风电融合度。

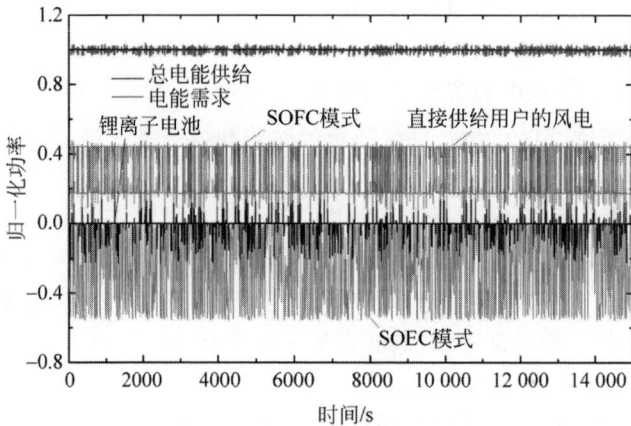

图 6.14　ROSC 和锂离子电池联合储能下的分布式能源系统中各设备瞬时功率(见文前彩图)

6.7　本 章 小 结

本章基于可逆固体氧化物电解池电制气储能,建立了风电与天然气融合的分布式储能发电系统,该分布式能源系统集成了风电、锂离子电池、内燃机、用户负荷以及换热器、混合器等其他系统辅助设备。利用该动态仿真平台,定义了包括风电融合度、系统总发电效率、最大功率不平衡度、储能容量需求等系统评价指标,研究了不同规模的风电融入对系统动态运行供需匹配稳定性的影响规律,并从供需匹配稳定性、风电融合度、系统效率和储能容量需求的角度对比分析了高储低发模式、弃风模式、完全电制气模式以及发储结合模式等风电分配模式对分布式能源系统的各评价指标的影响,并结合 RSOC 和锂离子电池联合储能技术综合优化了可再生能源与天然气融合的分布式储能发电系统的储能配置和运行策略。主要研究结论如下。

(1) RSOC 可以根据电压以及入口气流来分别实现一次调节和二次调

节,在应用于储能端时,采用分级调节的 RSOC 可同时满足可再生能源短期的迅速消纳与长期的稳定、高效存储;在应用于发电端时,采用分级调节的 RSOC 可应对短期负荷变化的迅速响应与长期负荷变化的稳定、高效跟随。

(2)随着风电装机容量的增加,在用户需求不变的情况下供给的电能波动性也不断增大,尤其在大风电融入比例下电能波动更剧烈。风电装机容量为 1.24 时,采用 RSOC 储能的分布式能源系统最大功率不平衡度可达 9.7%;由于锂离子电池具有更快的响应速率,因此采用锂离子电池储能的分布式能源系统最大功率不平衡度仅为 2.3%,但在长期季节性储能的需求下,锂离子电池的装置容量因能量密度的限制将显著提升。

(3)高储低发模式具有最高的系统能效和风电融合度以及最低的储能容量需求,但造成了功率不平衡度的显著提升,从而降低了供电质量。采用弃风模式虽能适当降低功率不平衡度,但风电弃置导致了系统能效和风电融合度的降低。通过融合 RSOC 电制气储能,尤其在完全电制气模式下,能够在避免风电弃置、降低化石燃料消耗的同时,提供和无风电融入下的能源系统相当的电能质量,但对储能容量提出了高出 1 倍以上的需求。

(4)综合高储低发和完全电制气模式各自的优势,采用发储结合储能策略权衡各系统指标。发储结合模式下,能源系统限制一定比例下的风电允许直接供给用户,高出该限值的风电由 RSOC 储能消纳。折中考虑各参数后,选取 44% 为发储结合策略中优化的限制风电出力(占满负荷出力)比例,在该优化的发储结合策略下,各指标均全面优于弃风模式下的相应指标,同时 RSOC 容量需求亦与高储低发模式下相同。

(5)可再生能源与天然气耦合下的储能发电系统供能稳定性提升的关键在于,采用更加灵活、响应更快的储能设备在可再生能源出力或者用户负荷变化的短时间内,作出迅速的负荷跟随;而在更长期的时间范围内,需要更加长期的能量存储/供应以保证储能设备的稳定运行。采用 RSOC 和锂离子电池联合储能可实现储能设备的优势互补,在降低系统储能设备规模的前提下,提升分布式能源系统的整体效率、供电质量以及风电融合度,显著提升分布式能源系统的综合指标。

(6)采用发储结合策略以及 RSOC 和锂离子电池联合储能,可再生能源与天然气融合的分布式储能发电系统具有 56.9% 的风电融合度,55.2% 的系统发电效率,最大功率不平衡度可控制在 3.56% 左右,同时仅需要 RSOC 单独储能时所需容量的 77.5% 和锂离子电池单独储能时所需容量的 8.5%。

第 7 章　总结与展望

7.1　总　　结

本书结合实验测试、理论计算和模拟仿真的研究方法,从电化学反应界面、反应单元和系统三个层面对 SOEC 共电解 H_2O 和 CO_2 合成 CH_4 内部的反应机理和反应传递耦合机制,以及系统中 SOEC 与其他部件的集成耦合强化原理开展系统性研究。在电化学反应界面层面,基于微观图案电极本征动力学数据推断了电化学反应机理及其速率控制步骤,并建立一维基元反应动力学模型加以诠释;在反应单元层面,开发了加压管式 SOEC 反应器,研究了管式 SOEC 单元的电化学性能、CH_4 生成特性以及动态响应,建立二维管式 SOEC 多物理场耦合的动态模型,分析 SOEC 直接合成 CH_4 的定向转化机制,明确了 SOEC 内部各传递过程的动态响应特性;在系统层面,构建了基于 SOEC 的分布式可再生能源电力制取 CH_4 系统仿真平台,研究系统内部的异质能量流的耦合强化方法,以及风电融入后的系统稳定、高效运行策略。研究结果为 SOEC 共电解 H_2O/CO_2 直接制取 CH_4 技术提供了电极微观结构优化的理论依据和 CH_4 定向转化的调控方法,为可再生能源与天然气融合的分布式能源系统集成与规模化发展描绘了应用图景。

本书的主要研究内容及结论如下。

(1) 采用图案电极获得电化学本征动力学参数,开发图案电极基元反应动力学模型,推断可逆电化学反应机理及速率控制步骤。

本书开发了条纹宽度为 $10~\mu m$ 的图案电极以排除表面扩散干扰,采用部分平衡法分析不同基元反应步骤作为速率控制步骤时的动力学数据,同图案电极实验数据进行对比,推断反应速率控制步骤,并建立 Ni 图案电极基元反应数值模型,阐述速率控制步骤与反应中间产物和微观结构调控的关联。

在 H_2O/H_2 气氛下,Ni 表面的主要表面基元为 $H(Ni)$,而 YSZ 表面

的主要表面基元为 O^{2-}（YSZ）。由于 OH^-（YSZ）在 YSZ 表面的覆盖率不足 1%，在电流方向改变的同时，在 OH^-（YSZ）表面浓度的限制下，速率控制步骤可自行切换为生成 OH^-（YSZ）的电荷转移反应。因此，H_2O/H_2 电化学反应在电化学还原（SOEC）和电化学氧化（SOFC）工作模式下具有不同的反应速率控制步骤，在 SOEC 模式下的反应速率控制步骤为（Ni）＋ H_2O（YSZ）＋e^- $\longrightarrow$ H（Ni）＋OH^-（YSZ），在 SOFC 模式下的反应速率控制步骤为 H（Ni）＋O^{2-}（YSZ）$\longrightarrow$（Ni）＋OH^-（YSZ）＋e^-。

在 CO_2/CO 气氛下，条纹宽度从 100 μm 降至 10 μm，表面扩散阻抗可降低 20%～45%。条纹宽度为 10 μm 的 Ni 图案电极在 CO_2/CO 气氛下的可逆电化学转化本征动力学参数：活化能为 1.66 eV；CO 分压的动力学指数在 SOEC 模式下为 0.310～0.367，SOFC 模式下为 0.247～0.434；CO_2 分压的动力学指数在 SOEC 模式下为 0.080～0.091，SOFC 模式下为 0.160～0.380；SOFC 模式的电荷转移系数 α 接近 0.44，SOEC 模式的 α 接近 0.50。Ni 表面的主要表面基元为 CO（Ni），而 YSZ 表面的主要表面基元为 O^{2-}（YSZ），其余表面基元浓度远小于相应表面的主要基元。由于 CO（Ni）的表面覆盖率远高于其他基元，在电流方向改变的同时，主导的电荷转移反应可自动在 CO 电化学氧化和电化学还原之间切换。即 Ni 图案电极在 SOFC 模式下的速率控制步骤为 CO 的电化学氧化：CO（Ni）＋ O^{2-}（YSZ）$\longrightarrow CO_2$（g）＋（YSZ）＋$2e^-$；而 SOEC 模式下的速率控制步骤为 CO 的电化学还原：CO（Ni）＋（YSZ）＋$2e^- \longrightarrow$ C（Ni）＋O^{2-}（YSZ）。此外，表面扩散主要和 CO（Ni）基元相关，基元反应机理模型分析显示，通过电子导体材料表面改进提升 CO 表面扩散速率，或者减小 Ni 条纹/颗粒尺寸减小 CO 表面扩散路径，有望提升高达 44% 的 Ni 图案电极电化学性能。

（2）开发加压管式 SOEC 反应器及其实验测试系统，从热流设计、加压运行和材料改进三方面协同强化电解和甲烷化反应，从而定向调控 CH_4 生成。

在实验方面，自主设计并搭建加压管式 SOEC 实验测试系统，实现了燃料极支撑型盲管式 SOEC 在工作压力 0.1～0.4 MPa 下的稳定运行；在数值模拟方面，开发了多物理场耦合的二维轴对称管式 SOEC 热电模型，耦合管式 SOEC 内部的质量传递、动量传递、能量传递以及化学/电化学动力学等反应传递过程，经过实验数据的有效验证，可描述管式 SOEC 内部反应传递耦合过程。研究采用实验和数值模拟相结合的研究手段，基于管式 SOEC 构型从热流设计、加压运行和材料改进三方面提出 H_2O/CO_2 共电解 H_2O/CO_2 定向合成 CH_4 的调控方法,为电制气储能技术提供一定的实验基础和理论依据。

① 热流设计:基于管式单元构型,通过逆流模式的流动设计,向 SOEC 通入未完全预热的入口气体,形成管式 SOEC 燃料极上游电解区高温、下游区低温的梯度化温度分布场,实现 SOEC 电化学反应和甲烷化反应的温度分区化进行,同时通过热传导和热对流实现电解和甲烷化的热耦合。实验测试结果表明,常压、650℃ 下通过热流设计可使管式 SOEC 的 CH_4 产率提升 50% 以上。

② 加压运行:实现管式 SOEC 在 0.4 MPa 下的稳定运行,在热力学上促进了甲烷化反应平衡正向移动,在动力学上提升了管式 SOEC 的电化学性能。在 650℃、工作压力 0.4 MPa 下,通入含 67% H_2 的入口气体时,可获得 50% 以上的 CH_4 生成率;降低燃料极 H_2 体积分数,通入 50% H_2O,25% CO_2 和 25% H_2 的入口气体时,开路电压下出口 CH_4 生成率降为 16.5%,通过施加 -2 A 的工作电流,将出口 CH_4 生成率提升至 39.5%,较常压运行提升了 273%。此外,加压运行可通过促进甲烷化放热,降低管式 SOEC 热中性电压,从而实现低极化电压下高效、稳定的电制气过程。

③ 材料改进:采用中温 LSGM 材料体系,可在 650℃ 下实现和稳定 ZrO_2 基材料在 750℃ 下相当的电化学性能,从而可进一步缓解 H_2O/CO_2 共电解和甲烷化反应的温度失配问题。模型分析显示,结合热流设计和加压工况优化,LSGM 基管式 SOEC 在入口气体为 75% H_2O,20% CO_2 和 5% H_2,工作温度为 650℃,工作压力为 2.9 MPa 以及极化电压为 0.06 V 下实现热中性,电制气效率有望达到 94.5%,CH_4 生成率有望达到 98.7%。

(3) 掌握管式 SOEC 单元的动态响应特性,解耦内部反应和传递过程,设计反应传递协同强化的动态操作方法保证反应单元高效、稳定运行。

本书基于管式单元构型开展 SOEC 共电解 H_2O/CO_2 的动态特性研究,实现管式单元在周期为 40 min 的 ±0.25 A 循环电流阶跃下的稳定运行,经历了 117 h、171 个循环电流阶跃测试后,电化学性能无明显衰减。管式单元在电压阶跃信号输入下,由于电荷传递和质量传递时间尺度的不同,管式 SOEC 输出电流会先发生过冲,而后在 $1\sim2$ s 基本稳定;但电流阶跃信号输入下,输出电压无明显过冲。模型分析进一步表明,在阶跃 2 s 后管式单元仍未完全进入稳态,在缓慢的热量传递作用下电化学性能仍会发生微弱的改变。

利用二维轴对称管式 SOEC 动态模型分离了管式 SOEC 内部电荷传递、质量传递和能量传递等过程的响应时间。电荷传递、质量传递和热量传递的响应时间分别为：电荷传递 τ_{Charge} 为 0.011 s；质量传递 τ_{Mass} 为 0.26 s；热量传递 τ_{Heat} 为 515 s。而且管式 SOEC 不同位置不同参数的动态响应时间均有差异。调节工作电压、入口气体组分、流量以及温度均可改变管式 SOEC 的热效应。采用工作电压在毫秒级迅速下降，并在秒级回升的循环操作，可提升动态操作下的时均效率；在反应物入口流量不变的前提下，通过入口 H_2O 浓度在几十分钟量级缓慢上升然后在秒量级至分钟量级迅速下降的循环操作，可以提升时均效率和反应物总转化率。在入口气体温度阶跃变化的过程中，管内最大温差可达 45℃，这将导致管式 SOEC 的热应力剧增。从管式 SOEC 稳定、安全运行的角度考虑，入口气体温度应当在分钟量级乃至十分钟量级缓慢升温，以防止管式 SOEC 局部热应力过大。由于电荷、质量和热量传递过程响应时间的差异，可通过传递过程的动态耦合操作，在可再生能源间歇性输入下保证 SOEC 的稳定运行和时均性能。

（4）㶲分析统一 SOEC 电制 CH_4 储能系统的异质能源流，通过电解和甲烷化反应的原位热耦合强化储能系统集成耦合。

基于三类不同的电制 CH_4 储能路线，建立了可再生能源电力合成 CH_4 储能系统仿真平台，开展了㶲效率分析以统一评估系统内部热、电、气的能量品位。

H_2O 电解结合 Sabatier 反应器系统在低电解电流密度下（I_{cell} 大于 -3500 A/m^2），PEMEC 具有更高的㶲效率；但当 I_{cell} 小于 -3500 A/m^2 时，SOEC 低电解电耗的优势凸显，在 I_{cell} 小于 -8000 A/m^2 时，SOEC 的㶲效率比 PEMEC 和 AEC 高 11%。AEC 由于极化阻抗最大，能效始终最低。

采用中温 LSGM 基的 SOEC 材料体系，可使 SOEC 和甲烷化反应的工作温度更加匹配，热耦合更加充分。SOEC H_2O/CO_2 共电解结合甲烷化反应器系统，在高电流密度下其能效较 H_2O 电解结合 Sabatier 反应器系统更具优势。尤其在加压条件下，部分甲烷化反应可转移至 SOEC 共电解 H_2O/CO_2 反应器内部，进一步促进系统的热耦合。在入口 H_2O 流量为 0.055 mol/(m^2·s)时，H_2O/CO_2 共电解结合甲烷化反应器系统优化的操作工况为：电流密度 -6000 A/m^2，氢碳比 10.54，工作温度 650℃，工作压力大于 0.6 MPa。

耦合等温型 SOEC 共电解 H_2O/CO_2 一步甲烷化反应器的电制 CH_4 系统,由于 SOEC 和甲烷化反应难以协同优化,出口产物 H_2 含量过高,限制了出口产物的 CH_4 浓度提升。集成温度梯度型 SOEC 共电解 H_2O/CO_2 一步甲烷化反应器的电制 CH_4 系统可实现共电解 H_2O/CO_2 和甲烷化反应的协同优化,在反应器内部实现原位热耦合。倘若反应器内部的换热过程和甲烷化反应足够充分,可在工作压力 0.815 MPa 下获得满足气网要求的产物气,并实现 81.3% 的㶲效率。

(5) 精确设计风电发储比例,通过 SOEC 电制气分级调节联合锂离子电池储能,促进分布式能源系统中可再生能源与天然气的深度融合。

本书集成了风电、可逆 SOEC(RSOC)、锂离子电池、内燃机和用户负荷等模块,构建了风电与天然气融合的分布式储能发电系统动态仿真平台。仿真平台分析显示,随着风电装机容量的增加,在用户需求不变的情况下供给的电能波动性也不断增大,尤其在大风电融入比例下电能波动更剧烈。

在应用于储能端时,采用分级调节的 RSOC 可同时满足可再生能源短期迅速消纳与长期稳定、高效存储;在应用于发电端时,采用分级调节的 RSOC 可应对短期负荷变化的迅速响应与长期负荷变化的稳定、高效跟随。本研究将 RSOC 应用于分布式储能发电系统,评价了高储低发、弃风模式、完全电制气以及发储结合等风电分配模式下的系统综合指标。分析显示,发储结合模式下,能源系统限值一定比例下的风电允许直接供给用户,高出该限值的风电由 RSOC 储能消纳,可权衡各系统指标,提升分布式能源系统的综合性能。折中考虑各参数后,选取 44% 为发储结合策略中优化的限制风电出力(占用户负荷)比例,可使系统各指标均全面优于弃风模式下的相应指标,同时 RSOC 容量需求亦与高储低发模式下相同。

由于锂离子电池较 RSOC 具有更快的响应速率,采用 RSOC 储能的分布式能源系统功率不平衡度显著高于采用锂离子电池储能的分布式能源系统,但在长期季节性储能的需求下,锂离子电池的装置容量因能量密度的限制将显著提升。采用 RSOC 和锂离子电池联合储能可实现储能设备的优势互补,在降低系统储能设备规模的前提下,可以提升分布式能源系统的整体效率、供电质量以及风电融合度,显著提升分布式能源系统的综合指标。

采用发储结合策略以及 RSOC 和锂离子电池联合储能,能源系统具有 56.9% 的风电融合度,55.2% 的系统发电效率,最大功率不平衡度可控制在 3.56%,同时仅需要 RSOC 单独储能时所需容量的 77.5% 和锂离子电池单独储能时所需容量的 8.5%。

7.2　主要特色及创新点

（1）基于图案电极精确调控电化学活性界面，获得 SOEC 可逆电化学反应本征动力学数据，鉴别固体氧化物可逆电化学反应速率控制步骤的差异，提出新的电化学积碳速控步骤，揭示微观电极对速控步骤的调控和演化机制。

（2）自主设计加压管式 SOEC 实验测试系统，开发了双腔室同步调压操作工艺，结合 SOEC 多物理场建模，通过管式构型、热流设计和温压联调，实现 H_2O/CO_2 共电解与甲烷化反应原位热耦合的协同强化，获得 40% 的 CH_4 生成率。

（3）发展了一套界面反应—热质传输—系统集成的跨尺度、多物理场动态仿真建模方法，指导设计了 SOEC 电制气储能技术分级调节、发储结合以及辅以锂电储能的系统管控策略，促进电制气技术与可再生能源和天然气的多能源深度耦合。

7.3　建议与展望

本研究从微观电极、管式单元以及系统集成三个层面对 SOEC 共电解 H_2O 和 CO_2 合成 CH_4 的电化学机理、反应传递耦合机制与系统集成管控原理开展研究，为 SOEC 电制气技术电极性能优化和 CH_4 定向转化调控提供了理论基础，为可再生能源与天然气融合的分布式能源系统集成与规模化发展描绘了应用图景。还可以从以下几个方面开展深入探索。

（1）提升加压管式 SOEC 实验测试系统压力调节范围

本研究搭建的加压管式 SOEC 反应器和实验测试系统设计压力为 0.4 MPa，为保证 SOEC 共电解 H_2O/CO_2 合成 CH_4 的运行压力更接近工业化 CH_4 合成的运行压力，应对加压反应器和试验测试系统进行改进，改进反应器端盖密封设计以及出口背压阀调节量程，实现实验测试系统的宽范围调压能力，实现管式 SOEC 在更高压力条件下的稳定运行。

（2）开发中低温管式 SOEC 材料体系

本研究通过模拟仿真的研究手段初步探索了中低温 SOEC 材料体系应用于 H_2O/CO_2 共电解一步合成 CH_4 的应用潜力，该材料体系不仅能够降低管式单元温度梯度，提升 CH_4 产率，还能强化反应器和系统集成热匹配,提升系统能效。当前中低温 SOEC 仍处于材料改进和基础性能测试阶段,需要开发高性能、高稳定性的管式中低温 SOEC,促进 H_2O/CO_2 共电解一步合成 CH_4。

（3）组装管式 SOEC 电堆,实现 SOEC 电制 CH_4 的规模化示范运行

本研究仅采用单管 SOEC 共电解 H_2O/CO_2 制取 CH_4,反应器规模的限制导致 CH_4 产量有限。为实现 CH_4 的规模化制取,需要开发管式 SOEC 电堆对该反应体系进行放大,研究放大过程中的反应传递耦合特性,缓解由于管式 SOEC 电堆内部物理场不均匀性带来的一系列问题。

（4）结合半实物半物理仿真,搭建可再生能源与天然气融合的分布式能源系统示范平台

由于目前 SOEC 研究仍处于电堆开发和稳定性运行验证阶段,短期应用于可再生能源分布式能源系统储能的难度较大。可以采用半实物半物理仿真的方法,支持分布式能源系统部分部件采用模型替代或者小规模实物等比例放大的方法,开发相应的控制器,从而建立更加真实、可靠的虚拟能源系统示范平台,推进 SOEC 电制气储能系统在可再生能源领域的应用。

附录 A 图案电极基元反应建模方法

A.1 模型假设

模型基本假设如下：

（1）所有气体组分均为理想气体；

（2）Ni 图案电极纽扣电池温度场均匀分布，假设为等温模型；

（3）Ni/YSZ 三相界面为一条直线，Ni 和 YSZ 表面为平整的平面；

（4）假设 Ni 的电导率足够大，认为 Ni 表面是等电子电势；

（5）Ni 图案电极（燃料极）侧的反应通过一系列基元步骤描述，多相催化反应仅发生在 Ni 表面（x 轴）或 YSZ 表面（y 轴），电荷转移反应仅发生在 Ni/YSZ 三相界面（原点）处；

（6）表面扩散通过菲克（Fick）定律描述，其表面基元沿着垂直 TPB 线的方向扩散；

（7）Ni 表面和 YSZ 表面各自的总活性位数恒定不变，Ni 表面基元 $CO_2(Ni)$、$CO(Ni)$、$C(Ni)$、$H(Ni)$、$OH(Ni)$、$H_2O(Ni)$、$O(Ni)$ 以及 YSZ 表面基元 $O^{2-}(YSZ)$、$OH^-(YSZ)$、$H_2O(YSZ)$ 均只占据一个表面活性位点；

（8）YSZ 体相晶格氧 $O_O^\chi(Ni)$ 和氧空位 $V_{\ddot{O}}(YSZ)$ 浓度假设恒定不变；

（9）多孔 Pt 电极均匀连续分布，利用孔隙率和曲折因子校正多孔电极中的扩散系数和电子电导率，多孔 Pt 电极仅考虑总包电化学反应。

A.2 基元反应与电荷转移反应动力学

表 2.4 和表 2.10 中的反应可以表示为如下形式：

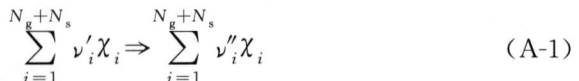

$$\sum_{i=1}^{N_g+N_s} \nu_i' \chi_i \Rightarrow \sum_{i=1}^{N_g+N_s} \nu_i'' \chi_i \tag{A-1}$$

其中，χ_i 代表 i 组分；ν_i' 和 ν_i'' 分别为反应物和生成物的化学计量系数；N_g

和 N_s 分别表示气相组分总数和表面组分总数。因此,气相组分或者表面基元组分 i 的反应速率 $\dot{s}_i$(单位为 mol/(m²·s))可由式(A-2)计算:

$$\dot{s}_i = \sum_{j=1}^{M} (\nu''_{ij} - \nu'_{ij}) k_j \prod_{i=1}^{N_g+N_s} c_i^{\nu'_{ij}} \tag{A-2}$$

其中,M 为基元反应总数;c_i 为组分 i 的浓度,气相组分单位为 mol/m³,表面基元组分单位为 mol/m²;k_j 为吸附、解吸附或者表面基元反应 j 的反应速率常数。Ni 表面气体吸附反应的速率常数采用黏附系数表示,其表达式如下[164]:

$$k_j = \frac{S_j^0}{\Gamma_{Ni}^\delta} \sqrt{\frac{RT}{2\pi M_i}} \tag{A-3}$$

其中,S_j^0 为黏附系数;δ 为吸附反应中反应物表面组分化学计量数之和;M_i 为气相组分 i 的分子量。对于电荷转移反应,由于仅发生在 Ni/YSZ 三相界面上,与上述吸附、解吸附和表面基元反应不同,其反应速率 $\dot{s}_{TPB}$ 量纲为 mol/(m·s),以表 2.10 中电荷转移反应 R9 为例,可表示如下:

$$k_{R9_f} = \frac{i_{0,H_2O}}{Fc_{H(Ni)}^{ref} c_{O^{2-}(YSZ)}^{ref}} \exp\left(\frac{\alpha_{OH} F \eta_{Ni}}{RT}\right) \tag{A-4}$$

$$k_{R9_r} = \frac{i_{0,OH}}{Fc_{(Ni)}^{ref} c_{OH^-(YSZ)}^{ref}} \exp\left(-\frac{(1-\alpha_{OH}) F \eta_{Ni}}{RT}\right) \tag{A-5}$$

其中,表面基元浓度 c 的上标 ref 表示净电流密度为 0 时的浓度,即平衡态的浓度。

A.3 电荷传递和质量传递

Ni 图案电极纽扣电池的 Ni 图案电极和多孔 Pt 电极中存在电子传导过程,单晶 YSZ 电解质中存在氧离子传导过程。由于 Ni 图案电极假设为等电子电势,可忽略其电子传导过程,因此本模型仅考虑多孔 Pt 电极中的电子传导与单晶 YSZ 电解质中的离子传导。电荷守恒方程可由欧姆定律表示如下:

$$\nabla \cdot (-\sigma_{ion,elec} \nabla \varphi_{ion,elec}) = 0 \tag{A-6}$$

$$\nabla \cdot (-\sigma_{el,Pt}^{eff} \nabla \varphi_{el,Pt}) = 0 \tag{A-7}$$

其中,$\varphi_{ion,elec}$ 和 $\varphi_{el,Pt}$ 分别表示 YSZ 电解质的离子导体相电势和 Pt 电极

（氧电极）的电子导体相电势，$\sigma_{\mathrm{ion,elec}}$ 和 $\sigma_{\mathrm{el,Pt}}^{\mathrm{eff}}$ 分别表示 YSZ 的离子电导率和 Pt 的有效电子电导率。由于 Pt 电极是多孔结构，其有效电子电导率可通过孔隙率折算：

$$\sigma_{\mathrm{el,Pt}}^{\mathrm{eff}} = (1-\varepsilon)\sigma_{\mathrm{el,Pt}} \tag{A-8}$$

在 Ni 图案电极（燃料极）侧，电荷转移反应发生在 Ni/YSZ 三相界面处；在多孔 Pt 电极（氧电极）侧，电化学反应发生在 Pt/YSZ 三相界面处。因此，电化学反应过程作为边界条件源项分别设置在两极的三相界面处。燃料极和氧电极的电荷源项可分别由式（A-9）和式（A-10）计算：

$$i_{\mathrm{TPB,fuel}} = \begin{cases} i_{\mathrm{OH}} + i_{\mathrm{H_2O}} = F(\dot{s}_{\mathrm{TPB,OH}} + \dot{s}_{\mathrm{TPB,H_2O}}), & \mathrm{H_2O/H_2} \text{ 气氛} \\ i_{\mathrm{C}} + i_{\mathrm{CO_2}} = 2F(\dot{s}_{\mathrm{TPB,C}} + \dot{s}_{\mathrm{TPB,CO_2}}), & \mathrm{CO_2/CO} \text{ 气氛} \end{cases}$$

$$\tag{A-9}$$

$$i_{\mathrm{TPB,oxy}} = i_{0,\mathrm{oxy}} \left[\frac{c_{\mathrm{O_2}}^{\mathrm{TPB}}}{c_{\mathrm{O_2}}^{\mathrm{bulk}}} \exp\left(\frac{2\alpha_{\mathrm{oxy}}F\eta_{\mathrm{Pt}}}{RT}\right) - \exp\left(-\frac{2(1-\alpha_{\mathrm{oxy}})F\eta_{\mathrm{Pt}}}{RT}\right) \right]$$

$$\tag{A-10}$$

其中，$\dot{s}_{\mathrm{TPB,OH}}$ 和 $\dot{s}_{\mathrm{TPB,H_2O}}$ 分别为表 2.10 中的电荷转移反应 R9 和 R10 的反应速率，单位为 mol/(m·s)；$\dot{s}_{\mathrm{TPB,C}}$ 和 $\dot{s}_{\mathrm{TPB,CO_2}}$ 分别为表 2.4 中的电荷转移反应 R6 和 R7 的反应速率，单位为 mol/(m·s)；$i_{0,\mathrm{oxy}}$ 为 Pt 电极的交换电流密度。$i_{0,\mathrm{oxy}}$ 为可调参数，保证氧电极的电化学反应动力学远快于 Ni 图案电极。其中，燃料极和氧电极的局部过电势 η_{Ni} 和 η_{Pt} 体现了电极离子相和电子相间的电势差偏移平衡状态的程度，从而可以加速驱动电化学反应的进行。η_{Ni} 和 η_{Pt} 可通过式（A-11）和式（A-12）计算[165]：

$$\eta_{\mathrm{Ni}} = \varphi_{\mathrm{el,Ni}} - \varphi_{\mathrm{ion,Ni}} - V_{\mathrm{ref,fuel}} \tag{A-11}$$

$$\eta_{\mathrm{Pt}} = \varphi_{\mathrm{el,Pt}} - \varphi_{\mathrm{ion,Pt}} - V_{\mathrm{ref,oxy}} \tag{A-12}$$

其中，$V_{\mathrm{ref,fuel}}$ 和 $V_{\mathrm{ref,oxy}}$ 分别为燃料极和氧电极的参比电势，满足 $V_{\mathrm{ref,oxy}} - V_{\mathrm{ref,fuel}} = V_{\mathrm{OCV}}$。本模型设定 $V_{\mathrm{ref,fuel}} = 0$，因此 $V_{\mathrm{ref,oxy}} = V_{\mathrm{OCV}}$。在纽扣电池电解质的离子电流密度 i_{ion} 可由式（A-13）计算得到：

$$i_{\mathrm{ion}} = -\sigma_{\mathrm{ion,elec}} \frac{\partial \varphi_{\mathrm{ion,elec}}}{\partial z} \tag{A-13}$$

Ni 图案电极剥离了体相气体扩散的影响，但 Ni 和 YSZ 的表面基元可能通过表面扩散进行质量传递和交换。本模型采用 Fick 定律来描述表面基元的质量传递过程，如式（A-14）[166]所示：

$$\frac{\partial c_{i,\text{surf}}}{\partial t} + \nabla \cdot (-D_i^{\text{sf}} \nabla c_{i,\text{surf}}) = \dot{s}_i \tag{A-14}$$

其中，D_i^{sf} 为表面基元组分 i 的表面扩散系数，单位为 m^2/s。在多孔 Pt 电极内，体相无电化学反应源项，气体体相扩散可由式（A-15）表示：

$$\frac{\partial c_{i,\text{g}}}{\partial t} + \nabla \cdot (-D_{i,\text{bulk}}^{\text{eff}} \nabla c_{i,\text{g}}) = 0 \tag{A-15}$$

其中，$D_{i,\text{bulk}}^{\text{eff}}$ 为多孔电极内的有效扩散系数，考虑了多孔电极内的分子扩散和 Knudsen 扩散，其关系式如下[134,167]：

$$D_i^{\text{eff}} = \left(\frac{1}{D_{\text{O}_2-\text{N}_2,\text{mole}}^{\text{eff}}} + \frac{1}{D_{i,\text{Kn}}^{\text{eff}}}\right)^{-1} \tag{A-16}$$

$$D_{\text{O}_2-\text{N}_2,\text{mole}}^{\text{eff}} = \frac{\varepsilon}{\tau} D_{\text{O}_2-\text{N}_2,\text{mole}} = \frac{0.000\,715\varepsilon T^{1.75}\left(\frac{1}{M_{\text{O}_2}} + \frac{1}{M_{\text{N}_2}}\right)^{1/2}}{\tau p\,[V_{\text{O}_2}^{1/3} + V_{\text{N}_2}^{1/3}]^2}$$

$$\tag{A-17}$$

$$D_{\text{kn},i}^{\text{eff}} = \frac{\varepsilon}{\tau} D_{\text{kn},i} = 97.0\,\frac{\varepsilon \bar{r}}{\tau}\sqrt{\frac{T}{M_i}} \tag{A-18}$$

其中，$D_{\text{O}_2-\text{N}_2,\text{mole}}^{\text{eff}}$ 为多孔 Pt 电极内的分子扩散系数，由于氧电极侧气相组分仅有 O_2 和 N_2，因此可由孔隙率 ε 和曲折因子 τ 修正的二元扩散系数 $D_{\text{O}_2-\text{N}_2,\text{mole}}^{\text{eff}}$ 计算得到；$\bar{r}$ 为多孔 Pt 电极的平均孔径，单位为 m；V_i 为气相组分 i 的扩散体积，单位为 m^3；M_i 为气相组分 i 的摩尔质量，单位为 kg/mol；p 为总压，单位为 MPa。多孔 Pt 电极内仅有 O_2 在 Pt/YSZ 三相界面参与电化学反应，其界面源项 $\dot{s}_{\text{TPB,O}_2}$ 可由电荷源项计算得到：

$$\dot{s}_{\text{TPB,O}_2} = \frac{i_{\text{TPB,oxy}}}{4F} \tag{A-19}$$

A.4　边界条件和模型求解

本模型的边界条件如表 A.1 所示，各边界的定义如图 2.10 所示。其中，Ni 图案电极表面的电子电势设为 0，则 Pt 电极表面的电子电势为 V_{cell}，即纽扣电池的工作电压（单位为 V）。Ni 图案电极和多孔 Pt 电极表面的气相组分浓度与入口气体组分浓度相同，多孔 Pt 电极在空气气氛下工作，因此表面 O_2 和 N_2 浓度与空气在工作温度 T 下的组分浓度一致。

表 A.1　H_2O/H_2 气氛下 Ni 图案电极纽扣电池模型边界条件

边界	离子电荷传递	电子电荷传递	质量传递
$\partial\Omega_{Ni,m}$（x 轴）	—	给定值：$V_{el}\big\|_{\partial\Omega_{Ni,m}}=0$	对称边界
$\partial\Omega_{YSZ,m}$（y 轴）	—	—	对称边界
$\partial\Omega_{Ni/YSZ}$（原点）	边界通量：$i_{TPB,fuel}$	边界通量：$-i_{TPB,fuel}$	给定值： CO：$c^{in}_{CO,fuel}$　CO_2：$c^{in}_{CO_2,fuel}$ H_2：$c^{in}_{H_2,fuel}$　H_2O：$c^{in}_{H_2O,fuel}$ Ar：$c^{in}_{Ar,fuel}$ 边界通量： (Ni)：$\dot{s}_{TPB,OH}+\dot{s}_{TPB,H_2O}$ H(Ni)：$-\dot{s}_{TPB,OH}-\dot{s}_{TPB,H_2O}$ CO_2(Ni)：$\dot{s}_{TPB,CO_2}$ CO(Ni)：$\dot{s}_{TPB,C}-\dot{s}_{TPB,CO_2}$ C(Ni)：$-\dot{s}_{TPB,C}$ (YSZ)：$\dot{s}_{TPB,C}+\dot{s}_{TPB,CO_2}$ O^{2-}(YSZ)：$-\dot{s}_{TPB,OH}-\dot{s}_{TPB,C}-\dot{s}_{TPB,CO_2}$ OH^-(YSZ)：$\dot{s}_{TPB,OH}-\dot{s}_{TPB,H_2O}$ H_2O(YSZ)：$\dot{s}_{TPB,H_2O}$
$\partial\Omega_{Pt/YSZ}$（z 轴）	边界通量：$-i_{TPB,oxy}$	边界通量：$i_{TPB,oxy}$	O_2：边界通量$-i_{TPB,oxy}/4F$ N_2：绝缘
$\partial\Omega_{Pt/sf}$（z 轴）	—	给定值：$V_{el}\big\|_{\partial\Omega_{Pt\text{-}sf}}=V_{cell}$	给定值：O_2：$c^{in}_{O_2,oxy}$　N_2：$c^{in}_{N_2,oxy}$

本模型采用商业有限元求解软件 COMSOL MULTIPHYSICS® 求解，通过给定模型工作电压，可计算出 Ni 图案电极纽扣电池的电流密度，并与实验数据进行对比。

参 考 文 献

[1] 中华人民共和国国家统计局. 中华人民共和国 2017 年国民经济和社会发展统计公报[R/OL]. (2018-02-28)[2018-03-20]. http://www. stats. gov. cn/tjsj/zxtb/201802/t20180228_1585631. html.

[2] Rifkin J. The third industrial revolution: how lateral power is transforming energy, the economy, and the world[R]. Palgrave MacMillan, New York, 2011.

[3] Huang A Q, Crow M L, Heydt G T, et al. The future renewable electric energy delivery and management (FREEDM) system: the energy internet [J]. Proceedings of the IEEE, 2011, 99(1): 133-148.

[4] 查亚兵, 张涛, 谭树人, 等. 关于能源互联网的认识与思考[J]. 国防科技, 2012, (5): 1-6.

[5] 国家发展改革委. 可再生能源发展"十三五"规划[R/OL]. (2016-12-10)[2018-03-20]. http://www. nea. gov. cn/135916140_14821175123931n, pdf.

[6] 人民日报. 2017 年可再生能源发电量 1.7 万亿千瓦时 弃风弃光率均下降[EB/OL]. (2018-01-26)[2018-03-20]. http://www. nea. gov. cn/2018-01/26/c_136927061. htm.

[7] 国家能源局. 2017 年风电并网运行情况[EB/OL]. (2018-02-28)[2018-03-20]. http://www. nea. gov. cn/ 2018-02/01/c_136942234. html.

[8] 电缆网. 能源局: 我国可再生能源利用水平显著提升[EB/OL]. (2018-01-26)[2018-03-20]. http://news. cableabc. com/hotfocus/20180126349710. html.

[9] 北极星电力网. 统计 | 国家能源局发布 2017 年我国水电运行数据[EB/OL]. (2018-01-25)[2018-03-20]. http://news. bjx. com. cn/html/20180126/877099. shtml.

[10] Beaudin M, Zareipour H, Schellenberglabe A, et al. Energy storage for mitigating the variability of renewable electricity sources: an updated review[J]. Energy for Sustainable Development, 2010, 14(4): 302-314.

[11] Choudhury A, Chandra H, Arora A. Application of solid oxide fuel cell technology for power generation—a review [J]. Renewable and Sustainable Energy Reviews, 2013, 20: 430-442.

[12] Fu Q, Mabilat C, Zahid M, et al. Syngas production via high-temperature steam/CO_2 co-electrolysis: an economic assessment[J]. Energy & Environmental Science,

2010,3：1382-1397.

[13] Jensen S H,Graves C,Mogensen M,et al. Large-scale electricity storage utilizing reversible solid oxide cells combined with underground storage of CO_2 and CH_4 [J]. Energy & Environmental Science,2015,8(8)：2471-2479.

[14] Bünger U, Landinger H, Pschorr-Schoberer E, et al. Power-to-Gas（PtG）in transport Status quo and perspectives for development[R/OL].（2014-06-11）[2018-03-20]. http://www. lbst. de/ressources/docs2014/mks-studie-ptg-transport-status-quo-and-perspectives-for-development. pdf.

[15] Olateju B,Kumar A. Hydrogen production from wind energy in Western Canada for upgrading bitumen from oil sands[J]. Energy,2011,36(11)：6326-6339.

[16] 刘明义,郑建涛,徐海卫,等. 电解水制氢技术在可再生能源发电领域的应用 [R]. 2013 年中国电机工程学会年会,成都,2013,1-6.

[17] 宋鹏飞,侯建国,姚辉超,等. 电制气技术为电网提供大规模储能的构想[J]. 现 代化工,2016(11)：1-6.

[18] Gahleitner G. Hydrogen from renewable electricity an international review of power-to-gas pilot plants for stationary applications[J]. International Journal of Hydrogen Energy,2013,38：2039-2061.

[19] Rieke S. Solar Fuels and Power-to-Gas technologies. CPE Lyon,28 Sep. 2012 presentation[EB/OL]. https://setis. ec. europa. eu/system/files/Presentation％20by％20Stephan％20RIEKE. pdf.

[20] Bailera M,Lisbona P,Romeo L M,et al. Power to Gas projects review：lab,pilot and demo plants for storing renewable energy and CO_2 [J]. Renewable and Sustainable Energy Reviews,2017,69：292-312.

[21] Schaaf T,Grünig J,Schuster M R,et al. Methanation of CO_2- storage of renewable energy in a gas distribution system[J]. Energy,Sustainability and Society,2014,4(2)：1-14.

[22] Li W,Shi Y,Luo Y, et al. Elementary reaction modeling of CO_2/H_2O co-electrolysis cell considering effects of cathode thickness[J]. Journal of Power Sources,2013,243：118-130.

[23] Li W, Shi Y, Luo Y, et al. Elementary reaction modeling of solid oxide electrolysis cells: main zones for heterogeneous chemical/electrochemical reactions[J]. Journal of Power Sources,2015,273：1-13.

[24] Li W,Shi Y,Luo Y,et al. Carbon deposition on patterned nickel/yttria stabilized zirconia electrodes for solid oxide fuel cell/solid oxide electrolysis cell modes[J]. Journal of Power Sources,2015,276：26-31.

[25] Jensen S H,Høgh J V T,Barfod R,et al. High temperature electrolysis of steam and carbon dioxide[C]. Proceedings of Risø International Energy Conference, Denmark,2003.

[26] Spacil H S, Tedmon C S. Electrochemical dissociation of water vapor in solid oxide electrolyte cells Ⅱ. materials, fabrication, and properties[J]. Journal of the Electrochemical Society, 1969, 116(12): 1627-1633.

[27] Spacil H S, Tedmon C S. Electrochemical dissociation of water vapor in solid oxide electrolyte cells[J]. Journal of the Electrochemical Society, 1969, 116(12): 1618-1626.

[28] Oser W. Electrochemical method for conversion of carbon dioxide: S3316163 [P]. 1967-04-25(2018-01-25).

[29] Doenitz W, Schmidberger R, Steinheil E. Hydrogen production by high temperature electrolysis of water vapour[J]. International Journal of Hydrogen Energy, 1980, 5(1): 55-63.

[30] Stoots C M. High-temperature co-electrolysis of H_2O and CO_2 for syngas production[R]. 2006 Fuel Cell Seminar, Hawaii, 2006.

[31] Herring J S, O Brien J E, Stoots C M, et al. Progress in high-temperature electrolysis for hydrogen production using planar SOFC technology [J]. International Journal of Hydrogen Energy, 2007, 32(4): 440-450.

[32] Stoots C M, Obrien J E, Herring J S, et al. Syngas production via high-temperature coelectrolysis of steam and carbon dioxide[J]. Journal of Fuel Cell Science & Technology, 2009, 6(1): 011014.

[33] Stoots C M, O'Brien J E, Condie K G, et al. High-temperature electrolysis for large-scale hydrogen production from nuclear energy - experimental investigations [J]. International Journal of Hydrogen Energy, 2010, 35(10): 4861-4870.

[34] Stoots C, O'Brien J, Hartvigsen J. Results of recent high temperature coelectrolysis studies at the Idaho National Laboratory[J]. International Journal of Hydrogen Energy, 2009, 34(9): 4208-4215.

[35] Ebbesen S D, Graves C, Mogensen M. Production of synthetic fuels by co-electrolysis of steam and carbon dioxide [J]. International Journal of Green Energy, 2009, 6: 646-660.

[36] Graves C, Ebbesen S D, Mogensen M. Co-electrolysis of CO_2 and H_2O in solid oxide cells: performance and durability[J]. Solid State Ionics, 2011, 192(1): 398-403.

[37] Graves C, Ebbesen S D, Jensen S H, et al. Eliminating degradation in solid oxide electrochemical cells by reversible operation[J]. Nature Materials, 2014, 14(2): 239-244.

[38] Schefold J, Brisse A, Tietz F. Nine thousand hours of operation of a solid oxide cell in steam electrolysis mode[J]. Journal of The Electrochemical Society, 2012, 59(2): A137-A144.

[39] Tietz F, Fu Q, Haanappel V A C, et al. Materials development for advanced

planar solid oxide fuel cells [J]. International Journal of Applied Ceramic Technology,2007,4(5): 436-445.

[40] Blum L,Batfalsky P, Fang Q, et al. SOFC Stack and system development at forschungszentrum jülich [J]. Journal of the Electrochemical Society, 2015, 162(10): F1199-F1205.

[41] Kim Y H,Son M S,Lee I B. Numerical study of a planar solid oxide fuel cell during heat-up and start-up operation[J]. Industrial and Engineering Chemistry Research,2011,50(3): 1360-1368.

[42] Garche J,Jörissen L. Applications of fuel cell technology: status and perspectives [J]. The Electrochemical Society Interface,2015,24(2): 39-43.

[43] Lauvstad G Ø,Tunold R,Sunde S. Electrochemical oxidation of CO on Pt and Ni point electrodes in contact with an yttria-stabilized zirconia electrolyte I. Modeling of steady-state and impedance behavior [J]. Journal of the Electrochemical Society,2002,149(12): E497-E505.

[44] Lauvstad G Ø,Tunold R,Sunde S. Electrochemical oxidation of CO on Pt and Ni point electrodes in contact with an yttria-stabilized zirconia electrolyte II. Steady-state and impedance measurements[J]. Journal of the Electrochemical Society, 2002,149(12): E506-E514.

[45] Mogensen M,Jensen K V,Rgensen M J,et al. Progress in understanding SOFC electrodes[J]. Solid State Ionics,2002,150: 123-129.

[46] 李汶颖. 固体氧化物电解池共电解二氧化碳和水机理及性能研究 [D]. 北京: 清华大学,2015.

[47] Bessler W,Warnatz J,Goodwin D. The influence of equilibrium potential on the hydrogen oxidation kinetics of SOFC anodes[J]. Solid State Ionics,2007,177(39-40): 3371-3383.

[48] Bieberle A,Meier L P,Gauckler L J. The electrochemistry of Ni pattern anodes used as solid oxide fuel cell model electrodes[J]. Journal of The Electrochemical Society,2001,148(6): A646-A656.

[49] Matsuzaki Y,Yasuda I. Electrochemical oxidation of H_2 and CO in a H_2-H_2O-CO-CO_2 system at the interface of a Ni-YSZ cermet electrode and YSZ electrolyte [J]. Journal of the Electrochemical Society,2000,147(5): 1630-1635.

[50] Sukeshini A M,Habibzadeh B, Becker B P, et al. Electrochemical oxidation of H_2,CO,and CO/H_2 mixtures on patterned Ni anodes on YSZ electrolytes[J]. Journal of the Electrochemical Society,2006,153(4): A705-A715.

[51] Utz A, Leonide A, Weber A, et al. Studying the CO-CO_2 characteristics of SOFC anodes by means of patterned Ni anodes[J]. Journal of Power Sources, 2011,196(17): 7217-7224.

[52] Utz A,Stormer H, Leonide A, et al. Degradation and relaxation effects of Ni

patterned anodes in H_2-H_2O atmosphere[J]. Journal of the Electrochemical Society,2010,157(6): B920-B930.

[53] Vogler M, Bieberle-Hütter A, Gauckler L, et al. Modelling study of surface reactions,diffusion,and spillover at a Ni/YSZ patterned anode[J]. Journal of the Electrochemical Society,2009,156(5): B663-B672.

[54] Yurkiv V,Starukhin D,Volpp H,et al. Elementary reaction kinetics of the CO/ CO_2/Ni/YSZ electrode [J]. Journal of The Electrochemical Society, 2011, 158(1): B5-B10.

[55] Yurkiv V,Utz A,Weber A,et al. Elementary kinetic modeling and experimental validation of electrochemical CO oxidation on Ni/YSZ pattern anodes [J]. Electrochimica Acta,2012,59: 573-580.

[56] Hanna J,Lee W Y,Ghoniem A F. Kinetics of carbon monoxide electro-oxidation in solid-oxide fuel cells from Ni-YSZ patterned-anode measurements[J]. Journal of the Electrochemical Society,2013,6(160): F698-F708.

[57] Shi Y,Cai N,Mao Z. Simulation of EIS spectra and polarization curves based on Ni/YSZ patterned anode elementary reaction models[J]. International Journal of Hydrogen Energy,2012,37(1): 1037-1043.

[58] Goodwin D G,Zhu H,Colclasure A M,et al. Modeling electrochemical oxidation of hydrogen on Ni-YSZ pattern anodes [J]. Journal of the Electrochemical Society,2009,156(9): B1004-B1021.

[59] Bessler W G. A new computational approach for SOFC impedance from detailed electrochemical reaction-diffusion models[J]. Solid State Ionics, 2005, 176(11-12): 997-1011.

[60] Bessler W G,Vogler M,Störmer H,et al. Model anodes and anode models for understanding the mechanism of hydrogen oxidation in solid oxide fuel cells[J]. Physical Chemistry Chemical Physics,2010,12(42): 13888.

[61] Bieberle A,Gauckler L J. State-space modeling of the anodic SOFC system Ni, H_2-H_2O|YSZ[J]. Solid State Ionics,2002,146: 23-41.

[62] Goodwin D G. A pattern anode model with detailed chemistry[C]. 207th ECS Meeting,Quebec,2005.

[63] Mizusaki J,Tagawa H,Saito T,et al. Preparation of nickel pattern electrodes on YSZ and their electrochemical properties in H_2-H_2O atmospheres[J]. Journal of the Electrochemical Society,1994,141(8): 2129-2134.

[64] Mizusaki J,Tagawa H,Saito T,et al. Kinetic studies of the reaction at the nickel pattern electrode on YSZ in H_2-H_2O atmospheres[J]. Solid State Ionics,1994, 70: 52-58.

[65] Patel H C, Tabish A N, Comelli F, et al. Oxidation of H_2, CO and syngas mixtures on ceria and nickel pattern anodes[J]. Applied Energy,2015,154:

912-920.

[66] Rao M V, Fleig J, Zinkevich M, et al. The influence of the solid electrolyte on the impedance of hydrogen oxidation at patterned Ni electrodes[J]. Solid State Ionics, 2010(181): 1170-1177.

[67] Schmidt M S, Hansen K V, Norrman K, et al. Effects of trace elements at the Ni/ScYSZ interface in a model solid oxide fuel cell anode[J]. Solid State Ionics, 2008, 179(27-32): 1436-1441.

[68] Ong K, Hanna J, Ghoniem A F. Investigation of a combined hydrogen and oxygen spillover mechanism for syngas electro-oxidation on Ni/YSZ[J]. Journal of The Electrochemical Society, 2017, 164(2): F32-F45.

[69] De Boer B. SOFC anode: hydrogen oxidation at porous nickel and nickel/yttria stabilised zirconia cermet electrodes[D]. Enschede, Netherlands: University of Twente, 1998.

[70] Mogensen M B, Lindegaard T. The kinetics of hydrogen oxidation on a Ni/YSZ SOFC electrode at 1000℃[C]. Solid oxide Fuel Cells III, Honolulu, Hawaii, USA, 1993.

[71] Zhu H, Kee R J, Janardhanan V M, et al. Modeling elementary heterogeneous chemistry and electrochemistry in solid-oxide fuel cells[J]. Journal of the Electrochemical Society, 2005, 152(12): A2427-A2440.

[72] Hecht E S, Gupta G K, Zhu H, et al. Methane reforming kinetics within a Ni-YSZ SOFC anode support[J]. Applied Catalysis A: General, 2005, 295(1): 40-51.

[73] Janardhanan V M, Deutschmann O. CFD analysis of a solid oxide fuel cell with internal reforming: coupled interactions of transport, heterogeneous catalysis and electrochemical processes[J]. Journal of Power Sources, 2006, 162: 1192-1202.

[74] Li C, Shi Y, Cai N. Elementary reaction kinetic model of an anode-supported solid oxide fuel cell fueled with syngas[J]. Journal of Power Sources, 2010, 195(8): 2266-2282.

[75] Luo Y, Shi Y, Li W, et al. Elementary reaction modeling and experimental characterization of solid oxide fuel-assisted steam electrolysis cells[J]. International Journal of Hydrogen Energy, 2014, 39(20): 10359-10373.

[76] Li W, Shi Y, Luo Y, et al. Theoretical modeling of air electrode operating in SOFC mode and SOEC mode: the effects of microstructure and thickness[J]. International Journal of Hydrogen Energy, 2014, 39(25): 13738-13750.

[77] Lee W Y, Wee D, Ghoniem A F. An improved one-dimensional membrane-electrode assembly model to predict the performance of solid oxide fuel cell including the limiting current density[J]. Journal of Power Sources, 2009, 186(2): 417-427.

[78] Shi Y, Li C, Cai N. Experimental characterization and mechanistic modeling of carbon monoxide fueled solid oxide fuel cell[J]. Journal of Power Sources, 2011, 196(13): 5526-5537.

[79] Shi Y, Luo Y, Cai N, et al. Experimental characterization and modeling of the electrochemical reduction of CO_2 in solid oxide electrolysis cells [J]. Electrochimica Acta, 2013, 88: 644-653.

[80] Li W, Shi Y, Luo Y, et al. Carbon monoxide/carbon dioxide electrochemical conversion on patterned nickel electrodes operating in fuel cell and electrolysis cell modes[J]. International Journal of Hydrogen Energy, 2016, 41(6): 3762-3773.

[81] Veyo S E, Vora S D, Litzinger K P, et al. Status of Pressurized SOFC/Gas Turbine Power System Development at Siemens Westinghouse[C]. ASME Turbo Expo 2002: Power for Land, Sea, and Air, Amsterdam, The Netherlands: ASME, 2002.

[82] 张文强,于波,陈靖,等. 高温固体氧化物电解水制氢技术[J]. 化学进展, 2008, 20(5): 778-787.

[83] Jensen S H, Sun X, Ebbesen S D, et al. Hydrogen and synthetic fuel production using pressurized solid oxide electrolysis cells [J]. International Journal of Hydrogen Energy, 2007, 35: 9544-9549.

[84] Hino R, Haga K, Aita H, et al. R&D on hydrogen production by high-temperature electrolysis of steam[J]. Nuclear Engineering and Design, 2004, 233: 363-375.

[85] Laguna-Bercero M A, Campana R, Larrea A, et al. Steam electrolysis using a microtubular solid oxide fuel cell[J]. Journal of The Electrochemical Society, 2010, 157(6): B852-B855.

[86] Chen L, Chen F, Xia C. Direct synthesis of methane from CO_2-H_2O co-electrolysis in tubular solid oxide electrolysis cells[J]. Energy & Environmental Science, 2014, 7: 4018-4022.

[87] Li W, Wang H, Shi Y, et al. Performance and methane production characteristics of H_2O-CO_2 co-electrolysis in solid oxide electrolysis cells [J]. International Journal of Hydrogen Energy, 2013, 38(25): 11104-11109.

[88] Luo Y, Li W, Shi Y, et al. Experimental characterization and theoretical modeling of methane production by H_2O/CO_2 co-electrolysis in a tubular solid oxide electrolysis Cell [J]. Journal of the Electrochemical Society, 2015, 162 (10): F1129-F1134.

[89] Xie K, Zhang Y, Meng G, et al. Direct synthesis of methane from CO_2/H_2O in an oxygen-ion conducting solid oxide electrolyser[J]. Energy & Environmental Science, 2011, 4(6): 2218-2222.

[90] Lei L, Liu T, Fang S, et al. The co-electrolysis of CO_2-H_2O to methane via a

novel micro-tubular electrochemical reactor[J]. Journal of Materials Chemistry A,2017,5: 2904-2910.

[91] Bhattacharyya D,Rengaswamy R. Dynamic modeling and validation studies of a tubular solid oxide fuel cell[J]. Chemical Engineering Science,2009,64(9): 2158-2172.

[92] Nakajo A,Wuillemin Z, Van Herle J, et al. Simulation of thermal stresses in anode-supported solid oxide fuel cell stacks. Part I: probability of failure of the cells[J]. Journal of Power Sources,2009,193(1): 203-215.

[93] Cai Q,Adjiman C S, Brandon N P. Optimal control strategies for hydrogen production when coupling solid oxide electrolysers with intermittent renewable energies[J]. Journal of Power Sources,2014,268: 212-224.

[94] Jin X,Xue X. Mathematical modeling analysis of regenerative solid oxide fuel cells in switching mode conditions[J]. Journal of Power Sources,2010,195(19): 6652-6658.

[95] Petipas F,Fu Q,Brisse A,et al. Transient operation of a solid oxide electrolysis cell[J]. International Journal of Hydrogen Energy,2013,38(7): 2957-2964.

[96] Padullés J,Ault G W,Mcdonald J R. An integrated SOFC plant dynamic model for power systems simulation[J]. 2000,86(1): 495-500.

[97] Jurado F. Modeling SOFC plants on the distribution system using identification algorithms[J]. Journal of Power Sources,2004,129(2): 205-215.

[98] Gemmen R S,Johnson C D. Effect of load transients on SOFC operation-current reversal on loss of load[J]. Journal of Power Sources,2005,144(1): 152-164.

[99] Qi Y,Huang B,Chuang K T. Dynamic modeling of solid oxide fuel cell: the effect of diffusion and inherent impedance[J]. Journal of Power Sources,2005, 150: 32-47.

[100] Lin P,Hong C. On the start-up transient simulation of a turbo fuel cell system [J]. Journal of Power Sources,2006,160(2): 1230-1241.

[101] Lu N,Li Q,Sun X,et al. The modeling of a standalone solid-oxide fuel cell auxiliary power unit[J]. Journal of Power Sources,2006,161(2): 938-948.

[102] Murshed A M,Huang B,Nandakumar K. Control relevant modeling of planer solid oxide fuel cell system [J]. Journal of Power Sources, 2007, 163(2): 830-845.

[103] Iora P,Aguiar P,Adjiman C S,et al. Comparison of two IT DIR-SOFC models: Impact of variable thermodynamic, physical, and flow properties. steady-state and dynamic analysis [J]. Chemical Engineering Science, 2005, 60(11): 2963-2975.

[104] Hall D J,Colclaser R G. Transient modeling and simulation of a tubular solid oxide fuel cell[J]. IEEE Transactions on Energy Conversion, 1999, 14(3):

749-753.

[105] Qi Y, Huang B, Luo J. Dynamic modeling of a finite volume of solid oxide fuel cell: the effect of transport dynamics[J]. Chemical Engineering Science, 2006, 61(18): 6057-6076.

[106] Liu M, Yu B, Xu J, et al. Thermodynamic analysis of the efficiency of high-temperature steam electrolysis system for hydrogen production[J]. Journal of Power Sources, 2008, 177: 493-499.

[107] O'Brien J E, Mckellar M G, Harvego E A, et al. High-temperature electrolysis for large-scale hydrogen and syngas production from nuclear energy-summary of system simulation and economic analyses[J]. International Journal of Hydrogen Energy, 2010, 35: 4804-4819.

[108] Stempien J P, Ni M, Sun Q, et al. Production of sustainable methane from renewable energy and captured carbon dioxide with the use of solid oxide electrolyzer: a thermodynamic assessment[J]. Energy, 2015, 82: 714-721.

[109] Xi H, Varigonda S, Jing B. Dynamic modeling of a solid oxide fuel cell system for control design[R]. 2010 American Control Conference, Baltimore, MD, USA, 2010: 423-428.

[110] Andersson D, åberg E, Eborn J, et al. Dynamic modeling of a solid oxide fuel cell system in Modelica[R]. Proceedings 8th Modelica Conference, Dresden, Germany, 2011.

[111] Zhang L, Li X, Jiang J, et al. Dynamic modeling and analysis of a 5-kW solid oxide fuel cell system from the perspectives of cooperative control of thermal safety and high efficiency[J]. International Journal of Hydrogen Energy, 2015, 40(1): 456-476.

[112] Salam A A, Hannan M A, Mohamed A. Dynamic modeling and simulation of solid oxide fuel cell system[C]. 2nd IEEE International Conference on Power and Energy (PECon 08), Johor Baharu, Malaysia, 2008, 813-818.

[113] Huang B, Qi Y, Murshed M. Solid oxide fuel cell: perspective of dynamic modeling and control[J]. Journal of Process Control, 2011, 21(10): 1426-1437.

[114] Maclay J D, Brouwer J, Samuelsen G S. Dynamic analyses of regenerative fuel cell power for potential use in renewable residential applications[J]. International Journal of Hydrogen Energy, 2006, 31(8): 994-1009.

[115] Maclay J D, Brouwer J, Samuelsen G S. Dynamic modeling of hybrid energy storage systems coupled to photovoltaic generation in residential applications[J]. Journal of Power Sources, 2007, 163(2): 916-925.

[116] Senjyu T, Nakaji T, Uezato K, et al. A hybrid power system using alternative energy facilities in isolated island[J]. IEEE Transactions on Energy Conversion, 2005, 20(2): 406-414.

[117] Khan M J, Iqbal M T. Dynamic modeling and simulation of a small wind-fuel cell hybrid energy system[J]. Renewable Energy, 2005, 30(3): 421-439.

[118] Zhou H, Bhattacharya T, Tran D, et al. Composite energy storage system involving battery and ultracapacitor with dynamic energy management in microgrid applications [J]. IEEE Transactions on Power Electronics, 2011, 26(3): 923-930.

[119] Burghaus U. Surface chemistry of CO_2-adsorption of carbon dioxide on clean surfaces at ultrahigh vacuum[J]. Progress in Surface Science, 2014, 89(2): 161-217.

[120] Imanishi N, Matsumura T, Sumiya Y, et al. Impedance spectroscopy of perovskite air electrodes for SOFC prepared by laser ablation method[J]. Solid State Ionics, 2004, 174(1-4): 245-252.

[121] Maruyama T, Tago T. Nickel thin films prepared by chemical vapour deposition from nickel acetylacetonate[J]. Journal of Materials Science, 1993, 28(19): 5345-5348.

[122] Boulenouar F Z, Yashiro K, Oishi M, et al. Electrochemical oxidation of CO in a CO-CO_2 system at the interface of Ni grid electrode/YSZ electrolyte [J]. Electrochem Soc Ser, 2001: 759-768.

[123] Leonide A, Hansmann S, Weber A, et al. Performance simulation of current/ voltage-characteristics for SOFC single cell by means of detailed impedance analysis[J]. Journal of Power Sources, 2011, 196(17): 7343-7346.

[124] Ali A, Wen X, Nandakumar K, et al. Geometrical modeling of microstructure of solid oxide fuel cell composite electrodes[J]. Journal of Power Sources, 2008, 185(2): 961-966.

[125] Serway R A. Principles of Physics[M]. London: Saunders College Pub, 1998.

[126] Yurkiv V, Utz A, Weber A, et al. Elementary kinetic modeling and experimental validation of electrochemical CO oxidation on Ni/YSZ pattern anodes [J]. Electrochimica Acta, 2012, 59: 573-580.

[127] Zhu X D, Rasing T, Shen Y R. Surface diffusion of CO on Ni (111) studied by diffraction of optical second-harmonic generation off a monolayer grating[J]. Physical Review Letters, 1988, 61(25): 2883-2885.

[128] Mojica J F, Levenson L L. Bulk-to-surface precipitation and surface diffusion of carbon on polycrystalline nickel[J]. Surface Science, 1976, 59(2): 447-460.

[129] Yuan C, Ye X, Chen Y, et al. Fabrication of composite cathode by a new process for anode-supported tubular solid oxide fuel cells [J]. Electrochimica Acta, 2014, 149: 212-217.

[130] Chan S H, Chen X J, Khor K A. Cathode micromodel of solid oxide fuel cell[J]. Journal of The Electrochemical Society, 2004, 151(1): A164.

[131] Shi Y, Cai N, Li C. Numerical modeling of an anode-supported SOFC button cell considering anodic surface diffusion[J]. Journal of Power Sources, 2007, 164(2): 639-648.

[132] Costamagna P, Costa P, Antonucci V. Micro-modelling of solid oxide fuel cell electrodes[J]. Electrochimica Acta, 1998, 43(3): 375-394.

[133] Haberman B A, Young J B. Three-dimensional simulation of chemically reacting gas flows in the porous support structure of an integrated-planar solid oxide fuel cell[J]. International Journal of Heat and Mass Transfer, 2004, 47(17-18): 3617-3629.

[134] Todd B, Young J B. Thermodynamic and transport properties of gases for use in solid oxide fuel cell modelling [J]. Journal of Power Sources, 2002, 110: 186-200.

[135] Krishna R, Wesselingh J A. The Maxwell-Stefan approach to mass transfer[J]. Chemical Engineering Science, 1997, 52(6): 861-911.

[136] Mason E A, Malinauskas A P. Gas transport in porous media: the Dusty-gas model[R]. Elsevier, New York, 1983.

[137] Ignat L, Pelletier D, Ilinca F. A universal formulation of two-equation models for adaptive computation of turbulent flows[J]. Computer Methods in Applied Mechanics and Engineering, 2000, 189(4): 1119-1139.

[138] Braun R J. Optimal design and operation of solid oxide fuel cell systems for small-scale stationary applications [D]. Madison: University of Wisconsin-Madison, 2002.

[139] Hawkes G L, O'Brien J E, Stoots C M, et al. Three dimensional CFD model of a planar solid oxide electrolysis cell for co-electrolysis of steam and carbon dioxide [R]. 2006 Fuel Cell Seminar, Honolulu, Hawaii, 2006.

[140] Ni M, Leung M, Leung D. Technological development of hydrogen production by solid oxide electrolyzer cell (SOEC)[J]. International Journal of Hydrogen Energy, 2008, 33(9): 2337-2354.

[141] Huang K, Goodenough J B. A solid oxide fuel cell based on Sr- and Mg-doped LaGaO$_3$ electrolyte: the role of a rare-earth oxide buffer[J]. Journal of Alloys and Compounds, 2000, 303-304: 454-464.

[142] Wendel C H, Gao Z, Barnett S A, et al. Modeling and experimental performance of an intermediate temperature reversible solid oxide cell for high-efficiency, distributed-scale electrical energy storage[J]. Journal of Power Sources, 2015, 283: 329-342.

[143] Brisse A, Schefold J, Zahid M. High temperature water electrolysis in solid oxide cells [J]. International Journal of Hydrogen Energy, 2008, 33(20): 5375-5382.

[144] Bao C, Shi Y, Croiset E, et al. A multi-level simulation platform of natural gas internal reforming solid oxide fuel cell-gas turbine hybrid generation system: Part I. Solid oxide fuel cell model library[J]. Journal of Power Sources, 2010, 195(15): 4871-4892.

[145] Bao C, Cai N, Croiset E. A multi-level simulation platform of natural gas internal reforming solid oxide fuel cell-gas turbine hybrid generation system - Part II. Balancing units model library and system simulation[J]. Journal of Power Sources, 2011, 196(20): 8424-8434.

[146] Achenbach E. Three-dimensional and time-dependent simulation of a planar solid oxide fuel cell stack[J]. Journal of Power Sources, 1994, 49: 333-348.

[147] Aguiar P, Adjiman C S, Brandon N P. Anode-supported intermediate temperature direct internal reforming solid oxide fuel cell. I: model-based steady-state performance [J]. Journal of Power Sources, 2004, 138 (1-2): 120-136.

[148] Achenbach E, Riensche E. Methane/steam reforming kinetics for solid oxide fuel cells[J]. Journal of Power Sources, 1994, 52(2): 283-288.

[149] Miles M H, Kissel G, Lu P W T, et al. Effect of temperature on electrode kinetic parameters for hydrogen and oxygen evolution reactions on nickel electrodes in alkaline solutions[J]. Journal of The Electrochemical Society, 1976, 123(3): 332-336.

[150] Ebbesen S D, Jensen S H, Hauch A, et al. High temperature electrolysis in alkaline cells, solid proton conducting cells and solid oxide cells[J]. Chemical Reviews, 2014, 114(21): 10697-10734.

[151] Han B, Mo J, Kang Z, et al. Effects of membrane electrode assembly properties on two-phase transport and performance in proton exchange membrane electrolyzer cells[J]. Electrochimica Acta, 2016, 188: 317-326.

[152] Cowden R, Nahon M, Rosen M A. Exergy analysis of a fuel cell power system for transportation applications[J]. Exergy An International Journal, 2001, 1(2): 112-121.

[153] Ni M, Leung M K H, Leung D Y C. Energy and exergy analysis of hydrogen production by a proton exchange membrane (PEM) electrolyzer plant[J]. Energy Conversion and Management, 2008, 49(10): 2748-2756.

[154] Melaina M W, Antonia O, Penev M. Blending hydrogen into natural gas pipeline networks: a review of key issues[R]. NREL, Colorado, 2013.

[155] Dokamaingam P, Assabumrungrat S, Soottitantawat A, et al. Modeling of SOFC with indirect internal reforming operation: comparison of conventional packed-bed and catalytic coated-wall internal reformer[J]. International Journal of Hydrogen Energy, 2009, 34: 410-421.

[156] Chen B, Xu H, Chen L, et al. Modelling of one-step methanation process combining SOECs and fischer-tropsch-like reactor [J]. Journal of the Electrochemical Society, 2016, 163(11): F3001-F3008.

[157] Chen B, Xu H, Ni M. Modelling of SOEC-FT reactor: pressure effects on methanation process[J]. Applied Energy, 2017, 185: 814-824.

[158] 陈昌松, 段善旭, 蔡涛, 等. 基于模糊识别的光伏发电短期预测系统[J]. 电工技术学报, 2011, 7: 83-89.

[159] 史洁. 风电场功率超短期预测算法优化研究 [D]. 北京: 华北电力大学, 2012.

[160] Obara S. Fuel Cell micro-grids. London [M]. London: Springer Science & Business Media, 2008.

[161] Ye Y, Shi Y, Cai N, et al. Electro-thermal modeling and experimental validation for lithium ion battery[J]. Journal of Power Sources, 2012, 199: 227-238.

[162] 何晓红. 内燃机热电联产系统的变工况特性研究 [D]. 北京: 中国科学院工程热物理研究所, 2008.

[163] Khaligh A, Li Z. Battery, ultracapacitor, fuel cell, and hybrid energy storage systems for electric, hybrid electric, fuel cell, and plug-in hybrid electric vehicles [J]. State of the Art, IEEE Transactions on Vehicular Technology, 2010, 59(6): 2806-2814.

[164] Deutschmann O, Tischer S, Correa C, et al. DETCHEM user manual, version 2.5[EB/OL]. http://www.detchem.com/software/manual.pdf.

[165] Costamagna P, Costa P, Antonucci V. Micro-modelling of solid oxide fuel cell electrodes[J]. Electrochimica Acta, 1998, 43(3): 375-394.

[166] Shi Y, Cai N, Mao Z. Simulation of EIS spectra and polarization curves based on Ni/YSZ patterned anode elementary reaction models[J]. International Journal of Hydrogen Energy, 2012, 37(1): 1037-1043.

[167] Shi Y, Cai N, Li C, et al. Simulation of electrochemical impedance spectra of solid oxide fuel cells using transient physical models [J]. Journal of The Electrochemical Society, 2008, 155(3): B270-B280.

在学期间发表的学术论文与研究成果

发表的学术论文

[1] **Luo Yu**，Wu Xiao-Yu，Shi Yixiang，Ahmed F. Ghoniem，Cai Ningsheng. Exergy efficiency analysis of solid oxide electrolysis cell-methanation systems integrated with natural gas network[J]. Applied Energy，2018，215：371-383.（SCI 收录，检索号：GB3RG，2016 年影响因子：7.182)

[2] **Luo Yu**，Shi Yixiang，Li Wenying，Cai Ningsheng. Elementary reaction modeling of reversible CO/CO_2 electrochemical conversion on patterned nickel electrodes [J]. Journal of Power Sources，2018，379：298-308.（SCI 收录，检索号：FY9WI，2016 年影响因子：6.395)

[3] **Luo Yu**，Shi Yixiang，Li Wenying，Cai Ningsheng. Synchronous enhancement of H_2O/CO_2 co-electrolysis and methanation for efficient one-step power-to-methane [J]. Energy Conversion and Management，2018，165：127-136.（SCI 源刊，2016 年影响因子：5.589)

[4] **Luo Yu**，Li Wenying，Shi Yixiang，Cai Ningsheng. Mechanism for reversible CO/CO_2 electrochemical conversion on a patterned nickel electrode[J]. Journal of Power Sources，2017，366：93-108.（SCI 收录，检索号：FK3MV，2016 年影响因子：6.395)

[5] **Luo Yu**，Shi Yixiang，Zheng Yi，Cai Ningsheng. Reversible solid oxide fuel cell for natural gas/renewable hybrid power generation systems[J]. Journal of Power Sources，2017，340：60-70.（SCI 收录，检索号：EI8QG，2016 年影响因子：6.395)

[6] **Luo Yu**，Shi Yixiang，Li Wenying，Cai Ningsheng. Dynamic electro-thermal modeling of co-electrolysis of steam and carbon dioxide in a tubular solid oxide electrolysis cell[J]. Energy，2015，89：637-647.（SCI 收录，检索号：CR3SD，2016 年影响因子：4.520)

[7] **Luo Yu**，Shi Yixiang，Li Wenying，Cai Ningsheng. Comprehensive modeling of tubular solid oxide electrolysis cell for co-electrolysis of steam and carbon dioxide [J]. Energy，2014，70：420-434.（SCI 收录，检索号：AL0GY，2016 年影响因子：4.520)

[8] **Luo Yu**，Shi Yixiang，Gan Zhongxue，Cai Ningsheng. Mutual information for

evaluating renewable power penetration impacts in a distributed generation system
[J]. Energy,2017,141: 290-303. （SCI 源刊,2016 年影响因子: 4.520）

[9] **Luo Yu**, Li Wenying, Shi Yixiang, Cao Tianyu, Ye Xiaofeng, Wang Shaorong, Cai
Ningsheng. Experimental characterization and theoretical modeling of methane
production by H_2O/CO_2 co-electrolysis in a tubular solid oxide electrolysis cell
[J]. Journal of The Electrochemical Society,2015,162: F1129-F1134. （SCI 收录,
检索号: CR7BB,2016 年影响因子: 3.259）

[10] **Luo Yu**, Shi Yixiang, Li Wenying, Ni Meng, Cai Ningsheng. Elementary reaction
modeling and experimental characterization of solid oxide fuel-assisted steam
electrolysis cells[J]. International Journal of Hydrogen Energy,2014,39: 10359-
10373. （SCI 收录,检索号: AK4IN,2016 年影响因子: 3.582）

[11] **Luo Yu**, Li Wenying, Shi Yixiang, Wang Yuqing, Cai Ningsheng. Reversible $H_2/$
H_2O electrochemical conversion mechanisms on the patterned nickel electrodes
[J]. International Journal of Hydrogen Energy,2017,42,25130-20142. （SCI 收
录,检索号: FK2AK,2016 年影响因子: 3.582）

[12] **Luo Yu**, Shi Yixiang, Cai Ningsheng. Power-to-gas Energy storage by reversible
solid oxide cell for the distributed renewable power systems[J]. Journal of
Energy Engineering,2017,144(2): 04017079. （SCI 收录,检索号: FW8TT,2016
年影响因子: 1.944）

[13] Shi Yixiang,**Luo Yu**, Cai Ningsheng, Qian Jiqin, Wang Shaorong, Li Wenying,
Wang Hongjian. Experimental characterization and modeling of the
electrochemical reduction of CO_2 in solid oxide electrolysis cells [J].
Electrochimica Acta,2013,88: 644-653. （SCI 源刊,2016 年影响因子: 4.798）

[14] **Luo Yu**, Wu Xiao-Yu, Shi Yixiang, Ahmed F. Ghoniem, Cai Ningsheng. Exergy
efficiency analysis of a power-to-methane system coupling water electrolysis and
Sabatier reaction[J]. ECS Transactions,2017,78(1): 2965-2973. （EI 收录,检索
号: 20173504105078,国际会议论文）

[15] **Luo Yu**, Li Wenying, Shi Yixiang, Cai Ningsheng. Reaction mechanism and rate-
determining step speculation of reversible CO/CO_2 electrochemical conversion on
the nickel patterned electrodes[J]. ECS Transactions. 2017,78(1): 1085-1093.
（EI 收录,检索号: 20173504105077,国际会议论文）

[16] **Luo Yu**, Shi Yixiang, Zheng Yi, Gan Zhongxue, Cai Ningsheng. Strategy for
renewable energy storage in a dynamic distributed generation system[J]. Energy
Procedia,2017,105: 4458-4463. （EI 收录,检索号: 20172503792490,国际会议
论文）

[17] **Luo Yu**, Li Wenying, Shi Yixiang, Ye Xiaofeng, Wang Shaorong, Cai Ningsheng.
Methane synthesis characteristics of H_2O/CO_2 co-electrolysis in tubular solid
oxide electrolysis cells[J]. ECS Transactions,2015,68: 3465-3474. （EI 收录,检

索号：20153201156883,国际会议论文）

[18] Yi Zheng,**Luo Yu**, Shi Yixiang, Cai Ningsheng. Dynamic processes of mode switching in reversible solid oxide fuel cells[J]. Journal of Energy Engineering, 2017,143(6)：04017057. （SCI 收录,检索号：FQ5VM,2016 年影响因子：1. 944）

[19] Wang Yuqing, Shi Yixiang, **Luo Yu**, Cai Ningsheng, Wang Yabin. Dynamic analysis of a micro CHP system based on flame fuel cells[J]. Energy Conversion and Management,2018,163：268-277. （SCI 收录,检索号：GF3HY 2016 年影响因子：5.589）

[20] Wu Yiyang,Shi Yixiang,**Luo Yu**,Cai Ningsheng. Elementary reaction modeling and experimental characterization of solid oxide direct carbon-assisted steam electrolysis cells[J]. Solid State Ionics,2016,295：78-89. （SCI 收录,检索号：DX4YE,2016 年影响因子：2.358）

[21] Li Wenying, Shi Yixiang, **Luo Yu**, Wang Yuqing, Cai Ningsheng. Carbon monoxide/carbon dioxide electrochemical conversion on patterned nickel electrodes operating in fuel cell and electrolysis cell modes[J]. International Journal of Hydrogen Energy,2016,41：3762-3773. （SCI 收录,检索号：DF9BH, 2016 年影响因子：3.582）

[22] Li Wenying, Shi Yixiang, **Luo Yu**, Wang Yuqing, Cai Ningsheng. Carbon deposition on patterned nickel/yttria stabilized zirconia electrodes for solid oxide fuel cell/solid oxide electrolysis cell modes[J]. Journal of Power Sources,2015, 276：26-31. （SCI 收录,检索号：CA2OJ,2016 年影响因子：6.395）

[23] Li Wenying, Shi Yixiang,**Luo Yu**,Cai Ningsheng. Elementary reaction modeling of solid oxide electrolysis cells：main zones for heterogeneous chemical/ electrochemical reactions[J]. Journal of Power Sources,2015,273：1-13. （SCI 收录,检索号：AU6PY,2016 年影响因子：6.395）

[24] Li Wenying,Shi Yixiang,**Luo Yu**,Cai Ningsheng. Elementary reaction modeling of CO_2/H_2O co-electrolysis cell considering effects of cathode thickness[J]. Journal of Power Sources,2013,243：118-130. （SCI 收录,检索号：223XQ,2016 年影响因子：6.395）

[25] Li Wenying,Shi Yixiang, **Luo Yu**, Cai Ningsheng. Theoretical modeling of air electrode operating in SOFC mode and SOEC mode：the effects of microstructure and thickness[J]. International Journal of Hydrogen Energy,2014,39：13738-13750. （SCI 收录,检索号：AO4WX,2016 年影响因子：3.582）

[26] 郑艺,史翊翔,**罗宇**,甘中学. 基于多智能体的分布式能源协调控制方法研究[J]. 科学通报,2017,32：3711-3718. （EI 收录,检索号：20175204586465）

[27] Sun Yifei,Wu Yi-Yang,Zhang Ya-Qian,Li Jian-Hui,**Luo Yu**,Shi Yi-Xiang,Hua Bin,Luo Jing-li. A bifunctional solid oxide electrolysis cell for simultaneous CO_2

utilization and synthesis gas production[J]. Chemical Communications,2016,52: 13687-13690. (SCI 收录,检索号:ED6ID,2016 年影响因子:6.319)

专 著 章 节

Shi Yixiang,**Luo Yu**, Li Wenying, Ni Meng, Cai Ningsheng. High temperature electrolysis for hydrogen or syngas production from nuclear or renewable energy [M]. New Jersey:Handbook of Clean Energy System. John Wiley&Sons,2015.

专 利

史翊翔,罗宇,蔡宁生. 一种温度自维持二氧化碳和水蒸汽共电解装置及其应用方法: 201710864571.3[P]. 2019-08-16.

致　　谢

衷心感谢我的导师史翊翔副教授，感谢史老师成为我学术道路上的启蒙者。感谢史老师在2011年夏天毫不犹豫地收下了在科研方面如白纸一般的我；感谢史老师在最忙碌的时候仍愿意放下手中之事，耗费一个下午帮我调试模型；感谢史老师以身作则，始终满怀热情，永不言弃。在7年的科研生涯中，史老师一直担任着亦师亦友的角色，在我迷茫之时如明灯一般引导着我，在科研道路上充满耐心地启发着我，在逆境之中满怀正能量激励着我。遇见史老师，并成为史老师的学生，是我一生的荣幸。经过7年的洗礼，希望本论文会是一个让史老师满意的成果。

感谢蔡宁生教授用他渊博深厚的学术积淀、严谨求实的学术态度、一丝不苟的学术作风、追求卓越的学术理念和开拓创新的精神风貌感染着我，成为我学术道路上的榜样。

感谢中国矿业大学（徐州）王绍荣教授、中科院上海硅酸盐研究所叶晓峰副研究员以及陈有鹏师兄对我研究工作的热心指导与帮助。感谢在麻省理工学院为期半年的国家公派博士生联合培养项目期间，Ahmed Ghoniem教授对我的细致指导以及对我研究工作的认可，以及吴晓雨师兄对我研究工作提出的宝贵意见和建议。感谢在香港理工大学合作访问期间，倪萌教授对我研究工作的指导、肯定和持续的支持。

感谢李汶颖师姐和王洪建师兄在科研入门阶段对我的帮助、指导和关心，感谢在加压实验台搭建过程中陈彦伯师弟给予我的帮助和理解，感谢曹天宇在管式单元实验测试中给予我的帮助，感谢郑艺在系统仿真研究中给予我的帮助，感谢李汶颖师姐、王雨晴师姐以及曾洪瑜、龚思琦、吴益扬和陈彦伯等师弟师妹对本论文提出的宝贵意见和建议，感谢CECU课题组全体兄弟姐妹在我五年博士生涯中的陪伴、帮助和包容。

感谢在学术道路上所有良师益友们给予我的批评和鼓励，它们都是我不断前进的动力。

最后,感谢我的父母,他们给予我很多宝贵的意见和建议,始终支持和鼓励我的每一个决定。感谢我的女朋友小邱同志,虽然我的陪伴不够,但感谢在每个关键时间节点充分理解并全力支持我。

本研究受到国家重点基础研究发展计划(973 计划)课题(2014CB249201)和国家自然科学基金(51276098、51776108)的资助,特此致谢。